THE WORLD ATLAS OF BEER
世界のビール図鑑

TIM WEBB / STEPHEN BEAUMONT

ティム・ウェブ／ステファン・ボーモント

日本語版監修 熊谷 陣屋

翻訳 村松 静枝

序文

　本稿を書いている2017年は、いまだ世界最高のビール記者であり続けているマイケル・ジャクソンが亡くなって10年に当たる。ジャクソンは地域ごとの個性を尊重し、どんなビールであってもその特徴をとらえ、的確で分かりやすいたとえで表現し、決して酷評することはなかった。

　ジャクソン亡き今、本書の著者の一人であるティム・ウェブ氏は、英国人で、『100 Belgian Beers to Try Before You Die！』や『LambicLand』といった優れた著書もある、世界最高のビール記者の一人に挙げられよう。もう一人の著者であるカナダ人のステファン・ボーモント氏も同様で、10タイトル以上に著者として関わり、その経験は25年以上というベテランである。

　本書は原題『The World Atlas of Beer』が示す通り、世界各国・地域のビールづくりの現状が地図とともに示された、他に類のない大作である。そしてジャクソンの筆致とは少し違って、少々あるいはもっと多く、皮肉が入るところがあって、それが読みどころの一部となっている。皮肉はともすると否定的に読めるところかもしれないが、重要なのは、その「引っかかり」を手がかりにして自分がどう考えるかであろう。さらに願わくば、現地にも行ってみてほしいし、次の海外旅行先のページにぜひ加えてみてほしい。あなたにとって新しい情報が載っているはずだ。

　日本は現在、クラフトビールのブームにあると言われている。その影響で本書も出版の機会を得たのかもしれない。クラフトビールは英語の中でも米語、つまり米国で普及した言葉である。そして日本では、流行る言葉の宿命とも言えるが、十分な検討がされる前に普及してしまった。しかし例えばヨーロッパ諸国では、日米と比べて大手ビール会社がもっと異質な存在であるそうで、そのためクラフトビールの意味合いが日米と異なる。そしてそれは本書でも反映されているようだ。その部分をぜひ味わって読んでいただきたい。

　偉大な2人の著作の監修を畏れ多くも拝命したことに大きな責任と誇りを感じている。この日本語版の作成で主たる存在となったのは、もちろん、最近立て続けにアルコール飲料に関する書籍の翻訳を手掛けている村松静枝氏である。その多大な努力に畏敬の念を抱き続けている。また、ドイツの事情についてはコバットレーディングの小林努氏に、原著の難解な表現については、The Japan Beer Timesの記者・編集者・翻訳者である米国出身のブライアン・コワルジック氏から、それぞれ有益な助言を得た。この場を借りて感謝を申し上げたい。

　私たちの成果物でもある本書が、読者の皆さんに有益かつ興味深く、そして何よりビールを飲むときのように私たちを幸福にしてくれるものであることを、心から願う。

日本語版監修　熊谷 陣屋

目次

序文	3
はじめに	6
本書 第2版によせて	8

1章　ビールの基本　10

ビールとは何か	12
ビールの起源	15
ビールの真髄	16
大麦麦芽とその他の穀物	18
ホップについて	20
酵母について	22
ビールの製造工程と重要な決定事項	24

2章　ビール醸造の世界　26

大量生産ビールの醸造	28
クラフトビールの醸造	29
ビアのスタイル	32
最近の傾向	34

ビールの新興国を知る　36

ヨーロッパのビール　38

西ヨーロッパ　40

イギリス	42
ペールエールとビター	44
ポーターとスタウト	48
ブラウン・エールとダーク・マイルド	50
ウィー・ヘビー、および 　アルコール度数の高いブリティッシュ・エール	52
新たなスタイルの誕生	54
アイルランド	57
ベルギー	62
トラピスト修道院醸造所	64
オーク樽熟成エール	66
ランビックビール	68
セゾン	72
地域的なベルジャン・エール	74
ベルギービールの新たな潮流	77
オランダ	80
ボックビール	82
オランダビールの新たな潮流	84
ドイツ	88
ヘレスおよびその他のドイツの淡色ラガー	90
濃色ビールとボック	92
フランコニア地方のビール	94
バイエルン地方のビールとその他の小麦ビール	96
ノルトライン・ヴェストファーレン地方のビール2種	98
ドイツビールの新たな潮流	101

First published in Great Britain in 2012 by
Mitchell Beazley, a division of Octopus Publishing
Group Ltd, Carmelite House, 50 Victoria Embankment,
London EC4Y 0DZ
This second edition published 2016.

Design and layout copyright © Octopus Publishing Group
Ltd 2016

Text copyright © Tim Webb & Stephen Beaumont 2016

All rights reserved.

Tim Webb & Stephen Beaumont assert the moral right to be
identified as the authors of this work.

アルコール度数について

　自分の飲むビールのアルコール度数を読者に認識してもらうことを重視する著者の意向を反映し、本書で紹介するビールについてはアルコール度数を表記しています。しかし国によっては度数に若干の許容誤差があるため、商品ラベルに表記された数値と製造元の研究所で測定された数値との間には1%以上の誤差が生じる場合があります。

　また、ビール会社は全世界で統一的にあるいは生産国ごとにアルコール度数を変更することがあるため、さらに混乱を生じる場合があります。例えばアルコール度数6%とされるペールエールが、5.5%から6.5%になる場合もあれば、原産国では6%で製造されるビールが、輸出用に7.5%に上げられる場合もあります。

　そのため本書には、印刷時点で著者の知りうる限り正確なアルコール度数が記載されていますが、一般消費者が飲むビールのアルコール度数がこの値と合致しない場合があることをご了承願います。

※原著では、brewery, brewing, brewing company, companyと分けて表記しておりますが、本書日本語版では読者に分かりやすくする目的で、brewery, brewing,は醸造所とし、brewing company, companyは醸造会社に統一させていただきました。

オーストリア................................102
スイス................................104
フランス................................106
　ビエール・ド・ギャルドとファームハウス・エール................108
　ビエール・ド・ブレ・ノワールとフランスビールの新たな潮流................110

北ヨーロッパ................................112
　北ヨーロッパの民俗ビール................114
デンマーク................................116
スウェーデン................................120
ノルウェー................................122
アイスランド................................125
フィンランド................................126
バルト海沿岸諸国................................128
　エストニア................................129
　ラトビア................................130
　リトアニア................................131

中央および東ヨーロッパ................................132
チェコ................................134
　スヴェトリ・レジャーク（ボヘミア風淡色ラガー）................136
　濃色のチェコ・ラガー................138
　その他のチェコ・ビール................140
ポーランド................................144
ハンガリー................................146
東ヨーロッパおよびロシア................................148

南ヨーロッパ................................150
イタリア................................152
スペインとポルトガル................................158
ギリシャとヨーロッパ東南部................................160

南北アメリカ大陸................................162
アメリカ合衆国................................164
　カリフォルニア................................166
　太平洋岸北西部とアラスカ、ハワイ................170
　ロッキー山脈周辺................................174
　中西部と五大湖周辺................................176
　北東部................................182
　南部................................186
カリブ海周辺................................189
カナダ................................190
　ケベック州と東部................................192
　オンタリオ州とプレーリー................................194
　アルバータ州、ブリティッシュ・コロンビア州と北部................196

ラテンアメリカ................................198
メキシコと中央アメリカ................................200
ブラジル................................202
アルゼンチンとその他の南米................................206

オーストラリアとアジア................................210
オーストラリア................................212
ニュージーランド................................216

東アジア................................220
日本................................222
中国................................226
ベトナム................................228
その他の東南アジア................................230

世界のその他の地域................................232
イスラエルと中東................................234
インドとスリランカ................................235
南アフリカ共和国................................236
その他のアフリカ................................237

ビールの楽しみ方................................238
ビールを買う................................240
ビールの保存および貯蔵方法................................242
ビールのサービス方法................................244
ビールの注ぎ方................................246
ビールの味わい方................................248
ビールに合う食べ物................................249
ビールと相性の良い食べ物一覧................................252
品質の悪いビールを見抜く................................254

世界のビアフェスティバル................................256
用語集................................259
索引................................264
おすすめの書籍と参考ウェブサイト................................270

アンハイザー・ブッシュ・インベブ社のSABミラー社買収について

　2015年、世界最大のビール醸造会社アンハイザー・ブッシュ・インベブ社（AB InBev）が業界第2位のSABミラー社に買収を提案しました。しかし本書の執筆が終わりつつあった2016年前半の時点では世界の公正取引委員会に認可されておらず、合併後の名称も未定のため、現時点では両社の社名を残して表記しています。本書が発売されるまでには合併が終了している可能性があります。

　合併の影響で、SABミラーの合併会社である米国のミラー・クアーズがモルソン・クアーズ社に売却される可能性があります。また、オランダのフロールシュ、イタリアのペローニ、そしてイギリスのミーンタイムといったブランドは全て、日本のアサヒビールの傘下に入ります。中国の雪花ビールの全所有権は、これまでSABミラー社と共同所有権を有していた華潤ビール社に移ると思われます。その他にも影響が生じる可能性があります。

はじめに

私がビールを真剣に考えるようになったのは1974年のこと、CAMRA（Campaign for Real Ale〔訳注：p.42を参照。
キャンペーン・フォー・リアルエール。リアルエールの保護と促進を目指す消費者団体〕）を名乗る団体の取り組みに触発され、
彼らを真似て「伝統的なイギリスのビール」を守ろうと思い立ったときだ。
きらきらと透き通り、見た目はきらきらと輝かしいが平板な味わいの量産ビールのテレビコマーシャルが当時のテレビを賑わせる一方、
時間をかけて醸造され、イギリスに古くからある正統派のパブで供されるビールの取り柄といえば、「飲み口が優しい」くらいだった。

CAMRAの取り組みは予想に反して小さな勝利を収めた。量産ビールを飲んでいた飲み手が伝統的な上質ビールへと大挙して戻ってきたのだ。健全な経営理念の上に成り立つひとつの世界的産業は、自分たちのもくろみが多くの消費者の怒りを買ったことに気づいた。これは消費者とのつながりという概念を考えるときの第一の教訓だが、現在の世界的企業でも、消費者とかけ離れた重役用会議室にひっこんでいる連中には、まだこの教訓を理解していない者がいる。

過去何千年もの間、ビールは時代に応じて様々な役割を果たしてきた。滋養だけでなく陶酔感をもたらし、病気への感染を防ぎ、労働者の渇きを癒やし、国家の蔵入源となり、そして莫大な富の源泉となってきた。ビール自体が嗜好品として風味を探求する対象となったのは、ほんの過去20年間のことだ。これはおそらく、戦争や禁酒法支持者、そして集団的な偏狭な思考の影響で、ほとんど自分を見失いかけてきたからだろう。

この50年間に、優れた味のビールが復活し、（多くの国々で）、私と同世代の熱狂的な愛好者たちにすら予想できなかったような、新たに生まれ変わったビールが登場した。

無分別にビールを求めてきた狂乱の1世紀の果てに、いわばオーガニック志向的なものが原動力となって、ビールを本来の姿へ押し戻そうとしているようだ。

本書の初版では、ビールに興味のある読者向けに現代における最高のビール醸造を紹介したいっぽう、熱心な愛好家に向けて、21世紀に入って最初の10年に起こった空前の変化の数々を理解するための枠組みを知ってもらうことを目的としていた。2版となる本作では、大胆なビールづくりの新世界の特色についても語っていきたい。

本書の執筆にあたって私自身、南極大陸の入り口であるアルゼンチンのティエラ・デル・フエゴにある世界最南端のビール醸造所まで、そしてノルウェーのスヴァールバル諸島ロングイェールビーンにある世界最北の醸造所まで取材の旅をした。いずれも現代のクラフト醸造がなしうる究極のビールづくりを行っている土地を訪れたわけである。なんといっても本書はAtlas（地図帳）なのだ。

旅の途上では、幸運にも数多くの人々と出会った。大半はたがいに知らぬ者同士だったが、その誰もがこの10年に起こった未曾有の大革命に深く貢献してきた人物だ。彼らはビール醸造者にホップ生産者、麦芽製造者、新たなビールづくりの提唱者や指導者、ライター、科学者、政治家、国会議員、そして醸造所のオーナーに起業家と、多岐におよぶ。さらには思いも寄らなかった象徴的な人物にも会った。しかも出会った人々のうち数人は、田舎で細々と造っていたクラフトビールを容赦なく世界的規模のビジネスへと変えていき、その流れを反転させ始めた人物だった。

こうした推移の影響は、10年前まではまだほとんどわからなかった。もしこの流れが続けば、2017年には世界のビール消費支出は、量産品からクラフトビールへと膨大な規模で移行するだろう。

本書の執筆でもっとも苦労したのは、均一性という拘束とは無縁なビール市場で人気を呼んでいる、さまざまなタイプのエール、ラガー、ランビック、そして「複数の酵母を用いた発酵」によるビールを紹介し、説明することだった。こうした進化型のビールに対して、一時的な流行に浮かれたり、もったいぶった文章に陥らないよう、正確に理解したうえで説明するよう心がけたつもりだ。とはいえ事実を忠実に記録すべきルポルタージュが、ときには度を越して情熱的になり過ぎてしまうこともあるかもしれない。その際には読者のみなさんにお許し願いたい。

ティム・ウェブ
イギリス ブリストルにて

21世紀初頭のビールの世界は飲み手がようやく本来のビールへと回帰した。

フランス北部のモン・カッセル山の頂上にあるレストラン「カステルホーフ」には、地元で醸造された幅広い種類のエールを求めて熱心なファンが至るところからやってくる。

本書 第2版によせて

本書の初版で私は、「世界のあらゆる大陸でこれほど幅広くビール醸造が盛んになったことはなかった」と書いた。
この第2版ではこれに「いまに至るまで」と書き加えたい。

初版が出版されて以来、実に多くのことが起こった。クラフトビールのシンボルとして世界的に知られるアメリカ合衆国では、醸造所の数が以前の2401カ所を大きく上回って現在小規模だけで5300カ所以上にまで増えた。これは同国の歴史でも最高の数だ。イギリス全体、とりわけロンドン中心部でもアメリカと同様に大幅に醸造所が増え、カナダとオランダ、北欧の大半やチェコ、そして南アフリカ共和国でも同じようにその数が増えている。

ビール醸造が行われるその他の国々にも目を向けると、数字的にはたいしたことはないように見えるが、異彩を放っている要素がある。例えばドイツでは2016年、ビール純粋令（*Reinheitsgebot*：〔訳注：ビールの原料を麦芽、ホップ、水、酵母に限定した法律〕）の制定500周年を祝う行事が開催されたほか、ドイツ産のIPA〔訳注：India pale ale（インディア・ペールエール）の略。イギリス原産のビアスタイル〕や、明らかにドイツスタイルではないビールの生産量がこれまでになく増加している。いっぽう、習慣にとらわれないビールづくりで知られるベルギーはさらにこの度合いを増し、すでに型破りなビアスタイルが豊富にそろっているところへ、ホップを強烈に効かせた新たなスタイルが生まれている。

さらに驚くべきことが、ビールとただちに結びつかないような国々で起こっている。ヨーロッパのワイン名産地として知られるイタリアやフランスは、いまやあらゆる地域にある多数のビール醸造所が自慢の種だ。両国に急速に追いつこうとしているのがスペインとギリシャ、ポルトガルである。日本は現在アジアで最も成熟したビール市場であると自ら公言しても不思議はないが、そのうちに韓国やヴェトナムがその座に就く権利を訴えてくるかもしれない。地理的にかけ離れているオーストラリアとニュージーランドも、世界のビール産業に影響をおよぼしつつあり、それがどんなかたちで表れるかは、はかり知れない。

本書の初版を発行した2012年当時、我々は世界全体に目を向けてはいたが、自国のビール文化を生み出す、再生する、あるいは成長させることに尽力していた約30カ国だけに限定して注目していた。しかし今回はスイス、ポーランド、中国、そしてイスラエルなど、以前の倍の国々に着目している。いずれの国についても初版では1、2行しか触れていなかったが、今回は独自にページを割いた。こうした国々が今後どれだけ増えるかは見当もつかないので、下手な予測はやめておいたほうがよいだろう。

初版に続いてこの本を手にとってくれた読者は、初版では大半のページの下部4分の1から3分の1を占めていたビールの評価がなくなっていることに気づくだろう。こうなったのも、世界全体で異様なほどにビール醸造が成長した結果である。初版では500件を超えるビール評価を掲載したが、それでもなお、全ての市場について語るにははなはだ不充分だったため、今回は割愛した。

同様に、地図の多くにも改訂を加えたことに気づかれるだろう。場合によっては都市部のみに着目したり、醸造所の発展を図で示すなどしてある。我々はつねに、最も有意義な情報をできる限り読みやすいかたちで提供することを旨としている。

こんにち世界中で起きているビール醸造の驚異的な変化のペースについていける本は1冊もないだろう。しかし我々は、ビールの世界の現状を記した本書が、読者のみなさんの好奇心に拍車をかけ、会話を弾ませるとともに、想像をかきたててくれる材料になればと願っている。まずはビールを手にとり、我々の意見に賛同できるかどうか確かめてほしい。

ステファン・ボーモント
カナダ トロントにて

上：黄、金、茶色が標準色といえるかもしれないが、ビールのスタイルによって他にも多くの色がある。

右：クラフトビール醸造所の多くが需要に応えるために奮闘している。

日本のアルコール飲料市場はまだ日本酒と蒸留酒、そしていわゆる「ドライ」ビールで占められているようだが、
人気急上昇中のクラフトビールがその地位を脅かす日も遠くないかもしれない。

1章 ビールの基本

ビールには何一つ単純なところはない。
そう見えるようにできているだけである。

世界中で多くの庶民に、
いや、ほぼ全ての庶民に愛される酒であるがゆえに、
売り手側は生産量や入手しやすさを思うままにコントロールし、
市場での支配権を増してきた。
私たちを従属させようとする者たちはビールを仲間とみなす。
私たちを向上させようと企む者たちはビールを敵視して税金を絞り取ろうとする。
そして私たちを惑わそうとする連中は、ビールを彼らの才能の賜物だとみなす。

ビールは穀物とハーブを混ぜ合わせ、
地域ごとの嗜好に合わせて幾通りにも手を加えてつくられている。
人生最高の時間のパートナーとして愛され、
平凡さゆえに許され、さらにはその卓越性ゆえに称賛されるビール。
単純などと片づけられるはずがない。

ビールとは何か

ビールは世界中で愛されているアルコール飲料であり、どのような形にせよ、飲酒が許されている全ての国で飲まれている。おそらくは禁酒法が制定されているほとんどの国でも消費されていることだろう。そのため、世界におけるビールの地位を記録するのは込み入った作業だ。しかもたゆみない進化と拡大を続けている途上にもあり、なおさら文章にまとめるのが難しい。これから展開していくページは、こうした変化しやすい状況を順序立てて紹介していこうという試みで成り立っている。ビールの歴史を発掘し、現状を正確に記し、最善を尽くして未来を予言してみるつもりだ。

世界で最も人気のビール

世界で最も普及しているビールのブランドについて、これまでほとんど全く言及されてこなかった。悲しいことにビールの世界では、際立って優れた品質を保っていても、好評を得て維持していくのはほぼ不可能だ。それどころかビール人気は、さまざまな有名人との結び付きや、大衆の関心によって生まれる。こうしたことはテレビ番組やイベントのスポンサー広告と引きかえにもたらされる。

アンハイザー・ブッシュ・インベブやSABミラー、ハイネケン、モルソン・クアーズ、そしてカールスバーグのような大手企業が、現代という時代に適した良質なビールを生み出している。いっぽうでこうした大企業が、小規模なビール醸造会社と同様な信念に基づいてビールを造っているとわかり、喜ばしい。しかしそれ以外では、私たちは世界で最も売れているブランドを無視して、より個性的なビールをひいきにしてきた。

全国的なビールと地域限定ビール

ビールが世界のあらゆる地域でつくられるようになり、私たちはどの部分にページを多く割り当てるべきかという難しい判断を迫られた。もしあなたの出身地やお好みのビールが軽んじられたと思う読者がいたら、まずはここで謝っておく。

各項目について新たな区分をつくった。古くからビールがつくられている地域については特定のスタイルに絞って紹介したいっぽう、アメリカ大陸の項目の大半は地理的に系統立ててまとめてある。二つの手法を組み合わせてまとめた例もいくつかある。ビールには規則性がないため、たった一つの編成手法ではあらゆるケースに適用できないのだ。

本書では、一国のビール事情を典型的に表すような特定のビールを強調するのをやめた。その代わりに個性豊かな人々や醸造所、あるいは地域色を如実に物語っているように思われた話題について短くまとめた。

ビールの定義

ビールの法的な定義となると、明確な規格も目的も、国によってさまざまに異なっている。例えばノルウェーや日本では、ビールと規定された飲料は、同じアルコール度数の他の飲料よりも税率が高い。いっぽうフランスとハンガリーではその逆だ。

カナダのオンタリオ州では、缶や瓶に「ラガー」と書いただけでは中味の表示として認められず、「ビール」と付け加える必要がある。また、アルコール度数が5.6％以上であれば、どんなブランドであろうと「ストロングビール（strong beer）」あるいは「モルトリカー（malt liquor）」と表示することが義務付けられている。

基本的な前置きをしておくと、ビールは穀物からつくられ、ワインは果物から生まれる（リンゴで造るシードルと梨を原料とするペアワインは別とする）。そしてミードはハチミツを発酵させたものだ。しかしこの定義に従って考えると、アルコール飲料にうるさい人ならば、日本酒はビールの一種ではないかと言い張るだろう。はっきりとした理由付けはできないが、私たちはこの意見には反対だ。当然だ、と加えるまでもなかろう。

ビールの種類

ビール会社によっては拡大解釈されているが、ビールの原材料は穀物と規定されている。他にも法的な管轄区域ごとにさまざまな法律概念があるかもしれないが、ビールの実体はやや不明瞭だ。原産地呼称制度などで規定されているワインと異なり、ビールの原材料の規定は、存在する

左：現代では自分の好みを自覚している愛好家が増え、単に名前を知っているだけのビールを好む愛好家に振り回されない。

右ページ：優れたビール醸造を決定づける中核にあるのは、ビールの均一性とテロワールをめぐる争いだ。ロンドンのカムデンタウンでもそんな状況が見られる。

としても非常に少ない。

結果として、消費者は自分が買う飲み物について最低限の情報しか与えられていない。例えば、シャルドネからつくられたワインがシャルドネの風味以外の要素を売り物にしようなどとは誰も予想すらしないだろう。しかしイギリスのIPAは、1915年当時のような薄味でホップの特徴が軽く、アルコール度数3.5%のビターがつくられる場合もある。あるいは1850年頃につくられていたような、ホップが強く効かせてあり、アルコール度数が5.5%のスタイルを復刻する場合もある。さらには現代風の非常に苦いカリフォルニアスタイルを模したタイプもあり、アルコール度数は7%を超える。いっぽう、カナダ東部には、外観も香りも味も、同国で主流のラガーと似たようなIPAがある。

こうした状況は、とりわけビール初心者にはもどかしく感じられるかもしれない。しかしこのようなビール名のいい加減な使い方こそが、ビールが持つ有数の強み、すなわちスタイルと原材料、そして個性の多様性である。ある国ではアルコール度数が強すぎるとされているビールでも、他の国では弱すぎると言われるかもしれないし、ある文化圏では欠陥とされる味わいが、他では崇拝されることもありうる。また、ある国の醸造家たちには好まれない手法や原材料が、他国の同業者の間では盛んに奨励されることもある。

結論

このようにばらついた事態から共通するテーマを見いだすために、ビールを定義づける端的な言葉を求めるとすれば、答えはこうなる。ビールとは、適度なアルコール分を含む飲み物で、特定の穀物を主原料として煮沸して得られた糖分を発酵させることで生まれる。最もよく知られた穀物は大麦麦芽。主にホップで味・香りが添えられる（p.20を参照）。これで覚えてもらえるだろうか。

もっと実際に即してわかりやすい言い方をすれば、ビールとは穀物を原料として、たいていホップを加えて醸造されるあらゆる飲み物である。そして通常、何らかの酵母によって発酵されるが、禁止されていない限りのあらゆる原料が加えられる可能性がある。そしてさまざまな方法で調整されたり熟成されたりする。

ドイツの醸造家の多くはいまだに500年前（1616年）に制定されたビール純粋令（p.90を参照）に慰めを見いだしているようだが、ドイツ以外の世界の醸造界の大半とクラフトビール醸造の愛好家の大部分は、そのような制約にとらわれていない。

実際のところ、ビールのテロワールは機械的に発展した。地域ごとの法律、醸造に使用する水の質、地域ごとに入手可能な原料、卓越した醸造家の醸造技術と趣向、そして消費者に共通する好み。こうした要因によって、地域ごとに独特のビールが受け入れられてきたのだ。

ビールの世界では、ビールの定義が明確化されるどころか、わかりにくくて曲解されがちである。そこで、読者の時間（私たちの時間も）をむだにしないため、本書ではあえて、定義をあまり気にしないように努めた。どんな規則にもとらわれないようにするため、英断と思われるものもそうでないものも含めて、無秩序な状態を受け入れることにした。とはいえもちろん理性の範囲内の話である。

ビールの起源

古代メソポタミア時代の人々が肥沃な三日月地帯で栽培していた農作物の痕跡から推測すると、
おそらく紀元前9000年頃には一種のビールを醸造していたのだろう。
しかし、発酵させた穀物からつくられた飲み物の存在を確実に裏付ける最古の証拠は、
中国の湖南省で見つかった、紀元前7000年頃の物とされる陶器片に付着した残留物である。

紀元前3000年を迎えるころには、エジプトでビールをつくっていた人々が、醸造に最適な穀物は大麦だと判断し、未熟ながら製麦〔訳注：麦の穀粒を水に浸して発芽させ、その後乾燥させて発芽を止めること〕技術を発達させていたようだ。ケルト人も紀元前2000年には大麦や小麦、オーツ麦を使ってビールをつくっていたことがわかっている。

もともとビールづくりは家庭で行われ、たいてい、「エールワイフ」と呼ばれた主婦たちが、パンなどを焼くかたわらでこなしていた。初期の「コモン」と呼ばれた町のビール醸造業者たちさえ女性を雇って、彼女たちが使う材料と醸造のやり方を探っていたほどだ。

古代の醸造家たちにとっての災いの元は酸化だった。穀物を発酵させて抽出した甘美なアルコールが空気と接触すると、たちまち吐き気をもよおすようなアルデヒドという化合物と酸っぱい有機酸と化してしまう。ビール製造者たちは何世紀もの間、酸化を遅らせる、あるいは酸化した状態をごまかすために、グルート（gruit）と呼ばれる、薬草の混合物を加えていた。この薬草の商いに携わった者の中には、中世のベルギーのブルージュの人々ように、大いに富を得た者もいた。

ホップは何世紀にもわたり、薬種商らによって、香りを伴う苦味を古来の薬に加えるために使われていたので、ビールづくりにも使われたとしても不思議はないだろう。この苦い草には酸化を遅らせる抗酸化成分と、雑菌の感染を抑える殺菌成分が含まれている。そのため醸造家たちにとって理想的な改善策となり、11世紀から15世紀にかけて、ボヘミア地方〔訳注：現在のチェコ西部〕からヨーロッパ全体へとしだいに普及していった。

微生物だと知られる以前、酵母は、粘性の低い液状でもペースト状でも、あるいは乾燥させた粒状でも、神からの贈り物として崇められた。なにしろパン生地をふっくらと膨らませ、水っぽい粥状の穀物を魅惑的なエールへと変えてくれるのだ。

ビールのアルコール度数と成分は、生産地の環境や慣習によってさまざまに異なっていたが、17世紀に入ると、醸造者たちには新たな選択肢が生まれた。新たに発明されたコークス炉によって、モルトを軽めに煮こむことが可能になり、淡色のエールを醸造できるようになったのだ。18世紀のロンドンでは醸造所で熟成されたポーターが生まれ、これがきっかけとなり、オーク製の巨大な発酵槽が登場した。やがて1840年にはアルプスの氷を使ったビール貯蔵庫が、ウィーンとミュンヘン、そして西ボヘミア地方のプルゼニュで初めて商業規模で使われるようになった。

産業革命が起こると、それまでよりも大量のビール醸造が可能となった。また蒸気機関の登場により、陸地でも海上でも迅速に輸送されるようになり、海外を含めた広大な範囲で比較的同品質のビールが入手できるようになった。

1862年、フランスの細菌学者ルイ・パスツールが同僚とともに考案した「低温殺菌法」によって、ビールの味わいを生み出す半面、それを台なしにすることもある微生物を全滅させることが可能となった。1870年には、手頃な冷凍設備によってビール製造者も飲み手もワインのようにオーク樽で熟成させたエールから離れて、よりさっぱりとして雑味のないビールを好むようになった。さらに決定的な変化は、より商業的な開発に適したビールが愛好されるようになったことだ。

1900年になると、世界中のビール会社はかつてないほど多様なビールを開発し、販売するようになった。その後の戦乱による大虐殺と経済的混乱の50年間、そして禁酒法が1914年に実施されなかったならば、ビールの世界はどう展開していたことだろう。いまとなっては知る由もない。

1970年代の初頭を迎えるころには、伝統的なビール醸造文化がまだ生きていると主張する資格があったのは、イギリスと旧西ドイツ、旧チェコスロバキア、そしてベルギーの4カ国だけだった。しかもこの国々でさえ、伝統的な醸造法の維持に苦闘していたのだ。手づくりのビールの勝負はほぼ負けが見えていた。

そして、誰一人として次に起こることを予想できなかった。

上：デンマークのコペンハーゲンにあったカールスバーグ社の研究所。現在のような醸造管理を可能にしたのは、19世紀から20世紀初頭にかけての醸造学者たちの努力だ。

左ページ：古代エジプトの石版。紀元前2100年頃のエジプト王アンテフ2世がテーベの都で太陽神ラーと天空と愛の女神ハトホルに牛乳とビールを捧げている。

ビールの真髄

欧州連合(EU)の政策立案者たちは一見すると些細で無害、しかし実は非常に重要な区別をワインとビールの間に設けている。ワインを「農産物」と規定し、ビールを「工業製品」と規定しているのだ。この区別により、ワイン生産者は農業補助金の恩恵を受けられるが、ビール醸造者は対象にならない。農場で醸造を行っている者でさえいまだに対象外だ。この結果、計算方法にもよるが、これまでに総額130億から350億ユーロ(16兆から43兆円)もの収入格差が生まれている。

　ビールを工業製品と見なしているのは政治家だけではない。何世紀もの間、専門の料理人だった者が初期のビール醸造家から職人へと変貌し、穀物を社会的な潤滑油へと変えることで収入を得ていた。こうした日用品の取り引きが大事業へと発展するにつれ、信頼に足る際立った品質で、楽しめるビールづくりによって名声を築く醸造家がいるいっぽう、許容範囲の無難な品質で、収益性が大きく見込めるビールを売る者がいたのだ。

　ビール醸造の業界は常に流動的だ。最高の味のビールづくりに熱心なクラフトビール醸造家と、微妙な味などよりもとにかく気持ちよく酔いたいと願う消費者との長年にわたる緊張状態が生み出す力関係が、この業界を左右してきた。

　大麦をビールに変える作業は単純な技術であると同時に、科学と技巧の非常に複雑なバランスを要する仕事でもある。趣味でビールをつくる自家醸造家は市販のビールキットを使って手順を省略し、ほどほどにつくり甲斐のあるビールをつくることだろう。いっぽう、現代の醸造管理者は醸造の博士号まで取得してからようやく、ホップとホビットの区別もできない消費者に媚びるための飲み物を企画させてもらえるのだ。

　多様な個性を持つ飲み物の背後にはこのようなやっかいな事情がある。人々に興奮と水分をもたらし、陽気な気分にさせてくれるいっぽうで、危険な存在でもあり、あらゆる怠惰の源泉となり、しかもチーズと抜群に相性がいい。それがビールというものだ。

　ビールは悠然とした飲み物でもある。醸造家は土壌の変化や収穫の変動、樽やコルクの異変などの悩みとはほとんど無縁だ。それどころか技術を駆使して色や清澄度、味わいの強さを自在に選ぶことができる。味わいと上立ち香の程度や性質もほぼ自由に選べるし、最終的なアルコール度数も左右できる。そしてサイズと色合い、泡立ち具合も選択できるのだ。

　いっぽう、醸造家はあらゆる局面でバランスを取らねばならない。コストと品質、個性を際立たせるか、または控えめにすべきか、一貫性と感性の兼ね合いなど、せめぎ合う要素をうまく調整していく。また、その過程で問題が起こらないよう注意が必要で、消費者の口元にビールが届くまで、悪質な細菌や不快な酸化汚染を絶対に発生させないよう努めなければならず、醸造家は、醸造所から出荷されたビールがグラスに注がれるまでの長旅の間、適切に扱われるよう祈る思いでいるのだ。ビールが劣化するのは不適切に扱われた結果であり、これは不可抗力などではない。

　新たなビールのアイデアを練る人々は少なくとも理論上、あらゆることを制御していく。だから、バランスが完璧で際立った創意が感じられるビールも、ただグラスの中で泡立ち、名前以外に何も言葉が浮かばないビールも、慎重な配慮の結果である。

　もしあなたが飲んでいるビールが冴えない味だったら、おそらくはつくり手が何かを訴えようとしているのだろう。

上：奇妙な話だが、プロの醸造家の大半は自分の仕事に愛着を感じている。上司に無視されようと、顧客に信用されまいと、ライターたちに過小評価されようと関係ない。

右ページ上：ドイツのバイエルン州にある古い醸造所でろ過槽から麦汁を味見するために採取するところ。細心の注意が必要だ。

右ページ下：ビールを評価する際、味だけでなく香りが非常に重要であることは、醸造家も愛好家も知っている。

ビールの真髄 | 1章 ビールの基本 | 17

大麦麦芽とその他の穀物

あらゆるビールの中核を成すのは穀物、なかでも大麦麦芽は世界の醸造家の大半に使われている。
大麦は粒が丈夫なので製麦の工程中も壊れてばらばらになることはない。
そうしてできた大麦麦芽の胚乳の中にあるデンプンと酵素が結びついて、最高の発酵可能な糖分が生まれる。

小麦やオーツ麦、ライ麦その他の穀物も製麦することはできるが、大麦と異なり、製麦の3工程の途中で穀粒を包む殻皮が、どうしても穀粒からはがれ落ちてしまう。そのため崩れがちで作業が行いにくくなり、糖化（マッシング）（p.24ビールの製造工程を参照）終盤に麦汁〔訳注：麦芽を温水で煮て麦芽中のデンプンを糖に分解させ、ろ過して得た液体〕からろ過するときに苦労する。

通常、収穫された穀物は貯蔵中に3分の1の水分が蒸発するため、製麦ではまず生乾き状態の穀物を数日間水に浸して元に戻す。

次の工程は発芽だ。湿った状態で保温されて生き返った穀物からは小さな新芽が伸びてくる。麦芽工程の5日目頃には、穀物の細胞壁内にある酵素が、胚乳内のデンプンを発酵可能な糖分に変える。糖分は発酵によってアルコールと二酸化炭素になる。

こうした工程を最適な条件下で行うため、モルトスターと呼ばれる製麦業者は穀物を炉で一気に高温加熱する焙燥（キルニング）という工程を行い、酵素の働きを止める。ときには再加熱して、色や風味付けをすることもあるし、焙煎（ロースティング）を施すこともある。

焙燥の間、熱気が3日ほどかけて穀物に浸透していく。室温で始め、100℃まで上げる。それに対して、焙煎は炉の上部にある大きなオーブンで行われ、90℃から230℃の温度帯に設定される。焙燥は穀物の製麦にのみ施され、焙煎は生麦や焙燥済みの麦芽、あるいは、発芽してまだ焙燥されていない緑麦芽に施される。

大麦の品種は、病害への抵抗力やデンプンの含有量、潜在する味わいの組み合わせ、単位面積当たりの収穫量によって異なる。特定のスタイルのビールに適した品種もある。例えばブリティッシュ・エールの醸造にはマリス・オッターという大麦が好まれ、よく使われる。おもにイングランド東部のイーストアングリア地方で栽培されている。優れた味だが収穫量がやや低く、いっぽう、チェコでは南モラヴィア地方で生産されるハナ（Haná）がよく使われ、ドイツでは、まさしくマルツ（Malz）と名づけられた品種が好まれる。

大麦麦芽は幅広い仕様に仕上げられ、主に発芽期間の長さ、および焙燥や焙煎の程度によって種別が分かれる。製麦しない大麦を焙煎すると、強い苦味と酸味を生む。緑麦芽を焙煎すると、クリスタルモルトと呼ばれる、ややカラメル化〔訳注：糖分が焦げて濃色や独特の香りが生まれること〕された麦芽ができ、濃色のビールに香りとトフィーのような味わいを加える。

軽めの種類の麦芽には、大麦を茶色くならない程度に焙ったピルスナー麦芽があり、軽くて黄金色のビールづくりに使われる。ペールエール麦芽は琥珀色を出すのに使われ、ウィーンモルトは、濃色のミュンヘン風ビールに見られるような、赤みを帯びた茶色を生む。焙煎された麦芽の一種、チョコレート麦芽はカラメル化されたような外観と味があり、わずかに糖分が含まれ、主にビールの色付けに使われる。

醸造用穀物の王座を占めるのは言うまでもなく大麦だが、小麦やライ麦、オーツ麦にも、大麦と同様に長い歴史がある。これらは製麦されたり、そのままの状態で使われたりして、若いビールに力強い甘味をもたらす。とりわけオーツ麦にこの効果がある。含まれる糖分が完全に発酵されると、強い収れん味が生まれる。しかしこうした穀物は実際のところ問題も引き起こす。牛乳のようなタンパク質の濁りが生じることがあり、除去が難しく、マッシュの

3分の1以上が濁ると、マッシュがふやけたパスタ状になって醸造タンクをふさいでしまうのだ。

少数だが、スペルト小麦やソバ、エンマー小麦などの古来の穀物を復活させている醸造家もいて、その目的の大半は新たな隠し味の追求にある。キヌアの可能性を試している製麦業者もいる。小麦とライ麦のハイブリッド種であるトリティカ（triticae）という穀物も登場した。

トウモロコシやトウキビ、米などの副原料、もしくはもっと単純にデンプンやシロップ、結晶糖といった糖分を加えると、ビールの味わいが薄くなる。加糖にはアルコール度数の高いビールを飲みやすくする効果があるが、軽めのビールの場合にはたいてい、コスト削減のため、あるいは味わいを和らげるために加糖される。例えば、アルコール度数9%のビールをつくるのに、麦芽使用比率で15%分を上記の糖分に替えても、何ら問題なく使える。

醸造用の水について

ビールを構成する最大の要素でありながら最も軽んじられた存在、それが水であり、一部のビール醸造文化圏では、醸造用水は「liquor」と呼ばれている。

醸造には、健康に害をおよぼしかねないような汚染水を避け、ミネラル分のバランスが優れた水を使う必要がある。

最も重要なミネラル分は、糖化を効果的に行うための炭酸塩と重炭酸塩、ホップの特徴を最大限に引き出す硫酸塩、醸造工程のさまざまな部分を加減するためのカルシウムとマグネシウムがある。そして最高の口当たりを生むためのナトリウムと塩化物が必要だ。このように水は非常に複雑である。

こうした目的のために、どんなに小規模な醸造所であろうと、給水に含まれるミネラル分を分析し、水質改善を行うことで醸造に最適な水を確保しているため、ビール醸造所では汚染はめったに起こらない。

右：伝統的なフロアモルティングの手法で製麦する場合、
均等に乾燥させるために人力（手は直接使わない）で穀物をひっくり返す必要がある。

大麦麦芽とその他の穀物 | 1章 ビールの基本 | 19

ホップについて

ビール醸造に当然のように使われるホップ（学名：フムルス・ルプルス）は、ビールの香りと味を生み出すうえで不可欠だ。中央ヨーロッパではすでに8世紀頃から知られていて、1089年にボヘミア王によって課税対象になる以前から、おそらく醸造に使われていたことだろう。15世紀にはヨーロッパでつくられるほとんどのビールの必須材料になっていたが、イギリスではそれより遅れて取り入れられた。

ホップの花は松ぼっくりのような毬花で、細菌感染などを防ぐ効果のあるさまざまな薬用成分を含み、酸化を遅らせる効能を持つ。また、油分には花やハーブのような香りと柑橘類に似た味わいが感じられる。ホップの種類によってさまざまなレベルの苦味があり、アルファ酸という化合物として出てくる。煮こむことで活性化し（p.24を参照）、国際苦味単位（IBU：International Bitterness Units）という単位で測定される。もっともこの値は必ずしも消費者が感じる苦味に表れるわけではなく、特にアルコール度数が高いビールには当てはまらないので、やたらな推測は禁物かもしれない。

酸味と苦味は、毒のある飲食物を見分けるために人間が生まれもっている警報装置を作動させる働きがあり、妊娠している女性と授乳中の女性は特にこの感覚が鋭くなる。ビールが男性にひときわ人気がある原因の一つかもしれないが、人づきあいを円滑にする効果の役割のほうが大きいだろう。

近年、米国での流行に牽引されて、苦いビールがかなり受け入れられるようになってきた。ホップはビールづくり以外にほとんど使いみちがないため、栽培者はビール業界の動向に従わざるを得ないのだが、そのビールは最近までずっと、味わいが薄くなる傾向に向かっていた。結果として、地域によってはホップの栽培面積が減って栽培農家がすっかりいなくなってしまい、2000年に比べると世界全体で110万㎡も減少した。

ところが最近、香りの強くて苦いスタイルのペールエールが非常に人気を集めるようになり、また特定のホップの味わいの特性を創意豊かに活用したビールが増えたことが強く影響して、この先数年は世界的なホップ不足の恐れがある。はたしてこの事態が、酸っぱくて野性味あふれるビールの流行を導くのだろうか。それともウィー・ヘビーホップの特徴が抑え目のスタウトのブームが起こる絶好の機会なのだろうか。

ホップ栽培はヨーロッパのビール醸造の中心地域に限らず、北米やニュージーランドからも1世紀以上にわたって輸出されてきた。そしていまや中国やアルゼンチンまでもが、復活した国際貿易に参入するようになったのだ。

現在、商業用ビールには200種以上のホップがよく使われていて、そのほとんどはかなり最近に登場したハイブリッド種だ。どの種類も独自の殺菌効果、香り（上立ち香、含み香）、そして苦味がある。特定のビールづくりに適したホップとその使い方を選ぶのは、シチューをつくるハーブやスパイス、野菜を選ぶのと同様だ。

一般に、1種類のホップだけを使うと、入念に調合されたホップの場合に比べて効果が弱いが、新しい品種には万能なものもあり、優れたシングルホップ・ビールを生み出すことが可能で、ふだんは保守的なホップ生産者の中にも、シングルホップのビールを単一品種のブドウでつくったワインにたとえる者もいるほどだ。

イギリス産ホップでよく知られているのはファグル、ノーザン・ブリュワー、ビュリオン、各種のゴールディングス、そしてやや新参者のチャレンジャーが挙げられる。ドイツではテトナング、スパルト、ハラタウの派生種群、チェコで定番のザーツなどの、いわゆるノーブルホップ〔訳注：雑味のない苦味とハーブや花などのような上品な香りを持つホップ〕のタイプが好まれる。

> ### 雄のホップと雌のホップ
>
> ホップには二つの性があり、雄株と雌株と呼ばれている。雄株は味が劣るため、ビール醸造には雌株だけが使われる。
>
> ホップは栄養繁殖〔訳注：挿し木、挿し芽など栄養器官の一部から新個体をつくり、増殖すること〕を行うため、雄株は不要なのでホップ栽培では取り除かれる。ある程度離れて生えていても、雄株は雌株にとって邪魔者となり、あるホップ生産者が「仕事をやめて遊んでしまう」と表現したように、雌株の風味と勢いを台なしにしてしまう。生き残れるのは、新種をつくるために栽培された雄株だけであり、雄株の真の才能はこの点にある。近年はオレンジの味わい（マンダリーナ・バーバリア）や、マンゴーの味わい（モザイク）、さらにはバラのホップまで登場している。

イギリスは19世紀のなかば以来、米国からホップを輸入してきたが、米国のホップが大評判となったのはここ最近のことで、アマリロ、カスケード、ウィラメット、コロンバス（別名トマホーク）、チヌーク、シトラ、シムコなどの種類がある。さらに最近では、ニュージーランドが頭角を現すようになり、ネルソン・ソーヴィン、パシフィカ、モトゥエカなど、不思議なほど特徴的な香りを持つ種類がある。いっぽう、オーストラリアではギャラクシーというホップによって同国のビールづくりの新たな一面が形づくられている。

最近は外来種のホップを栽培する農家の例が見られるようになった。例えばベルギーのデ・ランケ醸造所は、ホップの特徴が強いエールにアメリカやイギリス、ドイツ産のホップを効果的に使っていることで有名だったが、現在はこうしたホップが全て自国で生産・供給されている。

上：ウィーンで発表された『ザ・ヤング・ランズマン *The Young Landsman*』中の手描き彩色のリトグラフ「ホップのつる」。1845年の作品。

ホップについて | 1章 ビールの基本 | 21

　ホップと混合して使うことはビール醸造に非常に大切だが、その加工状態も重要だ。毬花のまま使われる「ホール丸ごとのホップ」はたいてい、圧縮されて大きな重い袋に詰まっているが、鮮度が良ければ、この形状が最も品質が優れていて、このホップしか使わないという醸造家もいるほどだ。他にはペレット状、ジャム状の抽出物、あるいはオイル状のものがある。

　醸造家たちがこうしたさまざまな加工状態のホップの優劣について討論をしたら、夜中まで延々と続くだろう。しかしいくつかのポイントに集約すると、ペレットは、新鮮なまま冷凍して粉末状にしてから固形化してあれば、圧縮されたホールホップに品質上は引けを取らないといえる。もちろん劣るペレットもあるが、圧縮されたホールホップよりも鮮度を長く保てるペレットもあるのが事実だ。

　これらに比べるとエキスとオイルは苦戦していて、優秀な醸造家は他の加工状態のホップと組み合わせて使う傾向がある。一方、数人の有名な醸造家の実験談をきいたところ、ホップまがいとでも言いたくなるような代物を使ってみたら、意外にもすばらしい成果が得られて感激したそうだ。この結果を知れば、収穫したての新鮮なホップの擁護者たちもきっと熱狂的な反応を見せるはずだという。

上：チェコのボヘミア西部ジャテツ（ザーツ）近郊のロタにて。つる状に成長したザーツ種のホップを荷車に積んでいる風景。

左：世界中のクラフトビール醸造所でペールエールやIPAなどホップを強く効かせたビアスタイルの生産が増えたことにより、世界的なホップの供給が圧迫されている。

酵母について

顕微鏡でしか見ることのできない酵母は、さながら奇跡のような存在だ。アルコールを発生させてビールの特徴を決定づけることにより、ビールをかたちづくる。この小さな単細胞の菌類は、発酵の過程で麦汁に含まれる糖分を食べ（p.24を参照）、副産物としてアルコールと二酸化炭素を発生させる。

ビールづくりに使う穀物には数十の選択肢が、そしてホップには数百の選択肢があるが、醸造に使える酵母には何千もの種類がある。そしてそれぞれが、スタイルにかかわらず明らかに異なる味わいをビールにもたらす。

酵母は慣例的に複数形で表記される。エールを発酵させる酵母は集合的に「サッカロミセス・セルビシエ（Saccharomyces cerevisiae）」として知られ、室温での発酵に適しており、最初に麦汁の表面近くに浮かび上がってくる。そのためエールは「上面発酵」ビールと呼ばれる。いっぽう、ラガービールをつくるための酵母、「サッカロミセス・パストリアヌス（Saccharomyces pastorianus）」は低温で活発に働く酵母で、麦汁の入ったタンクの底に集まりやすい。そのためラガーは「下面発酵」ビールと呼ばれることがある。

商業用の醸造では、エールとラガーの区別はあいまいで判別ができない。ラガー用の酵母を強引に室温以上で数日かけて発酵させる醸造家もいれば、低温でも働くように開発されたエール酵母を使ってラガーをつくる醸造家もいる。

適切な（または不適切な）酵母がどれだけビールの出来を左右するかを確かめるためにビールを味わっていたら、一生かかってしまうだろう。そこで近道をするため、ドイツのバイエルン地方産の小麦ビールを探してみるといいだろう。このビールには、強烈なバナナとクローブの風味を生むために（p.96-7を参照）、ヘーフェヴァイツェン（Hefeweizen）というエール酵母が使われる。次に米国産の「ベルジャン・スタイル」のエールを試すといい。これは専門家向けの酵母によってスパイシーな特徴を生み出したビールであり、スパイスの粉末を加えたわけではない（p74-5を参照）。さらに、土っぽい香りのするセゾンビールの新種を飲んでみるといい。クラフトビールの世界でやたらと流行っているが、このスタイルに必要だと見なされるようになったひと握りの酵母を使うだけで、由緒正しいビールの座を獲得したのだ。

昔の醸造家は、自分が使う酵母を醸造所の指紋と表現し、好みの酵母種を一つだけ慎重に選択して、共通の味わいを背景に持つさまざまなスタイルのビールをつくっていた。彼らは前回の仕込みで残ったビールから酵母をすくい取っていた。このとき空中に浮遊していた野生酵母も偶然に採取され、わずかながら複数の酵母を用いた発酵が起こった。

現在ではたいていの醸造所で、醸造が終わるごとに簡単に殺菌・消毒できる密閉された装置が使われているため、醸造家は、望めば醸造のたびごとに酵母を変えることができ、平凡な酵母より特殊なタイプを好むならそのように変更できる。とはいえ酵母の調達が非常に重要であることに変わりはない。

通常、同じビールを醸造するたびに、そのために選んだ酵母を必ず供給してくれる供給元を、確保することが望ましい。大手の醸造所は社内に自前の酵母の貯蔵設備を構えているものだ。

上：開放型発酵槽で上面発酵させたビールの酵母をすくい取っている。

そこまでの余裕のない醸造所は、特定のビール会社に属さない酵母バンクから新鮮な酵母を購入する、あるいは必要に応じて乾燥酵母を購入するなどして対応している。

乾燥酵母を使って常に期待通りのビールを製造している小規模醸造所もいくつか存在する。しかし絆創膏やダンボールやよどんだ水のようなフェノール系の味わいのするビールができてしまうという問題が発覚する醸造所のほうが圧倒的に多い。

なにもサッカロミセス種だけが酵母ではなく、ビールの味わいを生み出せる微生物は酵母に限らない。近頃の、酸味と「野性味のある」ビールの流行は2012年ごろ米国に端を発し、クラフトビールの世界に広がっているが、製造技術の習得は流行に追いつかなかった。このビールをつくるには、ブレタノマイセス（*Brettanomyces*）という非常に働きの遅い酵母や、ペディオコッカス菌をはじめとして、乳酸を発生させる微生物を使う必要がある。しかも嫌悪感をもよおしかねない風味が生まれるのだ。

このスタイルのビールは、人工的に酸を少量加えて一般的な醸造したビールから、醸造家が五感を総動員して注意深く見守りつつオーク樽で熟成させた実験的なビールまで、多岐にわたる。これまで私たちが味わった野性味のあるビールは、申し分なく優れたビールからひどい粗悪品まで幅広い。醸造家も消費者も、こうした「ワイルド」なビールの探検をまだ始めたばかりだ。

右：醸造所の規模の大小を問わず、現代ではステンレス製の円すい型発酵槽が標準的に使われている。

ビールの製造工程と重要な決定事項

あらゆる優れたビールは入念な構想と計画の賜物だ。一人の人間の卓越した創造力によって生まれたアイデアであれ、組織内で入念に比較検討したうえでの選択であれ、全てのビールは人の意図の結果である。醸造家が計画を決断する背景には、特定の設備が使用可能か否かという条件もあるが、タイミングと手法、そして材料のほうが重要な決定材料だ。つくられるビールによって、重視される要素もさまざまだ。しかしそれが何であれ、最後に出来上がるビールは、一連の重要な決断の結果であり、それは全ての醸造家に共通している。

1 穀物の準備

大麦麦芽とその他の穀物をホッパーと呼ばれる漏斗型の装置に流し込み、粉砕機でグリストと呼ばれる粗い粒状にする。出来上がった穀物の混合物は「グレイン・ビル」と呼ばれることがある。

判断項目：
大麦麦芽はどのタイプを使うか？
配合率と量は？
他の穀物や穀物の派生物、砂糖を追加するか？

2 糖化（マッシング）

醸造用の清潔な温水（この温水はliquor：リカーと呼ばれる）を適正なアルカリ度とミネラル分になるよう調整し、糖化槽（マッシュタン）に入れてグリストと混ぜ、機械仕掛けの熊手やパドルのような装置でかき回す。マッシュ〔訳注：グリストと温水を混ぜて粥状にしたもの〕の温度の高さによって抽出される糖分の種類と量が変わる。マッシュが高温だと複雑な糖分が多く生まれ、ビールは甘くなりボディーが強くなる。通常、マッシングは60℃から80℃ほどの温度で、たいてい1時間から2時間かけて行う。単純にマッシュ全てを煮込む手法はインフュージョン・マッシングと呼ばれる。いっぽう、マッシュの液体を別の釜に分けて加熱して再び糖化槽に戻す、デコクション・マッシングという手法があり、1回だけ行うシングル・デコクション・マッシング、2回行うダブル・デコクション・マッシング、3回行うトリプル・デコクション・マッシングがある。

判断項目：水にミネラル分を追加するか？　グリストと水の割合は？
インフュージョン・マッシングかデコクション・マッシングか？
もしデコクションなら回数は何回行うのか？　マッシングの時間はどのぐらいか？
マッシングの段階別温度はいくつにするか？

3 スパージング

糖化（マッシング）を終え、糖分の豊富な麦汁を回収したあとに残った穀物は、ろ過槽（ロイター・タン）内で温水をかける。これをスパージングという。この作業により、穀物からさらに糖分を得られるが、その分だけ麦汁が希釈される。そのため過度にスパージングを行うと好ましくない味が生まれる。

判断項目：ろ過槽に投資すべきか？
スパージングによって最終的な麦汁の濃度をどの程度にするか？

4 ホップを入れて煮沸する

麦汁を煮沸釜に移し、ホップを入れて煮沸させることにより、麦汁が殺菌されて酵素の活動が全て止まり、ホップから苦味のあるアルファ酸が放出される。通常、煮沸は1時間から3時間行われ、加圧して煮ることで時間を短縮できる。煮沸中、新鮮さと香りを加えるためにさらにホップを追加する場合もある。求める効果によって、ホップを入れる温度は異なる。

判断項目：どのタイプのホップを選ぶか？
ホップの形状は？　入手先はどこか？
投入する割合は？　工程のどの段階で
どのぐらいの量を加えるか？
煮沸時間と温度は？　加圧するか？

ビールの製造工程と重要な決定事項 | 1章 ビールの基本 | 25

5 ホップ投入済みの麦汁を仕上げる

煮沸後、ワールプールと呼ばれるタンク、またはホップバックと呼ばれる密閉された装置を使ってホップを麦汁から取り除く。麦汁を熱交換器に送って冷却してから発酵槽に入れる。この作業で香り高い香気成分を保ちつつ、麦汁から凝集物を除去することである。

判断項目：
どのぐらいの規模の装置を用意するか？
個性と清澄度のバランスをどうするか？

7 熟成と販売準備

熟成とはビールに技量を与える工程だ。たいていのビールはろ過されて金属製の熟成タンク、あるいはまれに木製の樽で熟成される。簡単な例では、商業用ビールの大半は冷却槽で数日間寝かせてからろ過し、時には低温殺菌を施し、販売される。イギリスでよく行われる長期熟成の最も簡単な工程は、ビールを樽に移し（ラッキングと呼ばれる）、新鮮な酵母を加えて最長で3週間にわたり樽熟成させる手法だ。ろ過してから新鮮な酵母と共に瓶詰めして瓶内熟成させるビールもあり、このとき砂糖を少量加える場合もある。こうした瓶内熟成ビールは再発酵させるために温かい貯蔵庫で保管する。砂糖と酵母を正確に計量すれば、いまでは金属樽や缶ビールすら熟成させることが可能だ。最高品質のラガーは4℃で8週間から12週間かけて熟成される。熟成中に新鮮なホップを加える、ドライホッピングと呼ばれる手法もある。

判断項目： 熟成期間の長さは？　熟成は何段階行うか、熟成温度は？　発酵槽はどのタイプか？　どの時点で何回ろ過するか？　酵母を再投入する場合はどうするのか？
貯蔵温度はどのぐらい温めるか、あるいは冷やすか？
ラッキング、瓶詰め、缶詰めするタイミングはいつか？
ブレンドや希釈、色付けや加糖など、製造後に何かを混ぜるか？

6 発酵

どんなスタイルのビールも、一次発酵は非常に活発だ。開放型発酵槽は密閉タイプに比べて汚染されやすい。また、高さのある発酵槽は水圧が高くなるため酵母にストレスを与える。発酵温度が高いほど、「フルーティー」な芳香と味わいをもたらすエステルという有機化合物の発生が激しくなる。また、低温で発酵させると硫黄が大量に生まれる。

判断項目： どの酵母をどのくらい使うか？　酵母をいつ、どのように用意するか、エアレーション〔訳注：酵母投入後の発酵槽をかき回して酸素を供給すること〕を行うタイミングとやりかたは？　酵母を入れるタイミングはどうするか？　発酵槽の構造はどんなものにするか？　発酵開始時の温度と最高温度は何度にするか？　どのように温度を制御するのか？酵母を取り除く手段は？　酵母を再利用するか？

売り手の役割

これほど細やかに配慮を重ねてビールをつくったとしても、最終的に醸造家は自分の管理の及ばない不確定要素がグラスに注がれるビールの姿を大きく左右するという事実に屈せざるを得ない。

ビールを生産地から消費地へ輸送する場合は、できるだけ迅速に、かつ出荷から消費地までのどの段階でも凍らせずに15℃以下を維持できる「低温流通体系」と呼ばれる物流システムに支えられている。消費地へ到着後も、食料品と同じように細心の注意を払って保管・提供されるようにすべきである。さもないとそれまでの長時間にわたる配慮が無駄になってしまう。

醸造家の第一の掟
何があっても
絶対に何一つとして
汚染させないこと

2章 ビール醸造の世界

現代のビール醸造の復興が始まったのはいつかという疑問を持つ人もいることだろう。
サンフランシスコのアンカー醸造所を大手洗濯機メーカーの御曹司
フリッツ・メイタグが買い取り（p.166を参照）、
ピーター・マクスウェル・スチュアートがトラクエア・ハウスでスコットランド伝統の
ウィー・ヘビーを再生産（p.52を参照）した1960年代なかばだろうか。
この時期にはベルギーのピエール・セリスもフレミッシュ・ホワイトを復活させている
（p.74を参照）。それとも、イギリスの伝統的なビアスタイルの保護を訴える
消費者団CAMRAが結成された1971年だろうか（p.42を参照）。
あるいは世界的なビール評論家、マイケル・ジャクソンの
『*The World Guide to Beer*（世界のビール案内）』の初版が発刊された
1977年かもしれない（p.32を参照）。
しかし、いまやビール醸造が世界的規模で活況を迎えていることには疑いの余地がない。

近年、消費者のビール購入パターンは、
技術的には申し分がないが退屈きわまる大量生産品から、
高品質で斬新な商品へと移行してきた。
金額にすると数千億ポンドにものぼる規模だ。

21世紀に入ってからこれまで、こうした良質なビールの消費は年々世界的な規模で
拡大を続けており、ことビールに関しては猜疑心の塊のような愛好家たちさえも、
この現象を歓迎している。

大量生産ビールの醸造

欧州連合(EU)が2009年にまとめた報告で、ヨーロッパ最大のビール製造会社が「ビールを造る銀行家」と表現されている。実に明快な見解だが、これは公正な意見だったのだろうか。世界最大のビール会社6社の経営方針を読んでみたところ、どうやらそう見られるのも無理はなさそうである。

上：大きな比重での醸造法を取ると、あまりスペースを取らない。最後の瓶詰めや缶詰めの段階で加水して量を増やせるからだ。

いずれの会社も企業としての成長とコスト削減の推進、業務工程の改善および株主の利益の創出を重視していて、製品の品質向上に触れている会社は一つもない。従来市場の大半での売り上げが、品質向上に特化している小規模の同業者に奪われている現状を考えると、これは奇妙なことだ。

20世紀後半、大手のビール会社が、消費者はなじみの商品以外のビールに出合ってもそれを知ろうとする鑑賞眼に欠けると結論づけたことには、若干うなずける部分もある。複数世代の消費者に、ビールに何を求めるかたずねたところ、苦味が控えめでアルコール度数が低く、明るい色で透明度が高く、低カロリーのビールを望むという回答が返ってきたのだ。すでに存在するものを非難することはできるが、そこにないものを想像できる者はほとんどいない。

舌の肥えた消費者がビールからワインへ寝返っていくさなか、大多数の人々はどんなビールが流行ろうと追従して宣伝広告に踊らされ続け、従順でおめでたい大衆のままだった。

そのため国内ブランドも世界的ブランドも、大麦麦芽よりも扱いが単純な糖類を使うようになり、ホップの量を減らしていった。麦汁の比重を重くして醸造すれば、狭いスペースでも多くのビールを造ることが可能だった。例えばアルコール度数7%のビールを造り、缶に詰める直前に水で希釈して5%のビールにすることが可能となり、発酵用スペースの3分の1を削減できるのだ。

こうしてかつてないほど単純なビールが生まれた。薄められた退屈なビールが「ライト」なビールとして新たに醸造されるようになり、続いて「アイス」ビールができた。これは残った味わいをもたらす粒子を冷やしてろ過し、遠心分離機にかけて分離させ、アルコールと糖分と泡からなる、うわべだけのビールだった。手順を省略したために不快な味が生じたが、味わいがわからなくなるほどキンキンに冷やして飲むよう消費者を丸め込むことで解決した。

ビール醸造の歴史の旅は、エールワイフたちが台所で大鍋をかき回していた時代から、銀行家と化した醸造家たちが生産ラインに並ぶ缶の数を数える時代に至るまで千年かかった。とはいえ最後のほうは全速で駆け抜けてきた。

銀行的なビール醸造家たちは効率化と節税対策、そして安っぽいアルコール飲料を造るのを得意としてきたが、雇用を創出し、自分たちの事業基盤から税金を納め、地域経済に真に寄与する収入と誇りを生み出してきたのはクラフトビールの醸造家たちである。抜け目のない政治家たちは、いまやこうした点を察知するようになってきた。世界的な大手ビール会社は将来の見通しをつけられずに苦しんでいる。当然ながら、彼らは西洋世界のビール市場を新たに登場した「クラフト」ビール勢力に譲りたくはない。しかし大手企業によるクラフトビールづくりにはためらいが感じられる。まるで結婚式のパーティーでディスコ音楽で盛り上がる年配の親戚のようだ。アンハイザー・ブッシュ・インベブ社のレフ・ブランドや、モルソン・クアーズ社がイギリスのシャープス醸造所の勢いを抑えようとしている様子を見れば分かる。ハイネケン社傘下の「ブランド」シリーズは不振だし、ギネスは空しい努力をしてまちがった色のエールを造っている。

実際のところ、こうした腰の重い大手企業がクラフトビール市場に俊敏に挑んでいくのだろうか。あるいは、自分の信頼するブランドが、だまされやすい連中向けのビールを造る会社の傘下に入ったとしても、飲み手は変わらず飲みたがるのだろうか。いずれも疑問である。

クラフトビールの醸造

この40年の間に、ビールの単純化が世界的な反発を引き起こした。その大半が自然発生的だったいっぽうで、各地の消費者保護団体は早くからキーワードの重要性を認識していた。イギリスのCAMRAは当初Campaign for the Revitalisation of Aleという組織名称だったが、"revitalisation（復興）"よりも"real（真の）"のほうがよいと判断して、すぐに名称を変更し、彼らの定義する「エール」を強調させた。いっぽうベルギー初の消費者団体は"artisan（職人）"という言葉を選んだが、マイケル・ジャクソンはそれを洗練させて"craft（匠）"と変えた。

初期の熱心な愛好家たちは、小規模な醸造所が優れ、大規模な醸造所は悪いものと思い込んでいた。大手の醸造所は宣伝広告に膨大なお金を使うが、小規模醸造所はつくったビールをじかに消費者に売っていた。小規模醸造所のビールは近隣でつくられていたが、大手醸造所のビールはどこか知らないところから運ばれてきた。

しかし時間がたつにつれ、こうした考え方に問題があることが判明した。小規模醸造所のビールの中にはとんでもなく悪質な製品もあったのだ。やがて、地産に見えて実は大手醸造所で造られたビールのブランドが、拡大中の地ビール人気に便乗しようとした。とどめを刺したのは、草分け的だった醸造所のいくつかが拡大し過ぎ、ちっぽけな用語で表現するのがそぐわなくなったのだ。そこで北米では新たに、「クラフトビール醸造」という用語が使われるようになった。

高度な機械で偽装されたビールなどではなく、愛情を込めて手づくりされたビールのロマンはまだ残っているが、実はクラフトビール醸造所の多くは最新の設備とコンピューターに頼ってビールをつくっている。それどころか、こうした技術があってこそ一貫性と個性を保つことができるのだ。

となると、クラフトビール醸造所とビール工場を分けるものは何だろうか。その答えは設備や製法、材料にあるのではなく、倫理観と考え方にあるのではないだろうか。

大規模なビール醸造会社が許容可能なビールを造りつつ、すばらしい利益を得ることを目的としているのに対して、クラフトビール醸造家はすばらしいビールを生み出すことによってまずまずの利益が得られればよいと考えている。

そのため、事実、クラフトビール醸造家は比重の大きいビールをつくって水で割るという方法（p.28を参照）を取らない。トウモロコシや米、デンプンや液糖の使用比率を、法的に許されている発酵可能な糖分の最高使用比率である3分の1よりかなり低く抑えている。いっぽう大手ブランドの多くでは最大限度まで使われている。

「クラフト」醸造所であるためにクラフトビール醸造家が何を行っているかという話をしよう。おそらく最も重要な側面は、クラフトビールを復興させ、新境地を開いていく能力と意欲だろう。1970年代の終盤以降、ビール醸造で新たに刷新されたのは、技術ではなく味わいであり、その大半がクラフトビール醸造に由来している。米国やニュージーランド産のホップの流行やさまざまな種類の木樽によるビールの長期熟成、発酵過程での野生酵母やその他の微小植物の使用がその例だ。シェリーワインの製法にヒントを得てソレラ・システム〔訳注：複数段積み重ねたワイン樽の一番下からワインを採取して上の段から順に補充する手法〕の熟成方法を導入したり、消滅寸前あるいはずっと忘れられていた過去のビアスタイルを復活させたりしている。モルソン・クアーズの「ブルームーン」シリーズやギネスの「ナイトロIPA」などはこうした動きを真似したものであり、率先してはいないのだ。

さらに、クラフトビール醸造家は多様な材料を味わいに生かす意欲が旺盛である。良し悪しは別として、あらゆる種類のオレンジその他の柑橘類をはじめ、野生の花々、考えられる限りのほぼ全種類のスパイス、そしてタバコの葉さえ使う。

左：大規模醸造所では穀物を巨大な貯蔵庫に入れたらその後の工程は精密に調整されたコンピューター任せだが、大半のクラフト醸造所ではグリストの準備は過酷な肉体労働だ。穀物の入った重い袋を粉砕機まで引きずっていき、ビールのレシピごとに、手作業で麦芽の正確な配合割合を測らなければならない。

世界で最大規模のビール醸造会社は幅広いブランド群を展開しているが、そうした商品群はせいぜいひと握りの味わいの特性から成り立っている。いっぽうのクラフトビール醸造所は、少ないブランド数の中でさえ、多彩な味わいを提供してくれる場合が多い。

醸造所の数こそ多いが、全てのクラフトビール醸造所を合わせた総生産量は相対的に少なく、市場シェアの10％をやや超えるほどだ。国によってはさらにシェアが低い。しかし彼らの影響力の強さは、語り尽くせないほどだ。好き嫌いはともかく、米国のクラフトビール醸造所がホップの効いたペールエールで成功を収めた事実は、前世紀に見られたピルスナーとポーターの人気に匹敵する、21世紀の一大ブームといえるだろう。

おそらく当然のことなのだろうが、このように有名になったブランドの中には買収、あるいは一部の権利を買い取られる例もある。しかもときには莫大な金額で買収される。これを悲運ととらえるか栄誉と考えるかは、人の視点による。シカゴのグースアイランド、カリフォルニアのラグニタスとバラストポイント、ノルウェーのヌグネ・エウ、アイルランドのフランシスカン・ウェル、カナダのグランヴィル・アイランドとミル・ストリート、オーストラリアのリトル・クリーチャーズ、そしてイギリスのミーンタイムとカムデンタウン、ブラジルのヴァウスとコロラド、さらに多くのクラフトビール醸造所が買収された。

今後もビール醸造所の買収はまちがいなく続くだろう。新たな戦略を求める世界規模のビール醸造会社やどんな機会にも引き寄せられる投資会社は、クラフトビールを、利益を得る手段としか見ていないのだ。

はたしてそうやって「企業価値を高め」た企業は、熱心なビール醸造家たちに、醸造所の中枢で大金を使わせて自由に仕事をさせてやる必要があると考えるだろうか。そして消費者は、買収された醸造所の創業者たちが良心的だったからといって、買収後もそのブランドを支持し続けるだろうか。どうなるのか見ていこう。

結局のところ、「クラフト」らしさを決めるのは、規模や醸造用式の革新、副原料の使用や味わいではなく、醸造家が個人レベルで消費者と強く結び付く能力ではないだろうか。それは、地元に密着した醸造所のほうがより達成しやすいことだ。あるいはグローバル企業に立ち向かう国内企業も、グローバル企業よりは消費者と身近に接することができるはずだ。

上：クラフトビール醸造所と大量生産醸造所の重要な相違点の一つは、ここワシントンDCにあるアトラス・ブルー・ワークスで実施されているように、試験醸造を含むあらゆる段階で人の手による細やかな管理が行われる点だ。

下：クラフト醸造には醸造家の心構えが表れる。スコットランドにあるブルードッグ醸造所の熟成室ではストリートアートと製造業が融合している。

クラフトビールの醸造 | 2章 ビール醸造の世界 | 31

上：ドイツのバイエルン州トラウンシュタインにある醸造所の貯蔵庫。ここにあるような内側を塗装した木樽はドイツのさまざまな土地のバーカウンターを飾っている。

ビアスタイル

ビアスタイル（醸造様式）に正式な規定はなく、醸造家と消費者との暗黙の了解によって成り立っている。醸造家はラベルにスタイルを表記することにより、手に取った消費者にどんな種類のビールを買おうとしているのかをおおまかに知らせる。いっぽう、スタイルは品評会などで入賞するための手段の一つでもある。

世界の人気ビールをスタイル（醸造様式）ごとに一覧化する試みが初めて行われたのは、ビアライターの先駆者だった故マイケル・ジャクソンが1977年に発表した『*The World Guide to Beer*（世界のビール案内）』だ。発刊当時の彼の狙いは、とかく目立たず知名度が一部地域に限定されていたビールを、まだ飲んだことのない多くの人に向けて明確に説明することだった。

悲しいことに、この取り組みはやがて泥沼の混乱状態を招き、時にはビールに何か新たな手が加わると、それらは全て、独自のキーワードを使っているという理由だけで、コンテストなどで表彰対象になる価値があると見なす風潮さえ生まれた。

こうしたスタイル拡大主義の大半は米国に端を発している。多種多様の実験的な醸造を行う流派が登場した結果、2015年のグレート・アメリカン・ビアフェスティバルでは92ものカテゴリーに分かれて評価される事態となった。さらに数十のカテゴリーが Brewers Association（ブルワーズ・アソシエーション〔訳注：米国のクラフトビール醸造者協会〕）の公式ガイドラインに掲載されている。

マイケル・ジャクソンが定めた伝統的なスタイルのカテゴリー分けは、現在もある程度は意味がある。しかし読者に知っておいてほしいのは、非常に有名なビアスタイルの中には、共通するのは言葉だけで、まったく異なる伝統的なスタイルから派生したものもあるということだ。例えばオランダの伝統的なボックは、同じ名称のノルウェー発祥のスタイルと明らかに同タイプのビールだが、ドイツのボック、あるいはオランダの現代的なボックとすら共通点が多いのかは疑わしい。同様に、ブリティッシュ・ペールエールから見ると、アメリカンスタイルのペールエールは、若くて荒っぽい子孫と言えるが、いずれもベルジャンスタイルのペールエールとの共通点はあまりない。

事実上、イギリスのバートン・アポン・トレント産のペールエール（p.44を参照）からベルギーのパヨッテンラント（p.68-71を参照）でつくられるランビックまで、世界のあらゆるビアスタイルはさまざまに解釈されたり改造されたりして、しばしば目を引く派生版も生まれる。ビール歴史家のロン・パティンソンは、こうしたビアスタイルを「あるビールの基本的な特徴とアルコール度数を簡略に示していて……、絶対的でも不変でもない」存在の代表であると語っている。

現在起こっているビール革命では、スタイルが変形したというよりはスタイルから飛躍したものが見られる。中には、元祖のスタイルの模倣から始まったスタイルが元祖よりも称賛の的になっている例もある。イギリスのIPAが米国のIPAに敗北したのは、傑出した特徴を持つビールを母国がなおざりにしたことを考えると当然のことだ。しかし、最近は元の特徴のうわべだけを真似たまがい物が出回り、例えばベルギー発祥のセゾンを変性させたようなビールがあるが、これは手を加え過ぎというものだろう。

右：さまざまなビアスタイルが互いに際立っているのは、色とアルコール度数、原材料、製法、原産地の他、場合によっては切ないまでのマーケティングの結果かもしれない。

国によってつくるビールの定義付けが異なるのも困りものだ。例えばフランスでは主に色によってビールを分類している。イタリアではアルコール度数と文化的背景が分類項目になっている。いっぽう米国は、アルコール度数が高い、あるいはホップを強く効かせたビールであれば、ほぼどんなスタイルにでも「ダブル」「トリプル」、あるいは「インペリアル」といった形容詞（意訳）を付けてしまう。ベルリーナ・ヴァイセのような軽くて爽やかなスタイルまで「インペリアル」呼ばわりするのだ。冗談であってほしい。

とはいえ、こうした新たな区分に入った銘柄をけなすつもりはない。中には優れた銘柄もあるのだ。ビール復興の成果としてもっとわかりやすい分類システムが幅広く普及すまで、読者には、ラベルにどんなスタイル表示が書かれていようと、産地表記がなくブドウ品種だけが表記されたワインラベルと似たような意図に基づいていると考えるにとどめておくことを、お勧めする。

どんなに熱心にビールをつくっていても迷いがちなのは、ビールのテロワールである。この場合のテロワールとは、地域の土壌が原材料の味わいをかたちづくるという意味ではなく、地域ごとの伝統と嗜好が世界各地に多様な個性のビールを生むという意味でのテロワールだ。世界中のビール醸造家が同じホップと穀物、酵母、水質、そして機械を確保できるからといって、すでに多く出回っているアメリカンスタイルのペールエールをわざわざつくる必要があるだろうか。それよりむしろ、地域ごとの特色を生かしたビールを育てたり、名前すらわからないような、地域の伝統的なビアスタイルを再生させたりするほうがよいだろう。審査会の表彰台は、成果をほめてもらいたがる連中に任せておけばいい。

上：米国のオレゴン州にあるクラックス醸造所のバー。苦い、ハーブ香の強い、土っぽいものに濁ったもの、鋭く酸っぱい、甘い、さっぱり、ほどよく酸っぱい、あるいは単にビールらしいビールなど、何でもお好みのままだ。

最近の傾向

2016年初頭までに60カ国が世界的なビール復興国に名をつらね、さらに20数カ国が、いわばつま先をビールに浸そうとしていた。結果として混迷状態となった状況から傾向を見きわめるのは、必ずしも容易ではない。

ソーシャルメディアやRatebeer.com（レイトビア・ドットコム。〔訳注：クラフトビールの世界的な評価サイト〕）、Untapped（アンタップド。〔訳注：飲んだビールと飲んだ場所を記録・発信できるパソコン、スマートフォンのアプリ〕）といったインターネット上のサービスの誕生の影響で、ゆるやかながら巨大な世界的コミュニティーが生まれた。そして年齢を問わず、ビールマニアや熱狂的ファン、愛好家、ビール通を気取る人、熱心な信奉者、そして推進活動家に至るまで、ビールへの熱意を語るコメントや知識の紹介、飲んだ体験談の投稿が絶えない。

このように愉快でありながら渦を巻いている流れからは、三つの傾向が見て取れる。

第一に、こうした動きの中枢には、新興のスタイルと異なる、古典派ビールとでも名付けられそうな古い由緒を誇るスタイルの理解が共有されていることがある。次に、従来の慣習にとらわれず、ビールづくりの可能性を未知の領域へと広げ、いわゆる過激派と呼ばれるビールを推す流れがある。三つ目は、現代を象徴するビールに慣れ親しんだ新しい信奉者たちの動向だ。彼らは、時代の流れの陰に押し込まれ、特定地域の人々の記憶の中にひっそりと生き延びてきた、いわば民俗的なめずらしいビールに注目するようになってきた。

古典派ビールには多くの様式があるが、その起源はいずれも比較的確認しやすい、というよりほぼ特定可能だ。そうしたビールには、最近の大ブーム以前に多くの醸造家がつくった、あるいはつい最近までずっとつくっていた歴史的なビールという共通点がある。例えばドイツのケルシュ（p.100を参照）やアルトビア（p.98-9を参照）といったラガーのように特定地域だけで製造されるものもあれば、アイルランドのアイリッシュ・スタウト（p.57-9を参照）やチェコのスベルティ・レジャック（p.136-7を参照）など、特定の国だけでつくられるものもある。あるいは、ホップを効かせたIPAやストロング・ブラウン・エールのように、新たに世界的に知られるようになったビールもある。

全てではないにしても、過激なビールには、新しい実験的なビールがよく見られ、ビールと呼ぶにはきわどいほど風変わりなタイプもあれば、さほど奇妙なではないがアルコール度数が高くホップが効いたビール、またはホップを入れないビールもある。変わった穀物が使われたり、酸っぱい味がしたり、長期熟成されたものもあれば、さまざまな物を漬け込んだビールもある。このようなビールを生み出すのは、斬新なクラフトビール醸造を目指す有名人の場合もあれば、趣味でビールをつくる独創的な素人の場合もある。時に醸造家はそんなふうにビールをつくるものだ。

民俗的なビールについてはヨーロッパ北部の節（p.112を参照）でさらに詳しく触れるが、多くのビール文化圏に実例があり、オランダのコウト（p.86を参照）、ドイツのライプツィガー・ゴーゼ（p.96を参照）とリヒテンハイナー（p.114を参照）などが挙げられる。現在も名高いベルギーのランビック（p.68を参照）やベルリナー・ヴァイセ（p.96を参照）、そしておそらくカスクコンディションされたブリティッシュ・エールもこの範ちゅうに入るだろう。どれもみな、いまも昔も単一の醸造文化圏に特有な伝統的スタイルだ。

とはいえもちろん、伝統的なスタイルがすべて、これらのカテゴリーのどこかにおとなしく収まっているわけではない。ドイツバイエルン州のヘーフェヴァイツェンは民俗派と古典派のどちらにも該当し、オーク樽で長期樽熟成されたフレミッシュ・ブラウン・エール（p.66を参照）は過激派と民俗派のどちらにも入る。インペリアル（ロシアン）・スタウトは古典派でも過激派でもあるし、伝統製法のグーズ（p.71を参照）は三つの流派すべてにすんなりと収まる。

ここで紹介したひな型はひとまず著者が独自に定義したものだが、私たちの姿勢を認め、状況を理解してくれる人々の役に立てばと願っている。

進化するビアスタイル

ビールが前時代に急激な進化を見せたのは1870年代だ。醸造家たちが新たな技術や社会的な関心の増加、急変化していく価値観に対応した結果である。

フランスの細菌学者ルイ・パスツールにより低温殺菌法が考案されたおかげで、醸造家たちは初めて、ビールを生み出すいっぽうで台なしにもしてしまう微生物の動きを管理することができるようになった。1876年、ミュンヘンの技術者カール・フォン・リンデが手頃な価格の大型冷蔵設備を開発し、特許権を取った。これにより1年中、大量のラガービールを製造できるようになった。そのころ、ヨーロッパのプロテスタント地域と北米では禁酒主義思想が政治的な影響力を持つようになった。いっぽう、ビールの都市は醸造所の用地取得の問題ももたらした。

つくられるビールのタイプはオーク樽での長期樽熟成タイプから発酵を早めた軽めのエールが主流となり、醸造所でろ過されたのちに樽内で清澄処理することによって澄んで輝きのあるビールとなり、上質なグラスに似合うようになった。こうした変遷と同じような規模の変化が21世紀の最初の四半世紀の間にも起こりつつある。新たな創造と再発見に先導されて、目まぐるしいペースで多種多様なビアスタイルが生まれているのだ。

次ページに、世界有数の魅力あふれる48のビアスタイルをリストアップし、それぞれが当てはまる発祥元を民俗派、古典派、そして過激派に分けて、該当する度合いで分類した。次にアルコール度数でも比較し、アルコール度数が低めで飲みやすいセッションビールか、アルコール度数が高く個性が強いと見なされているかを比べている。さらに、ビールの世界的な発展の過程で、各スタイルが及ぼした歴史的影響の度合いを表示している。表中の色が濃いほど、その度合いが強いことを示す。

上：ビールのフェスティバルでは民俗的ビール専門、あるいは古典的ビール専門というように、種類を特化して開催される場合がある。この米国マサチューセッツ州ボストンのフェスティバルのように、過激なビールに特化しているのはまれだ。

ビアスタイルの進化過程別チャート

スタイル名	民俗度	古典派度	過激度	アルコール度数	個性	歴史的影響	原産国
カスクビター	中	中	低	セッション	日常的	興味深い	イギリス
カスクマイルド	中	中	低	セッション	日常的	地域限定	イギリス
ブリティッシュ・ペールエール	低	高	低	セッション	堅実	模範的存在	イギリス
ブリティッシュIPA	低	中	低	標準	堅実	模範的存在	イギリス
ストロング・ブラウン・エール	低	中	低	やや高め	印象的	模範的存在	イギリス
ポーター	低	中	低	標準	堅実	模範的存在	イギリス
ミルク・スタウト	低	中	低	セッション	堅実	興味深い	イギリス
バーレイ・ワイン	なし	中	高	高	崇拝の的	模範的存在	イギリス
インペリアル・スタウト	なし	中	中	高	崇拝の的	興味深い	イギリス・米国
スコッチ・エール（ウィー・ヘビー）	低	中	低	やや高め	印象的	興味深い	スコットランド
ドライ・スタウト	低	中	低	セッション	堅実	興味深い	アイルランド
エクスポート・スタウト	低	中	低	やや高め	印象的	模範的存在	アイルランド
木樽熟成エール	中	なし	高	やや高め	崇拝の的	リーダー	ベルギー
ベルジャン・セゾン	低	中	低	標準	印象的	興味深い	ベルギー
オード・ランビック	中	なし	中	標準	日常的	地域限定	ベルギー
オード・グーズ	中	中	中	やや高め	崇拝の的	模範的存在	ベルギー
オード・クリーク	中	低	中	標準	印象的	地域限定	ベルギー
デュベル	低	中	低	やや高め	堅実	興味深い	ベルギー
トリペル	なし	低	高	高	印象的	模範的存在	ベルギー
ヴィットビア	中	中	低	標準	日常的	興味深い	ベルギー
ボックビア	中	中	低	やや高め	堅実	地域限定	オランダ
ビエール・ド・ギャルド	中	低	低	やや高め	印象的	興味深い	フランス
ビエール・ド・ブレ・ノワール	高	低	低	セッション	日常的	地域限定	フランス
ヘレス	低	高	低	標準	堅実	模範的存在	ドイツ
メルツェン	中	中	低	標準	堅実	模範的存在	ドイツ
ケルシュ	中	中	低	標準	堅実	興味深い	ドイツ
アルトビア	中	中	低	標準	堅実	興味深い	ドイツ
ミュンヒナー	低	中	低	標準	堅実	興味深い	ドイツ
ドゥンケル・ヴァイス	低	中	中	標準	堅実	興味深い	ドイツ
シュヴァルツビア	中	中	低	標準	堅実	地域限定	ドイツ
ベルリナー・ヴァイセ	中	低	低	セッション	日常的	地域限定	ドイツ
ゴーゼ	中	低	低	セッション	日常的	地域限定	ドイツ
ヘーフェヴァイツェン	中	中	低	標準	堅実	リーダー	ドイツ
ヴァイツェンボック	なし	低	高	やや高め	崇拝の的	興味深い	ドイツ
ラオホビア	中	中	低	標準	堅実	興味深い	ドイツ
ボック	低	中	低	やや高め	印象的	興味深い	ドイツ
ドッペルボック	中	中	中	高	崇拝の的	興味深い	ドイツ
ヴィエナ・ラガー	低	高	低	標準	日常的	地域限定	オーストリア
スヴェトリ・レジャーク	なし	高	低	標準	堅実	模範的存在	チェコ
トマヴェ	低	中	低	標準	日常的	興味深い	チェコ
サハティ	高	なし	低	標準	堅実	地元限定	フィンランド
グロジスク	中	低	低	セッション	日常的	地域限定	ポーランド
バルチック・ポーター	なし	中	中	やや高め	印象的	模範的存在	ポーランド
アメリカン・ペールエール	低	中	中	セッション	堅実	リーダー	米国
アメリカンIPA	なし	中	中	標準	堅実	模範的存在	米国
ダブルIPA	なし	低	高	やや高め	印象的	模範的存在	米国
ブラックIPA	低	中	中	標準	堅実	興味深い	米国
スモークト・ポーター	低	中	中	やや高め	印象的	地域限定	米国
アメリカン・セゾン	低	低	高	やや高め	堅実	興味深い	米国

ビールの
新興国を知る

　世界の国々は消費習慣によって、ワイン消費国、蒸留酒の消費国、ビールの消費国、そして禁酒の国に分類されるといわれる。従来はそうだったとしても、もはやそうではない。ビールは世界中で飲まれているのだ。

　ビール生産国の上位40カ国のうち北米は3カ国、南米が6カ国、アジアが7カ国、アフリカが5カ国、そしてオーストラリア、残りはヨーロッパの国々が占めている。40カ国中には、フランス、イタリア、スペイン、ポルトガル、ハンガリー、チリ、そしてアルゼンチンなど、従来はワイン消費国とされていた国々が並ぶ。

　ビール醸造が世界的に広がったのは18世紀のヨーロッパ諸国による植民地の拡大と19世紀のアメリカ大陸への大量移住が原因である。20世紀に入ってからのビール消費の成長は企業の拡大意欲によってかたちづくられ推進された。企業は、しばしば自分たちのブランドを、人々が憧れるような経済的に独立したライフスタイルの象徴と結び付けて、世界的規模での飲酒習慣の統一と開拓に意欲的に取り組んだ。

　本書の他のページでも理由がざっと紹介されているが、1975年には、世界のビール飲酒量が最大となったいっぽうで、入手できるビアスタイルはかなり減少していた。

　以来40年間、世界中のビール醸造は二つの異なる視点で位置づけられるようになった。一つは所有権に着目した視点で、かつてないほど少数の巨大企業が、世界全体のビール生産量の85%を占めている。しかもこうした大企業間の関係はますます不鮮明になってきている。従来市場での売り上げが減少し、危機的な状況にさえなりつつある中で、彼らは中国や東南アジア、インドなど、巨大市場になる見込みはあるものの慣習上の制限の多い市場で主導権を握ろうと争っている。

　もう一つの視点は、興味深く面白みのあるビールの進展に関心のある人々のためのものだ。多種多様なクラフトビールづくりが、古くからビール醸造文化のあったあらゆる国々で力強い復活を遂げようとしている。さらに、そうした文化のない新興国も多数登場してきたのだ。

　2015年には、ほぼ全てのビール生産国でクラフトビールの売り上げと市場シェアがともに増加したと言っても差し支えないだろう。こうした現状を考えると、世界中の消費者が、心躍るようなビールを歓迎し、もっと知りたいという明確なメッセージを発しているようだ。そのいっぽうで大手ブランドは輝きを失うばかりである。明らかに嗜好が再形成されようとしている。飲む量こそ減ったが、消費者はビールを見分ける確かな目を持っているのだ。

　これから紹介するのは、2010年代の中盤における、高品質ビールの立ち位置についての寸評だ。まずはクラフトビール醸造の復興に最も影響を与えてきた旧世界の国々から始まり、未来の変化をかたちづくりそうな取り組みに尽力している新世界へと進んでいく。

ヨーロッパの
ビール

　世界各地で2000年にわたって地域に密着した商業ビールの醸造文化は、1970年代にはすっかり衰退し、その残滓は主に西欧と中欧の中の4地域に見られるのみとなった。そこにはさまざまなビールの最後の砦があった。樽熟成のエールや瓶内熟成エール、濁った小麦ビール、オーク樽熟成されたストロング・エール、そしていわゆるブロンド・エールや、デコクション・マッシングを施されて何カ月も低温熟成されたラガーなどだ。いずれも、創業者の意図を色濃く残していたビールだった。

　今にして思えば、1980年代のヨーロッパはビール革命の機が熟していた。ビール文化に自信を持っていたのはドイツ南部のバイエルン地方だけだった。イギリスとベルギー、ドイツ西部のラインラント地方、そして旧チェコスロバキアは新たなビール時代の揺籃期にあった。そしてヨーロッパ大陸の他の地域の住人たちはただの消費者に成り下がっていた。

　その当時、優れたビールを探し当てるには、まず、どこを探せばいいのかを知る人を探すことから始まった。現代とは事情が少し異なっていた。

西ヨーロッパ

西ヨーロッパにおけるビール復興の物語は、少量生産のパンやチーズなどをはじめとする
地元産の生活必需品が復活した経緯とよく似ている。こうした傾向は多くの土地で大いに流行している。
万人向け商品に象徴される「みんなと同じなら安心」という感覚の探求はとうに魅力を失ってしまったのだ。

　ビール復活のなりゆきは国によって異なるが、停滞あるいは衰退した国は一つもない。イギリス、フランス、ドイツ、そしてオランダではいずれも、1990年以降に開業した醸造所の数は3桁に上り、オーストリアとスイス、ベルギー、アイルランドでも数十カ所の醸造所が生まれた。

　同時に、ビアスタイルの数もかなり拡大してきた。もはやペールエールはイギリスの醸造所の専売特許ではないし、スタウトもアイルランドだけのお家

下：ドイツ最南端にあって同国最大の州であるバイエルンは、フランケン地方からアルプスまで広がる。ビール純粋令の生まれた地、そして1975年当時に良質なビールづくりが栄えていた唯一の土地である。

芸ではない。ベルギーでさえ、同国生まれの上質ビールの大半は、よくできた類似品が他の土地でつくられている現実を受け入れざるをえない。

純粋で正確、そしてわかりきった味のビールに対するドイツの執念は、時として「同じビール6杯でも5000もの微妙なバリエーションがある」と風刺されるほどだ。しかし現在は若い醸造家や消費者へと世代交代し、彼らの親や祖父母なら外国のビールだと考えるようなビアスタイルに挑戦している。そしてイギリスでは、元祖「リアルエール世代」の子どもや孫世代が、親たちの限界を打破している。

こうした「特殊なビール」の発展は大手ブランドの金色のビールの大きな犠牲の上に成り立っている。それよりも淡色のラガーの犠牲はさらに大きい。しかし、もしドイツの大手生産者が価格よりも品質重視に切り替えることができれば、あっという間に状況が変わるだろう。

21世紀に入って以来、ヨーロッパのビールは以前の長期間よりもよいかたちで進化してきたし、今後も向上していくであろうことは誰も疑っていない。

西ヨーロッパ ▼
ヨーロッパ古来の醸造文化地帯はアイルランド北部からオーストラリアのウィーンをざっと引いた線に沿って点在する。

イギリス

世界中のクラフトビール醸造に登場する多くのビールの類型が、ヨーロッパ大陸の北西沖に浮かぶブリテン諸島と呼ばれる奇妙な形をした群島を発祥地としている。ペールエール(インディア・ペールエールその他を含む)、オートミール・スタウト、インペリアル・スタウト、オイスター・スタウト、バーレイ・ワイン、ウィー・ヘビー、そしてポーター。全てここで生まれたのだ。

それにもかかわらず、現代のイギリスでは飲みごたえのあるビールは日常用としてあまり選ばれない。大量生産されたラガーが市場を支配し、立派なブリティッシュパブでは炭酸が穏やかな軽めのエールが好まれ、家で飲む場合もクラブやレストランでも、そしてホテル業界も同様で、品ぞろえに精彩を欠いている。つい最近まで、そうだった。

重要なのは、世界のほとんどの地域では100年以上ぶりに起こったビール革命の恩恵を享受している一方、イギリスではすでに40年ぶりの2度目の革命に突入しているという点だ。ここで言おうとしていることを理解してもらうには、イギリスの代表的組織CAMRA（Campaign for Real Ale）の成功と失敗の歴史を知る必要がある。

▶ ロンドンの最新ビール醸造所マップ
ロンドンは250年ぶりにイギリスで最も影響力のある醸造の町の地位に君臨し、世界一のビール醸造所数を誇るシカゴに次いで2位の座にある。状況は月ごとに変わっていくが、ロンドンっ子は、イギリス人全体のビール習慣の激変を主導している。

伝統的なイギリスのビールの復活

1971年、伝統的なイギリスのビールの終焉を告げると思われた事態に対して、4人の若いイギリス人ジャーナリストがその保護を目指して抗議団体を結成した。当時は、効率的な大量生産を目指すビール産業と、効率性は必ずしも目指さないビール醸造の推進派がまさに衝突しようとしていたのである。それから2年もしないうちに、開放型発酵槽で上面発酵されたビールだけが「リアルエール〔訳注：真のエール〕」と称されるようになり、やがて「良質なビール」の代名詞となった。

発足して間もないCAMRAの成功は、他の国々でやはり伝統ビールの保護を進めていたビール愛好家たちを勇気づけ、世界的な地ビール醸造の復活を後押しした。「本来のビール」の理想像が1960年頃のイメージのまま思考停止に陥ったことが、イギリスに見られた想像外のマイナス面であり、その当時にはすでにかなりひどい状況になっていたのだ。

その昔イギリスのビール醸造家たちの名を世界中に知らしめた、古きよき偉大なスタイルのエールは、実質的に原産国から消えうせてしまった。最近になってようやく、この事態をどう考えるのか答えを出さなければいけない立場へとイギリスの消費者たちは追い込まれたが、そう仕向けたのは海外のビール醸造家たちによって復活したビールと理念だった。

ペールエールとビター

味わいと多様性、そして繊細さ(あるいはその欠如)を非常に薄いビールに詰め込んだスタイルとなると、
自然に炭酸ガスが生じ、木樽から注がれるブリティッシュ・ペールエールほど、
あらゆる賛美に値するビールはない。それは伝統的なブリティッシュパブを支える基盤でもある。

上:19世紀のイギリスのビール醸造家たちは国会の上下両院でも目立つ存在だったため、ひとくくりに「ビアレッジ」という呼称で知られていた。

ペールエールの醸造が可能になったのは17世紀のことだ。麦芽が焦げたりといった問題を防げるような新型のかまどが登場し、それまでより淡い色の麦芽を作れるようになった。温度調節がしやすくなったため穏やかに焙燥できるようになったからだ。

当時植民地だったインドへ輸出するためにホップを強く効かせてつくったペールエールは、1780年にはロンドンでも飲まれるようになっていた。当初、きつい匂いとあまりにも強い苦味が本国イギリスでは不評だったが、ボンベイとさらにその先までの長い航海の途上で絶え間なく波に揺られるうちに消えていった。

1820年、イングランドのミッドランド地方にあるバートン・アポン・トレントに新設されたビール会社サミュエル・オルソップ社の醸造所では、アルカリ性で石膏(主に硫酸カルシウムから成る)成分を豊富に含んだ地元の硬水を使い、インディア・ペールエール(IPA)のスタイルを真似たビールがつくられることになった。すると、石膏がホップの苦さを吸収するいっぽうで、花のような香りは損なわれなかった。こうして、麦芽由来の甘さを持つブラウン・エールや分厚い味わいのポーターやスタウトとはっきりと異なる特徴を持つ上品なビールが生まれた。

バートンの醸造所は、当時すでに盛んにビールを輸出し、ロシア宮廷に向けたアルコール度数の高いブラウン・エールとスタウトを輸出していたが、インディア・ペールエールが復刻される少し前に、この利益の多いロシア市場の大半を失ったばかりだった〔訳注:イギリスの経済制裁を狙ったナポレオンによる大陸封鎖令の影響〕。しかし当時、大英帝国の植民地は拡大を続け、ロシア向けよりも色の淡いビールを大量に出荷する機会が生まれた。しかもインディア・ペールエールの異国情緒をまとったバートン産のビールは、イギリス市場ですぐに消費されるのに適していた。こうして、オルソップやワージントン、バスなど他のバートンの醸造所も大成功を収めることになった。

やがて他の地域の醸造所も、仕込み水に硫酸塩を水に加えて(「バートナイズ」という)バートンの硬水を真似るようになり、イギリス全土の醸造所がホップの効いたペールエールと「ビター」の

下:イギリス定番のビールと食べ物の組み合わせといえば、軽いイングリッシュ・ビターと豚肉の皮を塩で味付けして煎ったポーク・スクラッチングだ。

イギリスのビールのほとんどが軽い理由

第一次世界大戦が勃発した1914年8月8日、イギリスの自由党政権は初の戦時国土防衛法を可決した。その何十年も前から同党の禁酒主義推進家たちは熱心な活動を展開していたが、この法が制定されただけで、ビールへの税率を上げ、パブの営業時間を規制できる権力が生まれたのだ。

1914年まで、イギリスの樽詰めビールのアルコール度数は一般に5%から7%で、他の国々と同様だった。しかし1917年にはアルコール度数は3%という厳しい数値にまで抑えられ、この規制は絶対禁酒主義派のデヴィッド・ロイド=ジョージ内閣のもとで1921年まで続いた。戦後に起こった世界第恐慌下では、アルコール度数の高いビールの税率が上がり、なかなか下がらなかった。やがて元の税率に近づく頃には2度目の大激動と不況の波が襲った。

第二次世界大戦は1945年に終わったが、食糧配給制度は1954年まで続き、消費者心理は落ち込み、ビールはいまだに薄い飲み物のままだった。

1970年になると、アルコール度数3.5%のビールが一般的となり、流行を追う消費者たちは、テレビコマーシャルの受け売りをして、大手ブランドが造る、炭酸ガスを人工的に添加した樽詰めの軽いエールを好むようになった。そして、よりおもしろみのある飲み物を求める人々はワインへと鞍替えしていった。無理もないことだった。

右ページ:ケント州にある伝統的なオースト・ハウス。内部が何層かに仕切られ、各層でホップを「ケル」、すなわちキルン(焙燥炉)から立ちのぼる熱気で乾燥させている。

ペールエールとビター ｜ イギリス ｜ 西ヨーロッパ ｜ ヨーロッパのビール ｜ ビールの新興国を知る ｜ 45

醸造に専念するようになっていった。19世紀なかばに初登場したこれらのビールは当時、高価格で売ることができた。

商人たちはケントやサセックス、ヘレフォードシャーやウスターシャーの生産者からゴールディングスやファグルなどの品種のホップを買い付け、鉄道や船で輸送し、トン単位でイギリス中の醸造所に売っていた。輸入ホップもあったが、ビール醸造家の中には、自分たちのつくる明るい色のエールを際立たせるために、依然として淡色の麦芽をいろいろと組み合わせたがる者もいた。

ホップの効いたペールエールは紳士たちや南部の人々の人気を呼び、「ヨーロッパ中央部の金色のラガーに対するイングランドの反撃」から、「濃色ビールの武骨な代替品」までの、中間的な位置付けに収まった。

現代のイギリスの「ビター」とその派生スタイルの台頭は、総じてもっと最近のことだ（p.44下段を参照）。1910年当時は、マクミューレン醸造所の「AK」のような軽いエールのアルコール度数は最高でも5%、ペールエールやビターが約6%、そしてより甘味が少なくてアルコール度数が高く、驚異的にホップを効かせたバートンのエールでさえ7%ほどだった。

それから60年経つと、かつて強烈なホップ風

下：法定休日がなかった頃、ロンドン東部に暮らす労働者階級の家族たちは1週間の有給休暇を取ってケント州でホップの収穫を手伝っていた。写真は1935年頃。

味が感じられた淡色のビールのアルコール度数は半分になり、切れ味をほとんど失ってしまった。CAMRAが守ろうとした「真の」エールには無限の種類があり、色は明るい金色から赤みを帯びた深い褐色まで、麦芽はおとなしいものから驚異的に重い特徴のものまで、そしてホップの存在感が微妙なものからほどよく主張してくるタイプまで、実に幅が広い印象があった。しかし実際のところはほとんどが、単に出来のよい軽いエールに過ぎなかった。

こうなった原因は主にイギリス以外に住むビール醸造家たちにある。彼らは歴史文献を参考にしてヴィクトリア朝時代の壮大なビール醸造の夢を再現しようとしている。つまりイギリスのビール醸造家たちは再び、全盛期のペールエールを復興させるという課題を突きつけられているのだ。それは単純に米国を真似るだけの段階を超えるところから始まっている。

下および右下：ブリティッシュIPAのラベルはさまざまだ。左：ソーンブリッジ・ジャイプル（アルコール度数5.9％）。瓶内熟成およびカスクコンディション。中：パーマーズ（同3.9％）廃業。右：ブルードッグ・パンクIPA（同5.6％）。スーパーマーケットやパブ・チェーンの販売品。

上：バートンの醸造家は地元の硬水だけでなく、バートン・ユニオン・システムとして知られる再発酵方法も活用した。バートンにあるビール博物館（National Brewing Centre）でその様子を見学することができる。

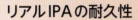

リアルIPAの耐久性

元来、インディア・ペールエール（IPA）はたくましい戦士のようなビールだった。まず列車やはしけによる輸送に耐えて醸造所からイギリス国内の港まで運ばれ、船でビスケー湾からアフリカのケープタウンを目指し、さらにインド洋を航海してようやくボンベイで荷揚げされる。木樽に入れられて密閉されたビールは、かなり高温になっていたはずの船倉にずっと置かれていたのだから、その頃には28℃ほどに上昇していたことだろう。こうしたことから考えると、できる限り酵母を少なくしてつくられていたはずだ。

驚異的な量のホップを入れることが酸化を防ぐ最良の手段だった。とはいえそれは当時、他のビールにもよく見られた特徴だった。

もどかしい話だが、インドに届いたIPAをどう扱ったかについて触れている記録はこれまで見つかっていない。しかしおそらくはしばらく涼しい場所に置いて落ちつかせてから瓶に移し替えていたはずだ。

誰もが推測するところだが、もしヴィクトリア朝時代のビール醸造家たちが、現在の世界標準とされているIPAの多種多様な製品リストを目にしたらいったいどう思うだろう。きっと彼らは最新設備を羨ましがるだろうし、大量にホップを入れるにしてもホップの膨大な選択肢にとまどうはずだ。そして大半のIPAに深みと繊細さが欠けていることに絶望し、発祥地たるイギリスでIPAへの理解が遅々として進まない現状に驚くのではないだろうか。

ポーターとスタウト

現在では信じがたいことだが、ポーターは世界初の、卓越したビアスタイルだった。ロンドンでさまざまに入り混じった血統に生まれ、若い頃はアイルランドで長い年月を過ごし、世界各地を旅していた。それはIPAが世界の舞台に踏み出すよりずっと以前のことであり、ピルスナーは生まれてすらいなかった。

ポーターとスタウトはいずれもアイルランドと強く結び付いているが、この黒ビールの種族が生まれたのは、実は18世紀初頭のロンドン東部である。

ポーターは、18世紀初期に人気を失った褐色のビールからさまざまな形で進化したビールだ。ちょうどその頃、ロンドンにホップの効いたペールエールが登場した。そこで醸造家は、同じマッシュを複数回ろ過してホップを加えた、数種のブラウン・エールをブレンドして、新たなビールを生み出した。このビールはしばらくの間、「Intire（インタイア）」や「Entire（エンタイア）」と呼ばれていたが、港や街中で働く港湾作業員や荷役労働者（porter：ポーター）の間で非常に人気があったため、1721年には「ポーター」の名称で知られるようになっていた。

その後、他の醸造家たちはベルギーのフランダースクの製法技術を使って、若いビール（穏やかな特徴）と熟成させたビール（古いあるいは鮮度が落ちている）を同量ずつブレンドさせた。

このビールは若い状態だとさっぱりとして爽快感があったが、木樽などで素晴らしい熟成を遂げる力を備えていた。この熟成力がポーターの名声を決定的にした。

1世紀後にピルスナーがビールの世界に大変革をもたらしたように、ポーターもこの当時の画期的なビールだった。一度に大量に醸造されて巨大な樽で熟成され、北米やオーストラリア、インドなどのイギリス植民地へ向かう長旅の間に味わいが深まり、植民地での売り上げはIPAの3倍にも達した。

公式な歴史によると、ポーターのうちで、よりアルコール度数の高い、いや、当時の言葉で言えば"よりスタウト〔訳注：「スタウト」は強いという意味〕"なタイプが「スタウト・ポーター」として知られるようになり、のちに「スタウト」と短縮されたという。しかし実際は、スタウトという言葉はポーターが登場するはるか以前から、アルコール度数の高いビール一般を示す用語として使われていた。しかしいずれにせよ、ポーターは行き詰まりを迎えることになる（下記を参照）。

アルコール度数の高いビールはスカンジナビア諸国やバルト海の周辺諸国で非常に売れ行きが良く、さらには当時のロシア帝国の首都サンクトペテルブルグでも人気を得たため、現在でもバルチック・ポーターやインペリアル（ロシアン）・スタウトという名称が残っている（p.52を参照）。

現代の醸造家によって再発見されつつあるように、こうした濃褐色のエールには多種多様な派生種がある。その中でよく誤解されるのが、さっぱりとしたアイリッシュ・スタウトの派生種であるオイスター・スタウトだ（p.49を参照）。19世紀当時、食べ物の包装に粉砕した牡蠣の貝殻が使われていた。廃棄された包装材を層状にして発酵前の麦汁のろ過に使用したため、海水の塩分がビールに溶け込んでさっぱりとした特徴を生むとともに固

ポーターとスタウトの違いは何か

下：ポーターとスタウトの区別は難しい。

ポーターとスタウトの関係は諸説あり、この2種のこげ茶色のエールを売ろうとする醸造所ごとに独自の説を展開している、と言ったら皮肉が過ぎるだろう。では、二つのビールの違いを示す歴史的根拠など、どうせ誰も知らないのだから、いくつか説をでっちあげてもかまわないといったらどうだろう。いや、まだ辛らつ過ぎる。

実際、創始者だった醸造所の記録によれば、2種ともつくっていた醸造所ではアルコール度数の高い方をスタウト、軽い方をポーターと名付けていた。しかし、ミルク、クリーム、インバリッド、あるいはスウィートといった言葉が加えられる場合は、通常アルコール度数が低めのスタウトに付け加えられた。また、バルチック・ポーターは、インペリアル・スタウト以外のタイプよりアルコール度数が高かった。

原材料や製法技術の差異に関する一貫した証拠はないが、現代の傾向は、ポーターは色が明るめで、若干ペールエールらしい特徴がある。この傾向は違いを識別する助けになるかもしれないが、それでも歴史的に明確な前例に従ってはいない。

とはいえ、2015年のグレート・ブリティッシュ・ビア・フェスティバルに登場した14種のポーターには（2種が瓶詰めで残りは樽詰め）ほとんど共通点がなかったようだ。ただしその大半が、色が濃く、アルコール度数、色、甘味、苦味、珍しさでスタウトに匹敵する、という点では一致していた。

スタイルを定義付けるうえで、現代的な慣例を採用しても危険はなさそうだが、ではいったい誰のスタイルを、何を根拠に決めればいいのだろうか。

ポーターとスタウト | イギリス | 西ヨーロッパ | ヨーロッパのビール | ビールの新興国を知る

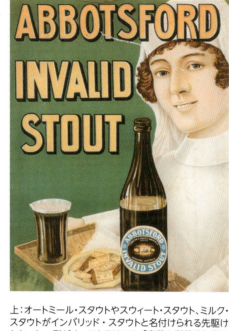

上：オートミール・スタウトやスウィート・スタウト、ミルク・スタウトがインバリッド・スタウトと名付けられる先駆けとなった一例がオーストラリアの「麦芽の栄養分」豊かなビールだ。看護師には最良のものが分かっていたというわけだ。

左：1840年頃のロンドン、ウエストミンスターにあったエールとポーターの醸造所。

上：熱心な禁酒主義者だったウィルフレッド・ローソン卿（1829-1906）。豊かなひげをたくわえた写真は1890年に撮影されたもの。

形分が取り除かれ、明るい外観のビールとなった。

1870年代初頭、政治の動きをあからさまに意識したビールが登場した。以前はビールを支持し、蒸留酒類に反対していた禁酒協会に、イギリスのビール醸造家たちを糾弾する気配が漂い始めたのだ。そこで登場した「インバリッド・スタウト〔訳注：病人用のスタウトという意味〕」は、甘味を加え、アルコール度数が3から4.5％の黒ビールで、麦芽の栄養分が豊富なため、老人や病人、虚弱な人、あるいは授乳中の母親にさえ適しているといわれるほどだった。

この甘口寄りのスタイルは、無発酵乳糖からつくられるミルク・スタウト（クリーム・スタウトと呼ばれる場合もある）や、健康的な響きのあるオートミール・スタウトという形態で生き続けた。後者は糖化時にオーツ麦を入れて過剰なほどに甘味を加えたものだ。

現代のイギリスに話を移すと、醸造家たちはつい最近まで保守的なビール市場にがんじがらめにされてきた。とりわけ、5％以上のアルコール度数はあまりにも高過ぎる、と決めつけられている。そのため、例えばロンドン郊外にあるベッドフォードのチャールズ・ウェルズ社のブランド「インペリアル・ロシアン・スタウト」は、輸出市場向けには堂々とアルコール度数10％を誇っているが、イギリス国内ではほとんど入手できない。一方、ロンドンにあるビーバータウンなどの新興醸造所は、スモークド・ポーターで大成功を収めている。おそらくこれは究極の、伝統を生かした未来志向のビールだろう。

オイスター・スタウトに牡蠣は入っている？

単刀直入に答えるとすれば、残念なことに入っている場合もあるが、これはビール醸造に起こった最高のごまかしの結果のようだ。

砕いた牡蠣の貝殻を使ってビールをろ過する手法の背後には、塩分が加わってタンパク質を除去できるという論理がある。別の物を使っても同じ効果は得られるが、捨てられた貝殻の山があったら、経済的に考えてそれを活用しない手はない。ヴィクトリア朝時代初期のイングランドはまさにそんな状況で、牡蠣のピクルスが都市部の貧困層の主食だった。しかし1860年頃になると消費が減り、経済的な意味はもはやなくなった。

扱いやすい程度の量であれば、牡蠣の実の繊細な味わいを、やたらと豪壮な特徴を持つスタウトに加えれば、特徴を向上させるかもしれないし、味わいに何らかの衝撃を与える可能性すらある、という考えは、不品行でずる賢い人々が、裕福でだまされやすい人々に対してときどき仕掛ける、愉快な思いつきではある。

オイスター・スタウトをこの新しい段階に引き上げた話は、ニュージーランドのどこかで1929年頃に初めて行われたと言われている。しかし腹立たしいのは（そもそも誰がこの話を信じるだろうか）、これが実際に起こったことを示す記録が何も見つかっていないことだ。

右：イギリスのサウスウォールド産の「アドナムズ・オイスター・スタウト」。地元バトレー産のふっくらとした牡蠣とよく合うが、幸いビール自体に牡蠣は含まれていない。

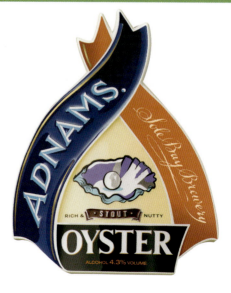

ブラウン・エールとダーク・マイルド

20世紀のイギリスですっかり人気を失ってしまったと思われるペールエールだが、
一般的に甘味が強く、やや穏やか、そしてはるかに長い伝統が感じられるマイルド、ダーク、
あるいはブラウンと呼ばれたタイプに大きな影響を与えた。

おそらく、ずっと昔のエールワイフの時代、イギリスのブラウン・エールビールはアルコール度数によって三種に分かれていたはずだ。標準的なビールは「コモン」と呼ばれ、アルコール度数は5から6%だった。スパージング（p.24を参照）後に流れ出る薄い麦汁から造られた「スモールビール」は約3%で、農業労働者や工場労働者が日中、のどを潤すために飲んだ。もう一つは9%ものアルコール度数があるエールで、宗教的な祝祭や収穫祭の晩餐、あるいはオックスフォードやケンブリッジ大学にある大学醸造所で年次監査の際につくられた。

1870年代まで、標準的なエールもアルコール度数の高いエールも決まって醸造所でオーク樽に入れられて熟成されていたため、「キーピング・エール」と呼ばれた。「マイルド」という用語は元来、仕込んでからわずか6カ月後、ワインのような味わいになったり酸化したりする前に樽から移されたビールを指していた。この時点では「オールドエール」と呼ばれた。こうしたマイルド・エールも色が淡かった。

戦時国土防衛法（p.44を参照）が制定される1914年以前は、多くの醸造所でポーターともスタウトとも区別できないような幅広い種類のダーク・ビールが醸造されていた。アルコール度数は4から9%および、ブレンドされることもあり、大半は瓶詰めされた。しかし1915年から1921年まで

上：1836年、雑誌『McCleans Monthly』に掲載された『禁酒主義協会の会合』という題名の諷刺画。
議長のドレインメドリー氏と副議長を務めた郷士J・ディッチ＝ウォーター氏の姿が描かれている。

右の2枚：グラスに注いでもこれといった特徴のない褐色のブリティッシュエールにはさらなる創意工夫が求められる。カーネル醸造所が伝統的ビールを現代風に解釈して造ったビールの大半は日用品的だ。

酒類が規制され、それが解かれて以降も二度と回復しなかった。

「コモン」と同様のビールは、瓶詰めされた「ダブル・ブラウン」エールとして主にイングランド北部で生き延びた。しかし1970年になると、衰退傾向にあったイギリスの濃色エールの在庫の大半はアルコール度数が3から3.5%で、スモールビールの範ちゅうだった。

アルコール度数が最も高い遺産的なブランドであるマーストン社の「メリー・モンク」でさえ、4.5%に満たない。サラ・ヒューズ社の6%のアルコール度数を含む「ダーク・ルビー・マイルド」が1987年にウエスト・ミッドランドのセッジリーで再生産されたとき、これを真似した醸造所はほとんどなかった。

こうしたアルコール度数の低いビールはベビーブーム世代にもその子世代にも不人気だった。今ではロンドンのカーネル醸造所などの現代的な優良な醸造所から、よりコクのあるブラウン・エールが登場しているが、「マイルド」という用語はたいてい品名から外されている。

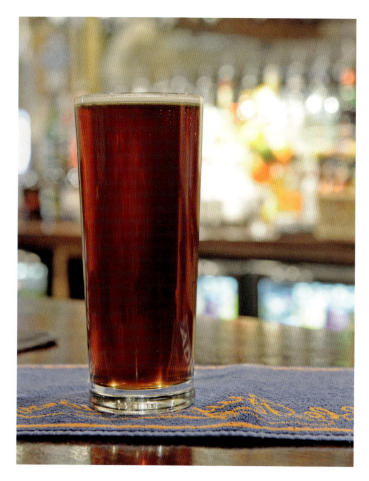

シリングという名のビール

40年前のスコットランドに、イギリスビール復活の第一波が遅れてやってきた当時、60シリング、70シリング、80シリング〔訳注：シリングはイギリスの旧通貨単位〕という名のエールが登場した。これはアルコール度数の高さに比例したもので、必ずしもマイルド、ビター、ベストビターなどの特徴を示してはいない。名称の由来は1800年代初期にさかのぼり、20シリングは1ポンドに相当し、54ガロンの大樽の卸売り価格だった。

価格をそのままビール名称に使い、その値段が格段に上がり、しかも通貨単位自体が廃止されてからも使い続けている点に、何やら典型的なスコットランド人らしさが感じられる。

1975年頃、こうした呼び名はスコティッシュ・エールを示す風変わりな名称に過ぎなかった。スコティッシュ・エールは、流行中だったラガー・ブランドやイギリスの同等品に比べると知名度が低かった。

そこで、ビールを特徴付ける手段を模索したが、スコットランドではホップが育たないため、常にホップのあまり効いていないビール造りをしてきたに違いないという誤った考えに基づいていた。実際、1914年以前のビール醸造の記録によると、ほとんどが濃色でアルコール度数が高め、イングランドと同様にホップを強く効かせたビールが、しばしばアルコール度数8%以上でつくられていたという。これをシリング換算すると160シリングにもなるのだ。

下：英国女王が刻印されたシリング硬貨。

左：19世紀には54ガロンのビールに80シリング（4ポンド）の税金がかけられた。現代のパブで1パイント（570ml）のビールが買える金額だ。

ウィー・ヘビー、およびアルコール度数の高いブリティッシュ・エール

20世紀のイギリスとアルコール度数の高いビールは、相反する複雑な関係にあった。
このことから、この国で真に伝統的なエールが忘れられてしまい、
古いイングリッシュスタイルのビールの世界市場でこれほどイギリスが伸び悩んでいる理由の説明がつく。

こうした状況を最も具現化しているのは、20世紀を生き延びた、瓶内熟成された高アルコール度数のエール3銘柄がたどった運命である。それは、「カレッジ・ロシアン・インペリアル・スタウト」、「トマス・ハーディーズ・エール」、そしてジョージ・ゲール醸造所の「プライズ・オールド・エール」だ。最初の2銘柄は現在ほぼ入手不可能、最後の1銘柄はイタリアで製造されている。

1914年以前までは多くの醸造所がアルコール度数7から10％の「キーピング・エール」を造っていて、その大半はアルコール度数の高さがKKまたはKKKという指標で示されていた〔訳注：KKやKKKは19世紀に使われたアルコール度数を示す記号〕。こうしたビールの一部はバーレイワインになった。ワイン酵母で仕上げられたものもあるし、バートン・エールと名付けられたものもある。18世紀初期には色が濃く甘口のエールだったが、19世紀終盤にはホップを大量に加え、色は淡く、さっぱりと仕上げるのが主流となった。

スコットランドでは、アルコール度数が高く色が濃く甘口のさまざまなビールが、くだけた表現で「ウィー・ヘビー」という呼び名で知られるようになった。これはファウラー醸造所の非常にアルコール度数の高いビール「12・ギニア・エール」の通称にちなんでいる。もっとも、「12・ギニア・エール」は、1955年頃には青二才並みの6.7％にまで落ちていた。これらは輸出取引でスコッチ・エールと定義され、スコットランドのトラクエア・ハウス醸造所が登場するまで細々と生き長ら

左：伝説的なビール、ウィー・ヘビーは消滅した。

上：プライズ・オールド・エールとインペリアル・ロシアン・スタウト。どちらももっと注目されてしかるべき、遺産ともいえるエールビールだ。

歴史的な醸造所

この10年間、記念すべき50周年を祝う醸造所はほとんどない。1960年代は手づくりのビール醸造がどん底を迎えた時代だった。イギリスで1929年から1974年までの間に創業して現在も生き残っている醸造所はわずか1カ所だ。しかしその輝かしい不条理にもかかわらず、母国ではほとんど注目すらされない。

ピーター・マクスウェル・スチュアートはロンドンでの職を捨てて20代目のレアード・オブ・トラクエアになった。スコットランド南東部に位置する旧ピーブルズシャーのイナーリーセン近郊にある、彼の一族が先祖代々暮らす家は、居住者のいる屋敷としてはスコットランド最古だと言われている。敷地内の建物群の一画に手つかずで残っている醸造所を見つけたピーターは、さっそく改修に乗り出し、1965年、やはりスコットランドにあるベルハーヴェン醸造所のサンディ・ハンターの手を借りて、ごく普通のウィー・ヘビーを忠実に再現した醸造を始めた。

「トラクエア・ハウス・エール」は味わい豊かな濃色のビールだ。その特徴であるカラメルのような甘味は、大英帝国の砂糖精製の中心地だった19世紀後半のスコットランドの人々の味覚を変えるのにひと役買った。この種のビールによく見られるように、醸造所で完全に熟成され、生産量の6割を占める輸出先での評価の方が本国より高かった。

右：ピーター・マクスウェル・スチュアート。彼がより面白みのあるビールを目指して始めた試みはもっと高く評価されていいはずだ。

ウィー・ヘビー、およびアルコール度数の高いブリティッシュ・エール | イギリス | 西ヨーロッパ | ヨーロッパのビール | ビールの新興国を知る | 53

えていた（下記を参照）。

「キーピング・エール」とイングリッシュ・ストック・エールとの関わりはさらに不明極まる。この高アルコールビールはたいていペールエールで、樽で熟成されてから普通のアルコール度数のビールとブレンドされた。これはアルコール度数と個性を高めるために行われ、樽熟成のベルジャン・エール（p.66を参照）と同じ手法だ。イングランド南東部に位置するバリー・セントエドマンズにある、イギリスの代表的な醸造所に名を連ねるグリーンキング醸造所では、現在もこの手法が細々と使われている。ここでは「5X」のストック・エールを「サフォーク・ストロング」にブレンドしている。

他の国々では、地元に伝わる古いビールスタイルを発掘して復興させ、独自のスタイルとして売り出すために尽力しているというのに、イギリスのビール界はこうした歴史遺産の豊富な金鉱の上に安住している。しかも最近ではその金鉱が他国に荒らされ放題となっている例が見られる。何かが根本的に間違っているのだ。

下：イナーリーセン近郊にあるトラクエア・ハウスは居住者のいる屋敷としてスコットランド最古を誇る。最古の新設醸造所が建つ場所でもある。

新たなスタイルの誕生

イギリス最初のビール復活劇は、表向き弱者が勝利したことになっていて、
1400を超える新たな醸造所が誕生し、そのほとんどが樽熟成エールを造っていた。
同国で2度目のビール復興はもっと複雑で若々しいが、その動きをけん引する情熱は以前と全く変わらない。

過去40年にわたるイギリスのビール界の支流を成す物語はどうにも歯切れが悪く、保守的な飲み手たちが小規模醸造所に押しつけた狭い視野から生まれたものだ。彼らは現代的な製法を信用せず、ビールの供給手段をその味よりも重視し、新しい味を警戒して、アルコール度数が低く没個性的なビールを好む。

いっぽう、高速道路と情報網の発達により、以前は考えられなかった量の人と荷物、そして情報を世界中に運ぶようになり、若い世代のビールファンたちは先輩たちよりもはるかに簡単にビールの世界を探求できるようになるとともに、世界で起こっている物事を、より敏感に感じ取っている。新世代の醸造家は独自路線のビールをつくり、同じく新世代の消費者たちは自分好みのビールを楽しんでいる。

イギリスにおけるビール革命の第2段階は現在進行中で、これまでと異なるルールに沿ってかなり本格化しているところだ。血統の混じり合ったビールが新たに出現している。もう何十年も飲まれなかったような古風なスタイルを蘇らせようとしている醸造家もいれば、過去の醸造家たちが使えなかったような原材料と製法技術を駆使している者もいる。

ビール文化は世界的に急成長中で、あらゆる醸造家がIPAでもポーターでもインペリアル・スタウトでもつくれるようになった。こうしたビールの発祥地の醸造家たちがほとんど何も語らないことには苛立ちを覚える。こうした伝統あるイギリス産ビールに、ある種の独占所有権を課すべきではないだろうか。よその土地で造られた、斬新なビールを真似している場合ではないだろう。

CAMRAの誕生後、イギリスのビール醸造が方向転換した結果、無数の地域的ビール醸造所が、減るいっぽうのパブとの取り引きをめぐって、由緒ある地域醸造所や家族経営の醸造会社と真っ向から競合する時代を迎えた。この第二段階の先駆者たちは、新境地を開くビールを生み出している。彼らは持ち帰り用ビールの販売だけでなく、ビールを大量に売れそうにないような飲食の場、例えばカフェやレストラン、ホテルなどにまで手を伸ばしている。

こうした醸造所がこれまでに最大の規模で進出したのは大都会ロンドンだった。1975年には独立系醸造所が2カ所しかなかったこの都市に、今では約80カ所の醸造所があり、世界最高の醸造都市の座をめぐってシカゴと争うまでになった。

一方、ブリストル、マンチェスター、エディンバラ、リーズ、ケンブリッジ、その他の都市では、従来のチェーン系パブに替わって個性派ビール専門のバーが急増している。開業2年目に入ると、こうした店では、より上質な輸入ビールや地元の革新

探すべき醸造所

伝統的な保守派
国内大手メーカー：アドナムス、フラーズ、セント・オーステル　地域的な中規模醸造所：ベイサムズ、ホールデンズ（ウエスト・ミッドランズ）、ハーベイズ、シェパード・ニーム（サウス・イースト）、ホルツ、ハイズ（マンチェスター）、ドニントン、フック・ノートン（コッツウォルズ）、コニストン、ホークスヘッド（湖水地方）、ハービストン、オークニー（スコットランド）

新進気鋭の革新派
ビーバータウン、ブルードッグ、ボクストン、ケルト・エクスペリエンス、クラウドウォーター、クロマーティ、ファインエールズ、ザ・カーネル、マーブル、ムーア、オトリー、レッドチャーチ、サイレン、テンペスト、ソーンブリッジ、タイニーレベル、ワイルド

パンクの雄叫び

スコットランド北東部アバディーンから北に向かうバスは、田舎道を長々と走った揚句に平凡な町の片隅にある工業団地の外れで折り返す。まるでイギリス本土の大都市や商業地の喧騒からできるだけ遠ざかりたかったのだといわんばかりの辺ぴな地に、過去100年余りのイギリスで最も成功を収めた新設醸造所がある。

自尊心と才能と機知、そして臨機応変な掟破り志向の入り混じった向こう見ずな情熱に導かれて、ジェームズ・ワットとマーティン・ディッキーの2人は2007年、ブルードッグ醸造所を創業した。この高性能な「ビール醸造マシーン」は、イギリスの新世代のビール消費者が保守主義を打ち破って、独自の好みを確立する手助けをしてきた。

クラウドファンディングの結果、募集枠を大幅に超える驚異的な資金が集まり、ほぼ無限に生産が拡大できそうな広大な工場が建設された。その結果、いまでは「パンクIPA」「5AMセイント」、そして「デッド・ポニー・クラブ」といった銘柄がスーパーマーケットの棚に常に並んでいる。しかし同社の試みはとどまるところを知らず、これまでに300を超える銘柄が生まれている。その名称に犬はほとんど登場しないが、時折ペンギンが使われる。

右：ブルードッグ醸造所の「タクティカル・ニュークリア・ペンギン」は凍結蒸留された軽い味わいのビールで、アルコール度数が32％もあるが、従来の手法でマッシングされた非常に弱いビールから造られている。

新たなスタイルの誕生 ｜ イギリス ｜ 西ヨーロッパ ｜ ヨーロッパのビール ｜ ビールの新興国を知る ｜ 55

上：イングランド南西部ブリストルにあるビード醸造所は、木樽熟成エールをつくるバースエールズ醸造所の新設子会社だ。

上：イギリスのやや大きなクラフトビール醸造所は小規模な産業的醸造所に似ているが、つくられる商品は異なる。

旅のアドバイス

- たいていのイギリスのパブでは飲み物を買う場合、バーカウンターで現金払いが通例。
- 『Good Beer Guide（〔訳注：グッドビアガイド。CAMRAが発行しているガイド本〕』は素晴らしい内容だがカスクエール〔訳注：樽内で二次発酵され、樽から供されるビール〕しか掲載されていないのが難点だ。
- イギリスで最も普及している伝統的なビールは、ヨーロッパの同様のビールよりも量が多く、アルコール度数が低く、値段が高く、温度がぬるく、味が平板である。
- ホテルやレストランの大半ではまだ良質なビールは期待できない。
- バートン・アポン・トレントにあるビール博物館（National Brewing Centre）は必ず訪問しよう。
- イングランド南西端のコーンウォールにある世界屈指の古さを誇るブルー・パブ〔訳注：醸造所に併設され、そこでつくられたビールを提供する飲食店〕『ブルー・アンカー』で必ずビールを飲もう。

的な醸造所でつくられた非の打ち所のないビール、上質な樽熟成エールさえいく種類か見られるようになるのが普通だ。

効率的に造られた商業用ビールが飲まれる傾向が逆転する可能性はほとんどないが、上質なイギリス産ビールは間違いなく、種類、生産量ともに今後も順調に成長を続けるだろう。

イギリスのビールはこの100年間に類を見ないほど多様化し、興味深い展開を見せている。今求められるのは、クラフトビールを愛する若い世代と、最初のビール革命を起こしたが今では変化を嫌がっている保守的な年配の消費者たちが、共通の目的をわかち合うことだ。若者には知識が欠け、老人には実行力が欠けているのだから。

左：イングランド南東部サセックス州ホーシャムにあるダークスター醸造所での風景。つくりたてのビールをしばらく落ち着かせてからリアルエール用の樽・カスクに移し替える。

CAMRAビアフェスティバル

もし旅が心を広げるためのものであるのなら、逆境も順境も同じように受け入れなければならない。そこで、各地のCAMRAビールフェスティバルへ行ってみれば旅の思い出となるだろう。

それらのうち現代において民衆が参加するものは1974年にケンブリッジで初めて開催された。今も地域のボランティアスタッフたちによって開催され、風物詩となっている。CAMRAの認定を受けた催しは、年間170回ほどイギリス中のいたる所で行われている（camra.org.uk/eventsを参照）。

ここで出されるビールが正統派であることはお墨付きだが、必ずしも快適な環境で飲めるとは限らない。愛好家たちがビールを樽から直接グラスに注いでくれるか、あるいはポンプでバーカウンターにくみ上げて注いでくれるのだが、彼らは普段パブで働いているわけではない。運が良ければ地元名物のパイや焼きたてのパン、手づくりのチーズといったおつまみにもありつけるかもしれない。グラスがサンプル用のサイズだったらうれしい驚きとなるだろう。1杯飲むごとにどこかで洗って使うほうがよい。音楽が流れていないことを祈ろう。あるいはどこか暖かくて雨に濡れない所があればそこに避難して、うるさい音を聴かずに済むかもしれない。もしテントの下で行われるのなら、地面が雨でぬかるんでいるかもしれないのでブーツを履いていったほうがいいだろう。

さあ、正統派のイギリスの休日へようこそ。

上：リアルエールのフェスティバルは熱心な愛好家たちによって運営される。たいていの場合シードルも提供されるが、瓶詰めされたビールや海外のビールが出される場合も若干ある。

アイルランド

つい最近までほぼ半世紀の間、大手ビール会社主体の醸造文化がアイルランドのビールの世界を支配してきた。
こうした文化をやみくもに信奉する風潮と、この国の個性の一部をなす強烈な独立精神とが、
反発し合いながら共存している。

アイルランドのビール醸造は3000年以上もの歴史があるといわれ、フロフト・フィーア（fulacht fiadh：調理遺構）と呼ばれる共同炊事場があった青銅器時代初期の住居跡にその証拠が見つかっている。にもかかわらず、世界のビール醸造の舞台に同国が存在感を示したのは、イングランド産の甘めで赤茶色のポーターが、よりさっぱりとした濃色のビールとなって取り入れられ、黒ビールを意味するゲール語「リャン・ドゥ（leann dubh）」という名で呼ばれるようになった18世紀中盤になってからである。現在このビールはアイリッシュ・スタウトと呼ばれている。

当時のイギリス政府は、アイルランドに対して高額な麦芽税を課すことによって、イングランドの醸造家が大量のポーターをアイリッシュ海の向こうへ出荷する後押しをしていた。そのためアイルランドの醸造家たちは麦芽の代わりに、焙煎した未発芽大麦で醸造を試みた。しかし策略家の若者アーサー・ギネスは、ビールの製造拠点をイングランドのノース・ウェールズに移し、ダブリンに逆輸入することを真剣に検討していた。

麦芽税が廃止された1795年には、ポーターとスタウトはすでにアイルランドで消費されるビールの3分の1を占めていたが、大半はイギリス製の似た銘柄よりドライだった。これは未発芽大麦を使い、麦芽汁に塩を少量加えたためだ。アルコール度数はおおまかに「プレーン」「エクストラ」「エクスポート」の3段階に分かれていた。「ポーター」という用語は主に軽めのビールに使われ、「スタウト」はアルコール度数の高いビールに使われたが、二つの用語は入れ換えて使われてもいた。

20世紀に入ってアイルランドの黒ビールがたどった運命は、イギリスにおけるペールエールの運命と同じだった。1973年には最後のポーターブランドが生産中止となり、国内で醸造していた三つのビール会社、すなわちギネス、マーフィーズ、そしてビーミッシュ＆クロフォードは、国内市場では通常のアルコール度数のスタウトを売るのみとなった。こうしたビールが伝統ビールの代替品となり、大量に売りさばくことを目的としたビールがアイルランドの未来を支配しようとしていた。そして、いずれも好きになれなかった人々は、出所の怪しい、甘めで軽い「レッド」エール（p.59を参照）で憂さを晴らしていた。

1980年代に入ると復興したビール醸造文化が世界を巻き込んでいたが、アイルランドにはこの文化が浸透しなかった。当時この国のビール生産能力のほぼ100％は多国籍企業で占められていたのだ。

最も早く積極的に復興を推し進めたのはダブリンに本社のあったポーターハウス醸造所とその系列パブだった。同じ時期に復興を目指した、コークにあるフランシスカン・ウェル醸造所は2013年にモルソン・クアーズ社に買収されたが、オハラ一族が経営するカーロウ醸造所は見事に独立を貫き通し、創業30年目に入っても堅実な

アイルランド大西洋岸の醸造所
アイルランド屈指の絶景と個性的な醸造所の多くはドネガルとコークを結ぶ西海岸沿い、あるいはワイルド・アトランティック・ウェイと呼ばれる長い観光遊歩道の周辺にある。

上：藻や三つ葉のクローバーが生えた開放型の樽を使っているのではと想像しがちだが、アイルランドのクラフトビール醸造所でも他の大半の醸造所と同じように金属製の密封タンクを使っている。

経営を続けている。一方、国境を超えた北アイルランドのリズバーンでリアルエールをつくる先駆者的なヒルデン醸造所は、2代目の経営者の下、創業から40年目を迎えている。

2005年、アイルランドで小規模醸造所を対象とした優遇税制が導入されると、ゴールウェイに近いオレンモアでゴールウェイ・フッカー醸造所が操業を始め、ダブリンの南西にあるキルデアでトラブル醸造所が、そしてアイルランド島南部のウォーターフォード沿岸部ではダンガーバン醸造所が開業した。こうしたなかでも最も冒険心のあるゴールウェイ・ベイ醸造所は独創的かつ妥協のない醸造を行うとともに、先見の明のある投資を行っている。

現在、アイルランドのビールの世界は急速に発展中で、多くの小規模醸造所が地域での売上げを奪回しようと健闘している一方、南西部のコーク州ミッシェルタウンにあるエイト・ディグリーズ醸造所、同州のキンセールにあるブラックス醸造所はさらに幅広く野心的な展開を見せている。

米国からの輸入ビールの勢いに圧倒された2013年は、アイルランドのクラフトビール醸造家たちも米国流のペールエールづくりに巻き込まれたが、アイデアあふれる醸造家、ツィーラン・ラウネインがアイルランドの新たなビアスタイルを創るためのヒントの多くを生み出した。南部ティペラリー州テンプルモアにあるホワイト・ジプシー醸造所を運営するラウネインは、あらゆるビアスタイルの製法をアイルランド流の解釈で試している。アイルランドでも再びホップを育てられることを証明しようとして、ホップの植え付けまで行っ

旅のアドバイス

- アイルランドのビール税はフィンランドとイギリスに次いでEU加盟国中で3番目に高い。
- 樽詰めのスタウトは半分注いでからビールを落ちつかせるために2回に分けてグラスに注がれるが、科学的な根拠は知られていない。
- （大手ビール会社傘下ではない）独立系のパブやレストランでは一般に地元産の瓶詰めクラフトビールを貯蔵している。
- キャロリン・ヘネシーとキルステン・ジェンセンによるアイルランド産クラフトビールのガイドブック『Sláinte（スランチェ：乾杯の意味）』は素晴らしい内容だ。
- さらに総合的な情報についてはwww.beoir.orgをお勧めする。

黒色ビールについて

酒類大手ディアジオ社の傘下にあるギネスは、世界的な大企業であるにもかかわらず、世界中の好みにうるさいビール愛好家の支持を保っているという点で独特だ。

こうした高い評価を受ける価値はないが、同社はこの支持を糧にして、懸命に「世界をリードするスタウト醸造会社の解釈」を表現するために、20以上のスタウトやポーターの銘柄を次々に売り出している。これらの製品はヨーロッパ本土でも目にするが、まだ不充分だ。可もなく不可もない品質の「ウエスト・インディーズ・ポーター（アルコール度数6%）」と迫力不足の「ダブリン・ポーター」がイギリスで売り出されたが、それ以上の創造力はまだ発揮されていない。

なお悪いのは、同社はイギリス国内と海外市場で「手づくり風の低アルコール」ビールのシリーズを製造販売するようになったことだ。このビールは不評で、何の魅力も感じられない。

大企業にありがちな、理解力の限界を感じる。おそらくは酵母への反感もあるのだろう。

右：「ダブリン・ポーター」はギネス社を創設したアーサー・ギネスの栄光を再現するためのステップの一つだが、その足取りはよろめいている。

右ページ下段：ダンガーバン醸造所の「コッパー・コースト」は、コンセプトは怪しげだが貫録はある。

アイルランド｜西ヨーロッパ｜ヨーロッパのビール｜ビールの新興国を知る　59

たほどだ。

　地域密着の考え方は、彫刻家から醸造家に転身したエイドリアン・ヘスリンにも共通する。アイルランド南西部ディングル半島にあるバリーフェリターのウエスト・ケリー醸造所で働く彼女はこう語る。「1年の4分の3は雨で水浸しになり、さらに長い期間、雲におおわれるような国では熱帯地域産のホップを使うのに限界があります。それよりも濃厚なポーターのほうが、この地域の消費者は自然に慣れ親しんでいます」。彼女がつくる「キャレイグ・ドゥブ（Carraig Dubh）」は、かなり手ごわいビールの見本だとつけ加えておこう。

　2015年の秋にはアイルランド全体で76ヵ所の醸造所が操業中だった。この数は1980年の10倍に相当する。こうした醸造所の進行方向は、まだ「おおむね上向き」といったところだ。しかしビールがこれだけ多様化した時代にあって、市場シェアの3割以上をスタウトがずっと占めていた、世界で唯一の国に対して言えるのは、若い世代のクラフトビール熱が落ち着き、アイルランドが世界的なビール貿易の中で立ち位置を見つければ、あらゆるスタイルの中から黒色ビールを好み、平凡なビールへの挑戦が始まるであろうということだ。

左：マイク・マギーはアイルランドの新進気鋭の醸造所に名を連ねるエイト・ディグリーズ醸造所の醸造責任者を務める。

次ページ：アイルランドの風景。味わいがしっかりとしたポーターと濃色のスタウトはこの土地の独特な気候によく合う。

赤色ビールについて──スタイルたりえないビアスタイルとは

ビールの売れ行き悪化に直面した大規模ビール会社はとかく味より売り方にてこ入れする。1980年代、自社の平凡なペールエールに悩んだアイルランドの2大醸造所は、フランスの某醸造会社が軽めで甘口の琥珀色のビールを「ビエール・ルース・イルランデーズ（bière rousse Irelandaise）〔訳注：アイリッシュ・レッドビールという意味〕」と名付けて販売したことに着目した。「赤」を意味するフランス語 *rousse* は、ビールや毛髪以外には用いない。暗い所では赤も琥珀も区別できまいと、ごまかしたのだ。

販売上の策略も含んでいたであろうアイリッシュ・レッドだが、その後かなり上質の製品が何カ所かの小規模醸造所から発売された。ダンガーバン醸造所は地元の名称にちなんで「コッパー・コースト」というビールを、ホワイト・ジプシー醸造所は全てアイルランド産の材料を使い「エメラルド・エール」という赤っぽいビールをつくった。

最近は、ホワイト・ハグ醸造所がホップ風味を適度に強めたレッドIPAをつくり、ダンガーバン醸造所は前より高アルコールのインペリアル・レッド・エールを再生産している。これらから着想を得たライ・リバー醸造所の限定品、キーピング・レッド・エールは、木樽熟成させたら面白かろう。

赤色ビールに唯一欠けているのは、「赤」いビールとしての特長だ。赤くするためにクリスタル麦芽やウィーン麦芽、または少し焙煎した大麦が使われる。世界的な売上げが増えれば、何らかの特長が最初からあったのだと断言できよう。

アイルランド ｜ 西ヨーロッパ ｜ ヨーロッパのビール ｜ ビールの新興国を知る ｜ 61

ベルギー

ベルギーといえば、ビールである。これはフランスといえばワイン、
スコットランドのハイランド地方といえばウイスキーが連想されるのと同じだ。
この国はクラフトビール醸造の母船ともいうべき存在なのだ。
ビールづくりの競争が常に起こっているこの国で生まれた多種多様なビールを理解できれば、
およそビールに考えられる限りの膨大な味と様式のほぼ半分を味わったことになる。

ベルギービールの推進団体「ベルジャン・ブルワーズ（Belgian Brewers）」によると、この国では400種以上の全く異なるスタイルのビールがつくられているという。ほぼノンアルコールのビールがあるかと思えばアルコール度数が12%を超えるものもある。不快なほど甘めなものから思いっきり酸味が強いタイプまで、特徴にも幅がある。ひと口すすっただけで好きになれるものから、その個性を理解するのに一生かかりそうなものまである。

他の国々の醸造家たちが完璧な表現を追求する一方、ベルギーの醸造家たちは多様性を習得してきた。この国は過去1000年にわたって外国の軍隊に30回以上も侵略、占領された歴史があり、しかもそのうち2回は20世紀中だった。こうした歴史の遺産として、ベルギーの人々の心には偏狭な考え方が育ち、自分たちが暮らす地域の慣習を守りたいという気持ちを後押しした、という論理が成り立つ。それはビールづくりにとどまらず、さまざまな面で見られる。

確かにその通りかもしれないが、フレミッシュ・ブラウン・エールとこれを提供していた居酒屋は、すでに中世の時代、ハンザ同盟の商人たちの間でその素晴らしさが評判となっていた。当時、グルートの販売で富を得たブリュージュの豪族たちはその界隈の日用品商人として最上位を占めていた（p.15を参照）。

1980年頃には、ベルギーの小さな町の醸造所群は逆境から立ち上がり、きらきらとして白く泡立ち、平凡で飲みやすいラガーが世界を席巻するという見通しに従うことを拒否し、製法・技術を守り、創造力と頑固さを保ち続けた。彼らは、世界中の禁酒法以後および1945年以後の世代の醸造家たちが産業的ビールだけが「普通」のビールであると見なすべきだと提唱したやっかいな事態にも反発した。

1960年代の経済文献を読むと、ビールがベルギーの最もよく知られた輸出品目となったという記述がわずかに見つかるのみだが、今では生産量の60%がヨーロッパや北米、オーストラリアやニュージーランド、ニューギニア方面、そして極東その他に輸出されている。

ベルギーの生活の大半の局面は、主に地域性に根差していると思われるさまざまな特徴が一体となって、外部の人間になじみの文化的基盤を

上：ブリュッセルの歴史あるビア・カフェ「ア・ラ・モール・シュビット（À la Mort Subite）」。オード・グースには世紀末の建築様式がよく似合う。

ベルギー ｜ 西ヨーロッパ ｜ ヨーロッパのビール ｜ ビールの新興国を知る ｜ 63

上：東フランダース州のゲントはビール好きが休暇を過ごす都市として屈指の人気を誇る。

かたちづくっている。しかしおそらくオランダ語圏である北のフランダース地方と、フランス語圏である南のワロン地方とでは、生活様式がかなり異なっていることだろう。

この国の象徴であるビール醸造所はランビック醸造所（p.69の地図を参照）とエールの生産者に分かれる。長い歴史を持つ家族経営の醸造所は35カ所あり、株式上場している大規模な醸造所がわずかながらある。1975年以降、優れた小規模醸造所がいくつか生まれている。趣味でビールをつくっていたアマチュア醸造家がプロに転向し、新機軸の醸造所を創業した例もある。そして大企業の指導下でビールをつくる醸造所が6カ所ある（p.64-5トラピスト修道院醸造所を参照）。

好評にもかかわらず、2015年の終盤にはベルギーの醸造所はわずか180カ所しかなかった。しかし手ぬるい消費者法によって、消費者はこの倍の数の醸造所があるとだまされていたのだ。この法律とは、ビール取引を行ってさえいれば、「醸造所」と名乗ってもよいとするものだ。もちろん明らかにそうではない。なんとも残念だ。

上：パヨッテンラントにて。さまざまな醸造年のビールがランビックの貯蔵庫で熟成されている。

トラピスト修道院醸造所

6世紀に書かれた『聖ベネディクトの戒律』はキリスト教修道士たちの生活習慣の基盤となった書物だ。
そこには、聖職に就いている者は一日に「1ヘミナ（約280㎖）のワイン」を飲んでもよいと記されている。
同書では生産的な労働も奨励されているため、ビール王国ベルギーで修道院の農場で収穫された穀物から
「液体のパン」をつくることはベネディクト派の教義にとって実にふさわしい活動である。

　修道院でのビール醸造は俗世間と良好な関係を築くきっかけともなった。古い修道院の門近くにあった旅館では、商人や貴族——中には商用旅行者や年老いた元政治家もいた——に質素ながらも体に良い食事と良質な自家製エールがふるまわれた。そして情報通の泊り客もいた。

　1793年、ナポレオンによって富と権力を奪われたフランスの修道院がいくつも、比較的安全だった南ネーデルラントに移り住んだ。しかしビールづくりを再開したのはベルギー王国が設立された1830年代以降のことで、しかもわずか数カ所の修道院で小規模に行われたに過ぎなかった。

　ベルギーに6カ所ある修道院醸造所は全て、厳律シトー修道会、すなわちトラピストによって運営されている。ベルギー以外にも5カ所のトラピスト醸造所があり（下記を参照）、さらに増える可能性がある。

　トラピスト・ビールという特定のスタイルはないが、ビールは全て修道院の敷地内の施設で修道士によって、あるいは修道士の指導の下で醸造しなければならず、販売による全収入は修道院共同体のためあるいは慈善活動に使われなければならない。

　実際のところ、現在つくられているトラピスト・ビールは全てエールである。一般に色が濃く、アルコール度数は6.5から11.2％までの幅がある。さらに2種の有名なペールエールとアルコール度数の高いブロンド・ビールもある。瓶詰めが多いが、全般に品質は劣るものの樽詰めも見られるようになった。

　昔、品質を示すために使われたXXとXXXのマークは、現在オランダ語で示される用語「デュベル（*dubbel*）〔訳注：2倍の意味〕」と「トリペ

右：ヴィレ＝ドゥヴァン＝オルヴァルの地に12世紀に創建されたオルヴァル修道院を支え続ける主な資金源はここの醸造所でつくられるビールだ。写真の右側が醸造所である。

各地のトラピスト醸造所

伝統あるビール醸造への関心が高まるにつれて、トラピスト修道院はさらに多くの若者を引きつけそうだが、現在、修道院はほぼ監督者的な立場で関わっている。経験豊富な監督者たちの大半は独学でビールづくりを学んでいるが、そうした英知の一部は他の醸造家たちから大いに尊敬されている

近年は認定を受けたトラピスト醸造所が増加し、現在は右表の11カ所が認定されている。

この中ではウエストフレテレンのみ、修道士が日常的にビール醸造を行っている。こうした活動ができる背景の一部には、「質素な田舎暮らし」らしい側面がある。

修道院醸造所の修道士たちと助修士はビールを飲

醸造所名	創業年	修道院名	所在地
ウエストマール	1836	ノートダム・ドゥ・ホリィ・ハート	ベルギー（アントワープ）
ウエストフレテレン	1839	シント・シクスタス	ベルギー（東フランダース州）
シメイ	1862	ノートルダム・ドゥ・スクールモン	ベルギー（エノー州）
ラ・トラッペ	1884	コニングスホーヴェン	オランダ（北ブラバント州）
ロシュフォール	1899	サン・レミ	ベルギー（ナミュール州）
オルヴァル	1931	オルヴァル	ベルギー（ルクセンブルク）
アヘル	1999	聖ベネディクトゥス	ベルギー（リンブルフ州）
エンゲルスツェル	2012	シュティフト・エンゲルスツェル	オーストリア（オーバーエスターライヒ州）
デ・キーヴィエット	2013	マリア・リトリート	オランダ（北ブラバント州）
スペンサー	2013	セント・ジョセフ	アメリカ（マサチューセッツ州）
トレ・フォンターネ	2015	聖ヴィンセントおよび聖アナスタジオ	イタリア（ローマ）

ル（tripel）〔訳注：3倍の意味〕」にほぼ相当するが、これらに宗教的な起源があると誤解されている。もともとは、投入する麦芽の量が、通常の2倍量使われているタイプがデュベル、3倍量がトリペルと呼ばれるという意味で使われた。1990年に、ある銘柄の名称として「クアドルペル（quadrupel）〔訳注：4倍の意味〕」という用語が使われるようになったが、歴史的な先例はない。

近年は、「シメイ」と「ウエストマール」の生産量が年間1250万リットル以上に増えている。

20世紀中は、2、3カ所の商業用醸造所が修道会からトラピスト・ビールの製造認可を受けたが、認可の要件にばらつきがあり、資金集めのためにトラピスト・ビールのまがい物を大量につくらせていたが、こうした取引は1992年には消滅した。

修道会からの誘いもないのに、修道士を思わせるイラストや用語を使って完全な営利目的でビールを売り込もうとする醸造所もあった。

現在では法律により、トラピスト修道会の認証品であることを示す記章はトラピスト修道院で造られた製品だけに認可されるようになり、大修道院長がその認定権を握っている。

上：ロシュフォール近郊にあるサン・レミ修道院の醸造室。

むことを許されているが、酔わない程度の量に限られている。サン＝レミ修道院では一日に330㎖まで、ロシュフォール修道院では80㎖までと決められている。ただし飲用が許されるのはほぼクリスマスとイースターの祝祭時のみに限定される。

左：トラピスト修道院がつくっているビールであることを保証する認定マーク。

右：トラピスト醸造所は今や米国にまで拡大している。マサチューセッツ州スペンサーにあるセント・ジョセフ修道院にて。

オーク樽熟成エール

ビールをめぐる世界で、ベルギー西部ルーセラーレにあるローデンバッハ醸造所 (Rodenbach) の聖堂ほど異様な光景はめったにない。そこには300個近いオーク樽が一直線に並び、そのほとんどには約1万8000リットルのビールが入っている。床面から高さ1メートルほどの礎石の上に直立する樽は穏やかに熟成を続けるブラウン・エールで満たされている。目指すのはソーヴィニヨン・ブランによく見られるような酸味を持つビールだ。

オランダ語でフーデルビア (*foederbier*) と呼ばれるオーク樽熟成されたビールは、フランダース地方の特産品だ。熟成されたエールの大半はブレンドに使われるか、より甘めで若い熟成ビールで希釈され、ファーストネイビア (*versnijsbier*)、つまり文字通り「切れっぱしのビール」がつくられる。イングランドでのストック・エールの使われ方と同様だ (p.52-53を参照)。

廉価な金属合金製の容器が登場するまでは、オーク樽にビールを貯蔵するのが普通だった。第一次世界大戦によって木から金属への移行が加速し、良質な木樽は他の用途に召し上げられ、質の劣る樽は乾いていくままに放置され、無用となった。

樽熟成による香味は、オークの木そのものがもたらすのではなく、木繊維の間に生息する微小植物が生み出す。乳酸を生むペディオコッカス菌はビールに切れ味をもたらすが、それ以外はほぼ無味無臭だ。カラメルの味わいがあるブラウン・エールの甘さを引き立たせるために使われ、非常に洗練された、複雑な香味を生む。

20世紀中盤の生産者たちは、従来の嗜好に合わせるため、また、樽熟成の許容力不足を補うために、これらの熟成させたエールを個性的な製品として売るのを避け、ブレンド用に使うのを好んだ。たいていの場合、同タイプの醸造したてのエールに20-25%の割合で混ぜた。しかしクラフトビールへの関心の復活にともない、強烈なスタイルが再び脚光を浴びるようになってきた。

サワービール〔訳注：乳酸菌や野生酵母により発酵・熟成させて酸味を生むビアスタイル〕は「質が悪い」という定説に慣れていると、ローデンバッハ醸造所の「グランクリュ」やヴェルハーゲ醸造所 (Verhaeghe) の「ヴィヒテナール (Vichtenaar)」のようなビールの味は最初こそ衝撃的かもしれないが、熟成された赤ワイン、とりわけカベルネ・ソーヴィニヨンを好む人は、このタイプをあっという間に好きになる傾向がある。

1980年代頃まで、ベルギー北西部アウデナールデにある市場町の周辺では、一部の醸造家たちが、煮こんだブラウン・エールの麦汁、つまり過度に長時間醸造してカラメル分が生まれた麦汁を熟成させていた。従来このビールは小ぶりなオーク樽で熟成されていたが、基本原則は不変

右：オーク樽熟成されたローデンバッハ・グランクリュ。これほど印象的なブラウン・エールは世界でも他にないだろう。

樽から生まれたビール

ルーセラーレから20キロほど南東にあるヴィヒテの地で、ヴェルハーゲ兄弟はヴィヒテナール (Vichtenaar) とドゥシャス・デ・ブルゴーニュ (Duchesse de Bourgogne) の他、熟成エールの特注ブランドで充分な成功を収めてきた。そのおかげで、家族で19世紀から経営してきた醸造所の老朽化した乱雑な建物を真新しい建物に建て替えられるまでになった。

ローデンバッハ醸造所とヴェルハーゲ醸造所の中間辺りにあるデ・ブラバンデレ醸造所（De Brabandere）は商業的に成功し、ペールエールを樽熟成させている。いっぽう、アルヴィンヌ醸造所 (Alvinne)、ストライセ醸造所 (Struise)、そしてヴェルゼット醸造所 (Verzet) など、西フランダース州の冒険心あふれる新鋭醸造所は、実験的な製品で限界に挑んでいる。ときには顧客を微生物と同等に試すことさえある。

東フランダース州に向かうと、アウデナールデの街の周辺には、地元で生き残った多様な醸造所が正統派のビールを復活させようと奮闘しているが、樽熟成ができないために苦労している。しかしリーフマンス・グーデンバンド醸造所 (Liefmans Goudenband) とクヌード・オード・ブライン醸造所 (Cnudde Oud Bruin) は伝統の味わいをうまく真似ている。

右：ヴェルハーゲ醸造所のドゥシャス・デ・ブルゴーニュはフルボディ寄りで甘口、かつ洗練度の高いブラウン・エールで、海外の飲み手に好評だ。いっぽう地元では刺激が強くドライなヴィヒテナールのほうが人気が高い。

だ。このようなエールの下位区分に当たるタイプを、西フランダース州の「オールド・レッド」に対抗して「オールド・ブラウン」と呼んでいるが、理解しがたい。なにしろ現在、東フランダース州で伝統的な熟成技術を使う生産者など一人もいないのだ。

オーク樽熟成への関心は増すばかりで、アルコール度数の高低や色の濃淡、あるいは果実や果汁が加えられたタイプなど、さまざまなタイプのビールが実験的に樽で熟成されるようになった。

ブランデーやウイスキー、ポートワインやワインなどの熟成に使った樽を試している醸造家もいる。樽の以前の居住者を生かすには適していたであろう微小植物がビールにもたらす効果は、微妙だ。しかし蒸留酒に使われた樽の場合、樽に染み込んでいる上質なコニャックやシングルモルトウイスキーの数パイント分はビールにほとんど影響を与えないだろう。

樽熟成エールの醸造所 ▶
最近あらゆるクラフト醸造所で相次いでつくられるようになったサワービールは、ベルギーの木樽熟成エールから多大な影響を受けてきた。しかしその中心地に現在も残っている醸造所や類似品の製造所はごく少数だ。

下：木樽で熟成したエールは全て、ブレンドする前に試験所で専門家の鋭い味覚によって特徴をチェックされる。

ランビックビール

想像してみてほしい。ビールとして醸造され、シードルのように発酵され、高級ワインのように木樽で熟成されるビールを。これがランビックの製造工程だ。このビールを飲むと、最初こそ嫌悪するが、やがて受け入れ、さらにはほめそやすようになっていく。こうしてしばしばビール好きが高じていき、最後には熱狂的なファンになるのだ。

ランビックは、ベルギーがいまだに唯一、製法の専売特許を持っていると宣言できるビールである。多くのクラフトビール醸造所が、究極の民俗派ビールのつくり方の秘密をほぼ暴いたと思い込んでいるようだが、まだ100年ほど試行錯誤が続くだろう。ランビックをつくるには技術以上の何かが求められるのだ。

このビールの伝統的なタイプの中でも最も洗練されたものは、その上質さと独自性で、世界でも群を抜いている。しかし普通の飲み手がこれを飲んでも、自分がビールの原型に最も近いスタイルを飲んでいることに気付く人はほとんどいないだろう。

ランビックとは、あるビールの仲間を示す総称であり、発酵の仕方がエールともラガーとも異なる。正真正銘のランビックビールをつくる10カ所余りの醸造所は全て、ブリュッセルの南西部16キロメートル圏内に位置している。樽熟成エールが全て、ワイン醸造と同じように樽詰めするのに対して、ランビック生産者はさらにワイン醸造に一歩踏み込んで、ビールに酵母を加えずに自然発酵に任せている。

ブリュッセルとパヨッテンラントにあるランビック醸造所 ▶
世界で最も風変わりで、かつ洗練されたライトなビールの産地はほぼブリュッセル南西部のフラームス＝ブラバント州のパヨッテンラントに限定されている。ここにある十数カ所の醸造所で、ワインの製法を用いてシンプルな小麦のビールから並外れた香味を引き出している。

左：レンベークにあるブーン醸造所の貯蔵庫でじっくりと熟成されるランビック。

正真正銘かつ最高の　ランビックを知ろう

3F　ヴィンテージ・オード・グーズ（7%）
3F　スカールベーク・オード・クリーク（5%）

ドゥリー・フォンティネン醸造所（Drie Fonteinen）醸造所の2代目、アルマン・ドゥベルデルは、自社産ランビックと他の醸造所のランビックをブレンドし、兄弟が営む飲食店にて樽詰めで販売している。ヴィンテージ・オード・グーズは彼がつくる最上位のランビックで、1年、2年、3年物がブレンドされ、ブレタノマイセス発酵（p.71を参照）由来の卓越した香りと隠し味を持つ。一方、スカールベーク・オード・クリークは昔から珍重されてきた地元産スカールベーク・チェリーを使って、チェリー味の真髄を再現している。
ウェブサイト：www.3fonteinen.be

ブーン・オード・グーズ・マリアージュ・パルフェ（MARIAGE PARFAIT）（8%）
ブーン・オード・クリーク（6.5%）

ブーン醸造所（Boon）　フラームス＝ブラバント州レンベーク
他の生産者たちがランビックの保護を熱心に訴える一方で、フランク・ブーンは慎重にその再生に取り組んだ。そうして現在では伝統的ランビックの最大生産者となり、フルボディー寄りでアルコール度数が高く、果実味が豊かなクリークを主につくっている。彼がつくるオード認定のランビックは非常にお勧めだ。中でも希少なマリアージュ・パルフェは既成概念の枠を超えた名品である。
ウェブサイト：www.boon.be

ランビックビール ｜ ベルギー ｜ 西ヨーロッパ ｜ ヨーロッパのビール ｜ ビールの新興国を知る ｜ 69

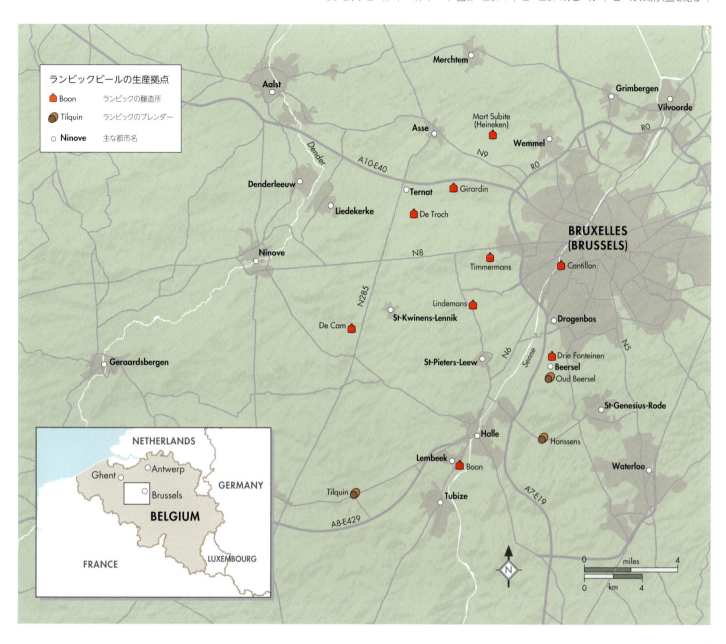

カンティヨン・ブルオクセラ・グランクリュ
(CANTILLON BRUOCSELLA GRAND CRU)（5%）
カンティヨン・イリス（CANTILLON IRIS）（6%）
カンティヨン・ルペペ・フランボワーズ
(CANTILLON LOU PEPE FRAMBOISE)（6%）
カンティヨン醸造所（CANTILLON）ブリュッセル
ブリュッセル最後のランビック醸造所は至高のビール醸造の中核だ。公式なビール博物館を兼ね、運営者ジャン・V・ロイがつくる10数銘柄の代表的ビールに出会える。グランクリュは完全熟成された瓶詰めの古典派で、味はほぼ平板。イリスはランビックの定義から外れた麦芽100%製。ルペペはジャンの父親に捧げた製品。希少でほぼ完璧なラズベリーのミレジム〔訳注：単独収穫年〕もある。
ウェブサイト：www.cantillon.be

デ・カム・ファロ（DE CAM FARO（5%）
デ・カム・クリーク・ランビック
(DE CAM KRIEK LAMBIEK)（5.5%）
デ・カム・グーズ・ブレンダー（De Cam）〔訳注：ブレンダーは他社製ランビックを発酵、ブレンドする業者〕 フラームス＝ブラバント州ゴイック 運営者カレル・ゴドーは数種の個性的で希少なランビックを浸漬およびブレンドし、瓶詰めビールをつくる一方、伝統製法による樽詰めタイプや低炭酸化ランビック、チェリー・ランビックやファロにも挑戦している。ウェブサイト：www.lambicland.be

デ・トロフ・オード・クリーク
(DE TROCH OUDE KRIEK)（5.5%）
デ・トロフ醸造所（DE TROCH） フラームス＝ブラバント州ワンベーク パウエル・ラースが2013年から運営。
ウェブサイト：www.detroch.be

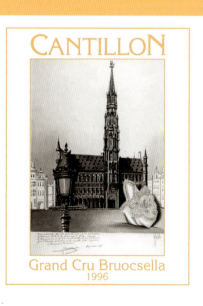

上：ピーテル・ブリューゲル（子）による1562年の作品の一部。陶器の壺からランビックを飲んでいる様子が描かれている。

（前ページから続く）正真正銘かつ最高のランビックを知ろう

**ジラルダン・ヨング・ランビック
(GIRARDIN JONGE LAMBIEK)（5%）
ジラルダン・オード・ランビック
(GIRARDIN OUDE LAMBIEK)（5%）**
ジラルダン醸造所（GIRARDIN）　フラームス＝ブラバント州シント＝ウルリクス＝カペッレ
パヨッテンラントのビアカフェで飲める樽詰めランビックの大半は、この醸造所製。同業者から至高のビールの生産者として称賛されている。アメリカ大陸ではまだほぼ無名。公式なオード製品はまだ法的に認定されていない。伝統製法によるグーズとしてブラックラベルのみ認定されている。

**ハンセンス・アルティザナル・オード・クリーク
(HANSSENS ARTISANAAL OUDE KRIEK)（6%）
ハンセンス・アルティザナル・オードベイチェ
(HANSSENS ARTISANAAL OUDBEITJE)（6%）
ハンセンス・アルティザナル（ブレンダー）
(HANSSENS ARTISANAAL)**　フラームス＝ブラバント州ドウォルプ
1世紀にわたるブレンドと浸漬の手法の伝統が宿る醸造所。薪の煙のような香りや柑橘類の風味が、上質なオード・グーズと穏やかなオード・クリーク、伝統製法による唯一のストロベリー・ランビックであるオードベイチェに浸み込んでいる。

**リンデマンス・キュベ・レネ・オード・グーズ
(LINDEMANS CUVÉE RENÉ OUDE GUEUZE)（5%）
リンデマンス・キュベ・レネ・オード・クリーク
(LINDEMANS CUVÉE RENÉ OUDE KRIEK)（5%）**
リンデマンス醸造所（Lindemans）　フラームス＝ブラバント州ブレゼンベーク
繊細でレモンのようなランビックで知られ、ブレンダーから称賛される醸造所。20年来、甘めのフルーツ・ビール中心だったが経営者ディルク・リンデマンスとヘルト・リンデマンスによるキュベ・レネ・ブランドは軽めで伝統的な味わい。
ウェブサイト：www.lindemans.be

**オード・ベールセル・オード・クリーク
(OUD BEERSEL OUDE KRIEK)（6%）
オード・ベールセル・グリーン・ウォルナット
(OUD BEERSEL GREEN WALNUT)（6%）**
オード・ベールセル有限会社（Oud Beersel BVBA）　フラームス＝ブラバント州ベールセル
2007年、ヘルト・クリスチアンがファンデルヴェルデン醸造所を買い取り、ランビックの熟成、ブレンド

全てのランビックビールに共通する材料は、基本的な醸造で、それ自体もランビックと呼ばれている。その構成はヨーロッパ中央部の小麦ビールの伝統に由来する。未発芽小麦を30-40%の割合で加えて糖化する場合が多い。他のたいていの小麦ビールと異なる点は、ホップを大量に加える点だが、収穫後に寝かせて古くなったホップを使うため、やっかいな酸っぱさと苦味、甘味が衝突することがない。そのため苦味とかぐわしさが控えめで、かつ、天然の防腐剤が豊富に含まれているので劣化を防ぐ効果がある。

醸造後の麦汁はろ過して冷却槽（koelschip）に入れられる。これは大きな子ども用プールのようにつくられていて、伝統にしたがって「屋根のない夜空の下で」麦汁を冷やすことにより、空中に浮遊する「野生」の酵母が液体の表面に落ちてくる。リンゴやブドウの果皮と同様だ。

通常の醸造では細心の注意を払って培養されたサッカロミセス酵母を厳密に量って投入し、ビールを発酵させるが、ランビックの場合、発酵槽の周囲にいる豊富な野生酵母が自発的に発酵するのに任せているのだ。

しかし実のところ、空気中だろうと夜空だろうと、麦汁に落ちて発酵を起こす微生物の量は少なく、醸造所の自然生態系に入り込むのがせいぜいである。その生態系とは、冷却槽で冷やされた麦汁が注がれる樽の側面に生息するさまざまな微生物で成り立っている。

たいていの場合、充分な量のサッカロミセス菌（Saccharomyces）が一次発酵を活発化させ、最初の2週間はかなり激しく発酵し、続いて3-4週間ゆっくりと発酵していく。その後、木樽熟成エールと同じようにペディオコッカス菌が乳酸発酵を始め（p.66を参照）、さまざまな柑橘系の味わいをもたらすのにひと役買う。

ランビックが別世界へと足を踏み入れるのは発酵の第三段階で、樽で過ごす2年目と3年目に変化が如実に表れる。樽の木繊維に存在するセルロース〔訳注：多糖類の一種〕を細々と分解しながら生き長らえるブレタノマイセス（Brettanomyces）という発酵の遅い細菌が、「古本屋」「馬用毛布」あるいは「家畜小屋」などという表現を連想させる特徴を加えていく。これこそが本格的なランビックならではのセールスポイントなのだ。

ブリュッセルとパヨッテンラントにある地元のバーでは、店によってはいまも「生の」樽詰めされるランビックが見られる場合がある。ただし地域の衛生指導当局の木樽への誤解と不信の結果、木樽ではなくプラスチック製の容器から注がれる。樽詰め後6-12カ月ほどで客に出されるため、若いビールと呼ばれ、軽く酢漬けにしたマッシュルームの風味がするエールのような味わいだ。しかし樽で2-3年熟成させると古く（オード）なる。といっても本格派の「オード」の意味ではなく、味が平板になりワインのようになってくる。

1950年以前、ランビックの大半は「ファロ（faro）」というタイプに仕上げられていた。これは糖分を加えて、軽く発泡させる程度に再発酵させ、酸味を柔らげた樽詰めのビールだ。こうしたビールは今も、ブリュッセルの西、スケープダールの『デ・レア・ヴォス（De Rare Vos）』など数カ所のビアカフェで目にすることができる。

現在では、伝統製法で造られたランビックのほとんどが瓶詰めされ、オード・グーズ（oude gueuzeあるいは地域によってはoude geuze）やオード・クリーク（oude kriek）（下段を参照）と呼ばれる。

現在、ベルギーの法律では、本格的なランビックとわずかな共通点しかないような類までランビックに含んで定義している。しかしありがたいことに、EUが介入して正式な規定を設け、伝統製法で造られたランビックにのみ、「oude」という接頭語を付けることが認められるようになった。

オード・グーズは若いランビックに古いランビックを大量にブレンドし、わずかに液糖を加えてから瓶詰めされる。若いランビックがボディーをもたらし、古いランビックが個性を、そして糖分が泡立ちをもたらす。一般に、3年物のランビックの比率が高いほど、個性が強くなる。

オード・クリークはチェリーをランビックの樽に6カ月ほど漬け込んでつくる。ちなみにチェリーはフランダース地方の古い方言で「クリーケン」（krieken）と呼ばれる。まれに樽詰めのタイプもあるが、瓶詰めされている場合がほとんどだ。固く乾燥し、やや苦味のある果実を使い、種も必ずいっしょに浸しておくのが最良の策だ。こうすることにより、フルーティーで刺激が強く、カビのような味わいに、アーモンドのような特徴がほのかに加わる。

同様にキイチゴを浸すと、やはり伝統的なランビックである「フランボワーズ（framboise）」ができ、こちらのほうがより珍しい。ブドウやアプリコット、ストロベリーなどの果実で試した例も成功しているが、まだ十分に認められるほどには地位が確立していない。

と浸漬を始めた。幸運と地元の支援の元、最高品質のオード・クリークをつくり、摘みたてのクルミを漬け込んだランビックなど、実験的なランビックをつくることもある。
ウェブサイト：www.oudbeersel.com

ティルカン・グーズ・ア・ランシエンヌ（TILQUIN GUEUZE À L'ANCIENNE）（6.4%）
オード・クエッチ・ティルカン・ア・ランシエンヌ（OUDE QUETSCHE TILQUIN À L'ANCIENNE）（6.4%）
グーズリー・ティルカン（ブレンダー）（Gueuzerie Tilquin）　ブラバン・ワロン州ビエーウ
創業者ピエール・ティルカンの、4カ所の醸造所から麦汁を仕入れて熟成とブレンドを行うという奇抜な発想は、2011年夏、初のセミ・グーズとして結実した。やがてダムソンプラムのランビックに挑戦し、懐かしさを感じさせる味を生んだ。
ウェブサイト：www.gueuzerietilquin.be

セゾン

ベルギー南部にあるフランス語圏のワロン地方では、「セゾン(saison)」と呼ばれるビールへの関心の復活にともなって、多くの醸造家たちが自尊心を取り戻した。一部の愛好家から「農家のエール」と呼ばれるビールの人気復活は、うっかりすると失望を招きかねない。というのは、外国人たちがこの名称を、全く異なるタイプのビールに使っているからだ。

何世紀も前、ワロン地方の農場主たちは冬の季節にビールを醸造していた。こうして自分たちが収穫する穀物の付加価値を高め、農場労働者に1年中仕事を与えることができた。夏の時期は他に優先すべき仕事があったため、ビール醸造は中止された。それに、暑い発酵室に置かれた開放型の発酵槽は虫の害や腐敗の恐れがあった。そのため農民たちは早春に醸造を行い、残ったビールを瓶詰めして夏を乗り切った。

こうしたビールはきっと、酸化を防ぎ保存状態を良くするために通常よりもアルコール度数を高めてホップを強く効かせてあったことだろう。これは最もらしく聞こえるし、ビール醸造に選ばれた材料について、なるほど一理あるものだという話になる。しかし信用に足る歴史上の記録はなく、常識的にもおかしい。例えば、暑い夏の時期に肉体労働をした後でアルコール度数が6.5％もあるビールを飲みたがる人間がいるだろうかという疑問がわく。また、有能で健康な働き手を必要としている雇い主が、どうしてそんなビールをつくるだろうか。

それよりも信頼し得る理論があり、現存するビール醸造の記録にもある程度裏付けされている。それは、ワロン地方の田舎で、主に農場の働き手のためにつくられた夏のビールは、はるかに *meerts* あるいは *maerts*〔訳注：3月の意味。アルコール度数の低い日常用ビールのスタイル〕、つまり一部のランビック醸造所で今でも使われているような、軽めのランビックに近いものだっただろうという説だ。

これと異なる種類のビールが、炭鉱夫や、大きな河川や運河沿いに生まれつつあった産業都市で働く鉄工所の工員が水分とエネルギー源である糖分を補給するために、1年中つくられていた。このビールはイングランド北部とミッドランド地方で飲まれたマイルド・エールに似ていた。

セゾンという言葉が3度目に広まったのは1980年代で、たいていの場合、重い味わいのワロニアン・エールを示すために使われた。しかしもともとは、収穫の季節を祝うためにつくられたビールの呼称だったのかもしれない。

こうしたビールが全て、ある時点でセゾンと呼ばれていたことは分かっている。とはいえ歴史がどうあろうと、1977年以降ベルギーで有名になり、ホップが効いて米国で愛飲されるペールエールの着想源として一部のファンにもてはやされたビールは、香りが豊かで苦味と穀物っぽさがあり、ほどよいアルコール度数の淡色ビールである。これが短縮されて「セゾン・デュポン」、あるいはその類似品の品名となっている。このすばらしいビールは750mlサイズの瓶で熟成されると最高の状態になり、前述の一連のタイプとの共通点はほとんどない。

あらゆるタイプのセゾンが、程度の差こそあれ、好評を得て生き延びているが、ベルギーで最も人気を呼んでいるのは、いわゆる「デュポン・スタイル」で、とりわけ卓越したホップと酵母の香りを持ち強烈な苦味のないビールを好む消費者を魅了している。

一方、世界に目を向けると、米国で万人受けする第5のセゾンが生まれた。これは甘口ではなく、酸っぱくもなく苦味もない上にこれといった魅力もなく、ある特許酵母種を使ったビールとして大ざっぱに定義付けられている。

好評であり、かつ味の優れたベルギー産のセゾンが、米国の権威あるビール・コンテストで、「真のセゾン・スタイルに忠実」ではないという理由で2次予選に進めなかったなどと聞いたら、ベルギーの醸造家たちがどう反応するかは、今のところまだ分からない。

さまざまなベルジャン・セゾン

フォー・セゾン(IV SAISON)（6.5%）
ジャンドラン・ジャンドゥルヌイユ醸造所(Jandrain-Jandrenouille)　ブラバン・ワロン州ジャンドラン
繊細かつ力強く、ホップの効かせ方が絶妙で、淡い黄金色をした新スタイルのセゾン。古い農場に新設された醸造所でつくられている。
ウェブサイト：www.brasseriedejandrainjandrenouille.com

セゾン・カズー(SAISON CAZEAU)（5%）
カズー醸造所(CAZEAU)　エノー州タンプルーヴ
セゾン・スタイルを勝手に変えて解釈したにもかかわらず、それらしく見える軽めのブロンド・エールだ。エルダーフラワーを加えたためにホップの風味が際立ち、夏にぴったりなひねりの効いた個性がある。
ウェブサイト：www.brasseriedecazeau.be

セゾン・デポートル(SAISON D'EPEAUTRE)（6%）
ブロウジー醸造所(Blaugies)　エノー州ブロウジー
家畜小屋を思わせる香りがいかにも素朴な印象を与える。大麦麦芽の一部をスペルト小麦に変えているが、ホップの特徴の中にほのかに酵母らしい要素がある。
ウェブサイト：www.brasseriedeblaugies.com

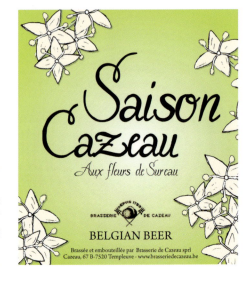

セゾン ｜ ベルギー ｜ 西ヨーロッパ ｜ ヨーロッパのビール ｜ ビールの新興国を知る   73

セゾンの精神
ベルギーのフランス語圏南部にある独立醸造所の約半分で、少なくとも1銘柄以上のセゾンがつくられている。ここには最も安定した生産を行っている醸造所を記した。

ワロン地方のセゾン醸造所
- ● Dupont / Tourpes　醸造所と都市名
- ○ Mons　主な都市名

セゾン・ド・ピペ（SAISON DE PIPAIX）（6%）
ア・ヴァプール醸造所（à Vapeur）　エノー州ピペ
運営者ジャン＝ルイ・ディッツは1985年、蒸気機関が使われている唯一の醸造所を旧所有者から譲り受け、閉鎖から救った。独特のドライでスパイシーなビールの全ては、彼が見つけたこの醸造所の昔の製法記録に由来するという。
ウェブサイト：www.vapeur.com

セゾン・デュポン（SAISON DUPONT）（6.5%）
デュポン醸造所（Dupont）　エノー州トゥルプ
セゾンの新ジャンルのリーダー格であるデュポンは、ハーブと干し草を思わせる香りが漂い、ホップ由来の苦味が際立っている。750mlサイズのボトルが最も味わいが優れている。
ウェブサイト：www.brasserie-dupont.com

セゾン・ヴォアザン（SAISON VOISIN）（5%）
デ・ジアン醸造所（des Géants）　エノー州アト
フロベックにあったヴォアザン醸造所で最高の品質を誇る甘口でライトなセゾン・ビールが生まれたが、醸造所は閉鎖の憂き目に遭った。しかし2002年、旧醸造所の承諾を得てデ・ジアン醸造所で復活した。
ウェブサイト：www.brasseriedesgeants.com

地域的なベルジャン・エール

ベルギーでビールを飲む体験が与えてくれる大きな喜びは、地域の醸造家たちが生み出す、驚くほど多様なスタイルを探求することだ。一度限りの限定生産品を試してみるのもいいだろう。こうした地域産のビールはオランダ語でストリークビーレ（streekbieren）、フランス語ではビエール・レジュノ（bières regionaux）と総称される。こうしたビールを整然と分かりやすく文章にまとめれば理解を助けるためには賢明かもしれないが、それではベルギービールの個性を無視することになる。

スパイシーなウィート（小麦）・ビール

9世紀に早くも、カール大帝が君臨した頃の神聖ローマ帝国の北部全土にわたって小麦でビールがつくられていたという記録が残っており、ある程度まで共通認識された歴史となっている。

フレミッシュ・ビールにスパイスを加える伝統は、混合したグルートが保存剤と香り付けとして使われた（p.15を参照）時代から続いてきたようだ。伝説の醸造家ピエール・セリス（下記参照）が復活させたことにより、このスタイルの存在が呼び覚まされた。1966年以前からスパイス添加が習慣となっていたかどうかは議論の余地がある。ルーヴェンでつくられていた、今は亡きペーテルマン（peeterman）・スタイルは全くスパイスが加えられていなかったが、数多くのセリスの模倣者たちはたいてい、乾燥オレンジピールとコリアンダーを加えた。こうすることで、濁ったビールに焼きたてのパンの味とほのかな香りがたっぷり加わり、飲み心地の良いビールとなった。

以来、このようないわゆる「ホワイト」ビールはスペルト小麦やそばの実、ライ麦その他の穀物が加えられるようになり、多様化していった。よりスパイシーに、あるいは平凡になり、アルコール度数に高低の違いが生まれ、透明になったり濁ったり、時には濃い色のビールも生まれた。

イギリスの影響

1830年のロンドン会議で独立が承認されたベルギーは、フランスの元大統領シャルル・ド・ゴールによれば、フランスを困らせるためにイギリスがでっちあげた国だという。初代国王はヴィクトリア女王の叔父にあたるレオポルト1世であり、19世紀終盤のベルギーで醸造家に最も影響を与えた人物もやはりイギリス人のジョージ・モー・ジョンソンという人物だった。

イギリスのカンタベリー出身の醸造家ジョンソンは、ブリュッセル南部の町ハレの同業者に醸造を指導し、この経験によって1899年、『Le Petit Journal du Brasseur（ブリュッセル日刊新聞）』の編集長の職に就いた。ベルギーの醸造家た

コリアンダー　　クミン　　小麦　　オーツ麦　　乾燥オレンジピール

ヒューガルデンの英雄

1966年、酪農家のピエール・セリスは、幼い頃近所にあったトムシン醸造所でつくられていたビアスタイルを復活させようと決断した。彼は原料穀物の30％に未発芽小麦を使い、オーツ麦も少し加えて麦汁をつくり、味わいを加えるためにコリアンダーと少量のクミン、キュラソーオレンジの乾燥ピールを加えた。そしてビールを、故郷のヒューガルデンにちなんで「オード・ヒューガルデ」と名付けて石器の瓶に入れ、その瓶に震える手で青い文字でビール名を刻み込み、売った。

セリスは英雄になろうとしたのでもなければ大金持ちになりたかったのでもなかった。小事業を興す希望を抱き、やや夢想家で、かつ昔ながらの働き者だった人物が、好機に気付いたのだ。彼のビールの長所は、よくある平凡なビールとは外観も味も全く異なっていた点にある。当時はちょうど、飲みやすいビールが時代遅れになりつつあった。

オード・ヒューガルデはやがて「ヒューガルデン」と名前が変わり、近年生まれたクラフトビールとしては初めて、世界的なビール会社よって世界中でヒット商品となったビールである。とはいえ、人気商品となった頃には、そのビールにふさわしい創造力豊かな発明家は亡くなり、威勢の良さの大半もなくなっていた。

右：自叙伝を書く醸造家はほとんどいないが、ヒューガルデン醸造所のピエール・セリスのそれは3カ国語で出版された。写真はビール醸造を始めて間もない頃のもので、糖化を行っている。

ちに、新世紀を迎えるにあたって、「スペシアル（spéciale：特別なという意味）」と呼ばれる軽めのペールエールをつくるよう説き伏せたのは、このジョンソンである。続いてイギリスのミルク・スタウトをベースにした甘口の黒ビールやアルコール度数の高いビール、ダーク・ビール、麦芽の風味が豊かなスコッチ・エール、そして味わい深いエクスポート・スタウトを手本にしたビールがつくられた。

現在に至るまで、イギリスのビールに由来するさまざまなブランド名やスタイル名がベルギービールのメニューに並ぶ。ちなみにウスターシャー・ソースやオクソーのスチーマーもイギリスに由来する名称だ。

地元の特産ビール

ベルギーのような、地域の独自性を頑固に貫きたがる国によく見られるように、州ごとに独特なビールの伝統が守られ続け、その独自性の程度は州ごとにさまざまである。

東部のリンブルフ州では、夏草のような香りの軽いブロンド・エールがつくられている。これは国境を接するオランダの洗練されたスタイルに倣ったビールだ。

ブラバント州とその他の地域ではランビックに

下：フランダース地方にある醸造用小麦の畑

地元産のエールをブレンドして、ファースネイビア（*versnijsbier*。p.66を参照）と呼ばれるビールをつくっている。これは発酵度合いの異なるビールを混合したもので、木樽熟成されたエールとさほどかけ離れていないビールが出来上がる。

アントワープの醸造家たちは、20世紀初頭に流行ったスペシャル・ビールより何十年も前から自分たちがつくってきたペールエールの独自性を主張している。アントウェルペン州の都市メヘレンとフラームス・ブラバント州の町ディーストはいずれも、コクのあるブラウン・エールで有名だった。

南部の醸造家たちの多くは、隣国フランスなどに見られるブロンド（*blonde*）ブリュンヌ（*brune*）、アンブレー（*ambrée*）などのつくり方を漠然と真似るいっぽう、ビエール・ド・ギャルド（p.108-9を参照）の伝統を吸収している。

より幅広い種類をつくっている醸造家もある。とりわけ由緒ある家族経営の醸造所の中には、一つのブランド名の商品群に軽めのブロンド・ビールとブラウン・ビール、重いデュベル（*dubbel*）やトリペル（*tripel*）、ストロング・エールまでそろうシリーズがある。また、明らかに宗教的な名称が付けられたビールもある。これは名誉の印であり、修道院運営のための公式な資金調達協定が結ばれている（下記を参照）。

過去20年間、ベルギーの地域的なビール醸造家たちは、自分たちの所有するあらゆるものが黄金へと姿を変える様を見てきた。ここで生まれたビールが世界の隅々にまで輸出されたのだ。有名ブランドビールとは対照的に、彼らが独創性を失わず、新たなタイプを追求し続けるかどうかはまだ分からない。もしそうでないとしても、自信を示して醸造家たちが自由なビールづくりに取り組めば、新たな本格派ビールが生まれる。

上：エノー州北部シリーにある醸造所ではいまも正統派のスコッチ・エールがつくられているが、原産国のスコットランド人醸造家たちはそのつくり方をとうの昔に忘れてしまっている。

ビールをつくる修道院

トラピスト修道会が、自分たちのビールの模倣品を数社の醸造所がライセンス生産して商業販売する許可を下すと、他の醸造所はこれが好機だと気付いた。そして他の修道院も商機をかぎとった。

しかし、さまざまな修道院長が、修道院の名称や地名をブランド名として使用することを許可するライセンス契約にサインする段階で、混乱が増大した。悲しいことに、イメージと正当性がしばしば初期の犠牲となった。

いわゆる「修道院ビール」の中には、完成度に何の疑いもない優れた製品もあり、トラピスト修道院のものよりも優れたビールもいくつかある。しかしその他は退屈で甘ったるく、信仰の暗示以外にほとんど推奨できる点がない。

消費者の視点から見ると、修道会に支えられたブランドにだけ用語の使用を許可する動きは正当化しがたい。なぜなら良質な製品は長い目で見るとほとんど修道院と何の関係もない場合がよくあるからだ。一方、ライセンス生産されたビールの中には、あまり興味を引かれないが非常に高価な製品もある。

もし消費者の支持が今後も求められるのなら、どんな修道院ビールであろうと、シンプルなブロンドあるいはブラウン・ビールだけを選んでおくのが、信仰心を示すには賢明な選択だろう。

右：西フランダース州ワトウにあるセント・ベルナルデュス醸造所は、同醸造所でつくるトラピスト修道院の名前を冠したビールよりも優れたビールをつくっている。

ベルギービールの新たな潮流

ビールの世界の頂点に君臨するベルギーのビールづくりをさらに向上させるのは容易ではない。
有名な醸造家の中にはこの国の輸出売上高を崇拝する者が多い。彼らはこの数十年間、難なく拡大を続けてきたと思われる。
しかし新種のビール醸造家は自己満足状態の現状を察知し、これまでと違う未来を築く好機ととらえている。

ベルギーの新しいビールが全て創意に満ちた産物とは限らないし、上質であるとも限らない。最近、伝統的なオード・クリーク（p.71を参照）を模倣した「フルーツ・ビール」づくりが流行っているが、いくらかでも真正のオード・クリークと言えるようなビールをつくる醸造所はほとんどなく、大半はシロップや濃縮果汁を使ってありふれた飲み物をつくる傾向にある。これは偉大な伝統文化に対する侮辱だ。スパイスなどの香味料を使ったビールも疑わしい。特に趣味でビールをつくるアマチュア醸造家の作となると怪しい。

しかし、新たな醸造家も存在する。「若い」と形容すべきかもしれないが、多くは40歳以上で、中には60歳近い醸造家もいる。彼らはベルギービールの全く新しい軌道を見据えている。

ベルギー南部にあるラ・ルル醸造所（La Rulles）のグレゴリー・フェルヘルストの徹底した地域主義と、彼のほぼ完璧なビールがニューヨークで大評判となっている事実を目の当たりにすると、これに匹敵する相手はほとんどない。バストーニュ醸造所（Bastogne）やベルゴー醸造所（Belgoo）、カズー醸造所（Cazeau）などの成長株も、ブリュッセルのバーでの評判を見ると、同様の人気を呼んでいるようだ。ブリュッセルのバー

右：デ・ラ・セーヌ醸造所の「タラス・ブルバ（Taras Boulba）」のラベル。アルコール度数こそ低いが完璧なビールだ。

ベルジャン・スタイル・エールの真実

ベルギーの醸造家たちは、彼らがつくるエールに「ベルジャン・スタイル」は存在しないと考えている。実際に多くが、母国のビールをごく単純なテーマで特徴付けかねない傾向に反発している。なぜならこの国のビールを世界に知らしめているのは、その正反対の特徴だからだ。

「ベルジャン・スタイル・エール」という言葉は1980年代、北米のアマチュア醸造家たちによって生み出された造語である。彼らはベルギー産のビールの一部にスパイシーな味がするタイプがあることに気付いた。これは、香味を際立たせるために香草やスパイスをわずかに添加したビールだった。他の製品を凌駕しようと大量に加えたものもあった。

これと同様の香味を発酵中に生み出せる特定の酵母種だけを分離して特許権が取得され、商業的な酵母バンクには新製品が加わり、ビールの品評会には新たなカテゴリーが設定された。こうして米国の消費者はわざわざベルギーからの輸入品を買わなくても同じスパイシーな味わいを楽しむことができるようになった。

もちろん、こうした酵母には違法性は全くなく、醸造家にとってはビールに新たな個性を加えるのに役立つ。しかしこのスタイルには「アメリカン・スパイシー」と名付けたほうが合っているだろう。

右：元祖であるスタイルへのオマージュか、それとも派生品だろうか。米国ミズーリ州にあるベルギー人が所有するブールバード醸造所の「ロング・ストレンジ・トリペル」と、ミシガン州のジョリー・パンプキン醸造所製の「バン・ビエール」。どちらも素晴らしいビールだ。

旅のアドバイス

- たいていのカフェではテーブルでのサービスが好まれ、注文ごとの支払いではなく、勘定をつけて最後に支払うのが通例だ。
- スペシャル・ビールを置いているレストランやホテルはまだほとんどない。
- 都市にあるたいていのビール専門の卸売店では小売りも行っている。
- 『Good Beer Guide Belgium（ベルギーの上質ビールガイド本）』はベルギービールを飲むなら必携のバイブルだ。
- ブリュッセルにあるカンティヨン醸造所にはランビックの醸造法を見学できる博物館があるのでぜひ訪問しよう。
- ビールを飲むときは、あわてずゆっくりと、かつさまざまなビールを試してみよう。
- ビールの熱狂的愛好者はたいてい、バーのウェイターや一般客、さらにバーの所有者よりもベルギービールを知り尽くしているので会いに行こう。

左：ベルギーにはビールだけでなく、優美な雰囲気のカフェも豊富にある。

右ページ：アントワープ近郊のブレーンドンクにあるデュベル・モルトガット社（Duvel Moortgat）には最新鋭の醸造設備がある。ベルジャン・エールの醸造所の中にはこのように大企業化した例もある。

世界の地域クラフトビールを造る醸造所

東フランダース州の素朴な町の外れに位置する工業団地に、世界でも有数の驚異的な醸造所がある。何かの部品工場のようにも見えるこの醸造所は、多くの意味で、ある巨大産業の供給元である。

東フランダース州ロヒリスティにあるプルーフ醸造所（Proef）は、新たなビールの創造を目指すプロの醸造家、セミプロ、そしてアマチュアの醸造家を支援するために設立された醸造所で、ヘントにある醸造学校と提携を結んでいる。ここでは年間、何百もの新たなビールが醸造されているが、その多くは日の目を見ない。しかし現代の正統派と言えるビールも生み出している。

単なる生産ラインのようにも思われるが、実はここは、世界屈指の独創的な醸造家がやってきては、思い描いたビールのアイディアを実際に醸造する場である。例えばデンマークの醸造デザイナー集団「ミッケラー（Mikkeller）」はこの醸造所最大の顧客だと言われている。その秘密はプロとしての強い眼識と優れた設備、そして常に独創的であり続けるための忍耐力を持つ醸造チームだ。

プルーフ醸造所ではこれまでに3000以上の全く異なるビールが造られてきた。内部は見学不可で、国際的に有名なビール・ライターでさえ中に入ることはできない。おそらく発酵槽に付けられたタグから秘密が漏れてしまいかねないからだろう。

右：東フランダース州ロヒリスティにあるプルーフ醸造所の醸造責任者ダーク・ナウツは、ベルギー内外の顧客の依頼で3000以上のビールを造ってきた。

は、デ・ラ・セーヌ醸造所（de la Senne）を運営するイヴァン・ド・バーツとベルナルド・ルブックにとって、好機に富んでいる身近な場所でもある。彼らはビールとラベルデザイン双方に優れたセンスを発揮しており、新手の醸造家の中でもおそらく最高の部類に入るだろう。

北に目を向けると、フランダース地方とワロン地方の融合したデ・ランケ醸造所（De Ranke）を運営するニノ・バサラとギド・デヴォスの卓越したホップ使いと、オランダ系ベルギー人のロナルド・メンゲリンクが運営するデ・ドフテル・ヴァン・デ・コルナール醸造所（De Dochter van de Korenaar）の印象深い品ぞろえは、世界でも屈指の素晴らしさだ。ユルバン・コトーとカルロ・グルータットによるデ・ストライセ醸造所（De Struise）も、独創的、あるいはときに挑戦的なビールによって世界的なファンを引きつけている。

こうした醸造所が西フランダース州のデ・ドレ醸造所（De Dolle）のクリス・ヘーアシュテラーとスタッフたち、そしてエノー州のブロウジ醸造所（Blaugies）を経営するカウリエ一家を安心させてくれればよいと願っている。両者の労作が30年以上にわたって、こうした弟子たちにインスピレーションを与えてきたのだ。

左：デンマークの「ジプシー醸造家」ミッケル・ボルグ・ビヨルスは他の醸造所の設備を借りて、並外れた個性を持つビールを生み出している。

オランダ

ヨーロッパ諸国の大半で過去10年にビールを取り巻く環境が向上してきたが、オランダほど大きく変わった国はない。
かつては力強い醸造会社が小さな徒党を組み、賢明な広告手法で繁栄していたが、
今では個性あふれる輸入ビールと新たに生まれた多種多様なスタイルの地元産ビールが見られるようになり、
ヨーロッパの6大ビール市場の一角を成すようになった。

オランダは商人の国だ。この国の富は、その陸地と同様に、海を征服したオランダ人ならではの能力から生まれた。

プロテスタントが優勢な北部では、飲酒は人間的な弱さの表れとして控える傾向があった。一方カトリックが多い南部では、試練の多い世界を生き抜く人間を神が助ける一つの手段として歓迎された。南北オランダの西部の地域と、アムステルダム、ロッテルダムといった港湾都市では船乗りの視点から飲酒をとらえていた。

この国にはさまざまな慣習の記録が非常に詳細に残っており、過去の時代のビール取引については他の大半の国々についてよりも多くを知ることができる。例えば15世紀にはルーヴェンとブレーメンでつくられたビールがオランダの港を通して大量に輸送されたことが分かる。

歴史的に、オランダ人は普通のブラウン・エールを主に飲んでおり、秋や新年、そしておそらくは春の訪れを祝うための特別なビールを飲む習慣もあった。冷凍設備と醸造技術が向上した1870年頃、新たな醸造所が現れ、従来のビールの嗜好が変化した。特に南部では、ドイツで広がった傾向と同様だった。

オランダが世界のビール醸造に貢献した、より有名な事実は、世界全体に万人向けのシンプルで輝くビールのビジョンを広げたる役割を果たしたことだ。それは世界のビール界初の偉大な商売の天才、フレディ・ハイネケン（p.82を参照）の存在に具現化されている。彼は家族で経営していた小さな醸造所を世界的な巨大企業へと成長させたのだ。

1970年のオランダでは、大半の小規模醸造所が消え失せており、地域の独立醸造所は大企業の真似をして生き延びていた。ティルブルフ近郊にあるトラピスト派のコニングスホーヴェン修道院の醸造所でさえ、主に「アビィ・ピルスナー（Abdij Pilsener）」と呼ばれるブロンド・ラガーをつくっていた。

オランダビールの復活が始まったのは1968年、南部のブレダにある「ベヤード・カフェ」を経営するピエット・デ・ヨング他数人のバーの経営者たちがベルギーから瓶詰めビールを輸入するようになってからだ。1975年までにはさらに「ABT」という名の独立系カフェチェーンがこの動きに加わり、主にベルギーなどから珍しい瓶詰めビールを仕入れて売り始めた。1980年には「PINT（ピント）」と呼ばれる消費者団体も加わった。

伝統的な季節限定のビールスタイルも関心を呼ぶようになり、ボック（bok）と呼ばれる秋限定の濃色ラガーだけをテーマとしたフェスティバルが現在も毎年10月に開催されている（p.256世界のビールフェスティバルを参照）。

それでもなお、大半のオランダ人はビールをあくまで習慣的に飲んでいて、政府とつながりのある2大国内メーカーが造るブロンド色で表面が泡で覆われた飲み物だった。ビュデルズ、グルペナー、アルファ、リンデブームなど、ベルギーとの国境近くに古くからある地域醸造所は生き残ったものの、独自の事業展開に失敗した。一方、新たに生まれた小規模醸造所はそれぞれに独創的な材料と製法技術を展開していった。

オランダの新しいビール醸造に必要だったのは開拓者精神のある醸造家だった。創造の才に恵まれ、賢明な製法を理解する力があり、強い信念を持つ醸造家だ。そうして現れたのが、アムステルダム南部のゴーダ近郊にあるボーデグラヴェンのメノ・オリヴィエとデ・モーレンだった（p.84オランダビールの新たな潮流を参照）。

初版で、オランダがヨーロッパ北部の他地域に追いつくのはまだ先の話だと評したが、少なくとも船はすでに出航していた。この国は海運国で、船を快走させるための技術を全て備えていることを私たちは忘れていたようだ。

ベルギーに、「サッカーをしないオランダ人はくず同然だ」という古い冗談があるが、もはや無意味になってきた。

上：大手ビール会社ハイネケンはオランダ中に影を落としているが、小規模醸造所も確実に進歩している。

上：こうした平たんな風景と裏腹に、オランダのビール醸造の世界は起伏に富んでいる。

ボックビール

オランダのボックビール(bokbier)の伝統はドイツのボック(p.92-93を参照)の延長線上にある。しかし新たな収穫の直後に前年の残りの麦芽を使い切って、秋に飲むためのアルコール度数が非常に高いビールをつくる習慣はヨーロッパ中に共通している。

20世紀半ば以来、10月の最初の週になるとオランダのほぼ全醸造所で、数週間しか飲むことのできない季節限定の濃色ビールづくりが始まる。1980年まで、こうしたビールは全て、アルコール度数6.5%の濃色ラガーでカラメル由来の甘味があると決まっていて、ホップの味わいは抑えめから中程度だった。

しかしこの30年でスタイルは大きく変化した。いまでは大半がエールで、色は琥珀色から漆黒まで幅があり、アルコール度数は次第に高くなってきた。大麦麦芽以外にも小麦など他の穀物が使われるようになり、スモーキーな味がするものもある。多くが「ヘルフスト・ボック(*herfst bok*：herfstは収穫の意味)」と名乗るようになった。ボックビールがドイツのボックに由来するとしても、今や遠縁に当たるビールが多数ある。

マイボック(*Meibok*〔訳注：5月のボック〕)やレンテボック(*lentebok*〔訳注：春のボック〕)はさらに最近になって開発されたビールで、一般にハチミツのような甘味がある淡い琥珀色のエールとラガーである。ドイツのマイボック(*Maibock*)に明らかに近い(p.93を参照)。毎年4月の第1週に出回り、秋に登場するボックビールとちょうど6カ月ずれている。

「冬のビール」に続き、伝統的なニウヤールビア(*nieuwjaarsbier* 新年のビール)が、通常11月後半に登場する。また、夏向きのビールも7月の第1週に登場し、こうして規則正しい販売サイクルが完成するのだ。

右：オランダの遺産ともいえる非常に小規模なビュデル醸造所(Budels)のレンテボックは春のボックよりも色が淡い。

右：オランダのビール消費者団体PINTは春のマイボック・フェスティバル(写真)や秋のボックビールフェスティバルなど、いくつものビール関連イベントを主催している。

ハイネケンの遺産

他のどんな国よりも盛衰ぶりの著しいオランダのビール産業は、アルフレッド・"フレディ"・ハイネケン(1923-2002)の遺物だ。彼は「結局のところ、人生とは宣伝に尽きる」という言葉を残した。

ハイネケン一族の醸造所は小規模だったが19世紀終盤には国際的な表彰を受けるほど優良な醸造所だった。しかし第一次、第二次世界大戦の間に苦難の時期を迎え、一族による経営が不可能になった。フレディにとってはつらい体験だった。

1940年代後半を米国で過ごしたフレディは、製品イメージの持つ力を痛感し、この力をハイネケンの「ブランド」イメージの創出に利用しようと決意する。

彼の予想以上に同社が企業帝国として成長したあとも、フレディは広告キャンペーンやロゴマークの細部にまで強い関心を示した。彼にとって宣伝広告と製品イメージは、会社の経済的な成功にも劣らないほど重要だったのだ。

強烈な個性の持ち主だったフレディは1983年、誘拐されるという災難にあい、人質として3週間を耐え抜いた。しかしやがて本人が予言していたように、「タバコの吸い過ぎ」が原因で亡くなった。

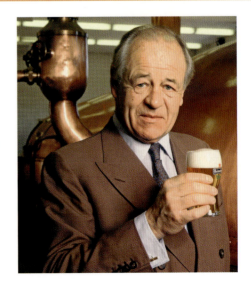

右：フレディ・ハイネケン。彼は一大企業帝国の創立者であり、ブランド認知の概念に関しては世界屈指の推進派だった。

ボックビール ｜ オランダ ｜ 西ヨーロッパ ｜ ヨーロッパのビール ｜ ビールの新興国を知る ｜ 83

オランダビールの新たな潮流

オランダの大規模なビール会社が生んだ調和と秩序とは対照的に、
その後200カ所以上新設され、さらに増加へ向かう小規模醸造所は、
わずかな数のスタイルしか生み出していない。

1980年代のオランダでは、大手ビール会社の主流スタイルに反発した小規模な醸造所が登場したが、悲しいことに彼らは大手が持つ技術水準までも無視した。無知な所有者が、節約のために生産工程上の基本的な予防措置を惜しんだ結果、酵母の細菌汚染などのトラブルがたびたび起こった。

少数の家族的な老舗醸造所が、新しいビールを求める飲み手たちの要求に応えようと勇敢に動き始めたのは、ほんの最近のことだ。一方、小規模醸造所の第一波となった醸造所のうち、テセル、ヨーペン、ウス・ハイト、テ・エイ（Texel, Jopen, Us Heit, 't IJ,）の4社が、新たな地域醸造所として浮上してきた。しかしテ・エイ醸造所は最近になってベルギーのデュベル・モルトガット社に買収された。

オランダのトラピスト醸造所は由緒あるラ・トラッペ醸造所のみだったが、2013年にもう1カ所が加わった（p.64-65を参照）。伝説的なラ・トラッペ醸造所は現在、家族経営の独立醸造所ババリアによって運営されている。同醸造所はそれ以外に、スーパーマーケットと提携してもっぱら缶ビールを製造している。しかしババリアの修道院醸造所では、なめらかでまろやかなデュベルとトリペル、そしてババリアが独自に開発したクアドルペル（quadrupel）と呼ばれるビールの他、次第に斬新さを増してきた上質なストロング・エールを何種類かつくっている。一方、ブレダ南部の辺ぴな地にある小さな醸造所デ・キーヴィエト（De Kievit タゲリという鳥の名称）では、「ズンデルト（Zundert）」というビールをつくっている。これはオランダの新旧エール醸造の粋を集めたといえる優れたビールだ。洗練されたやや甘めのビールで、アルコール度数が高く、ホップがよく効いている。

オランダの醸造家の第2勢力を特徴付けることは容易ではない。

10年かけて、4銘柄のビールを完成させようと乗り出した醸造所もある。しかし毎月わずか1ダースばかりでなく、もっと多くの種類をつくりたくて苛立たしい思いをしている醸造所もある。

たった1軒のビールカフェのためにビールをつくる醸造所が数カ所あるが、それよりはるかに多くの醸造所が大手飲料専門店「ミトラ（Mitra）」との協定による国家的なブロック経済取引を利用して全国的な販売を行っている。1-2社のスーパーマーケット・チェーンと契約している醸造所もある。

多くの醸造所がいまだに品質の点で行き詰まっている一方、頂点に立つ醸造所は、確かな品質を最優先に掲げている。親しみやすいだけ

上：2013年、オランダで二つ目となるトラピスト醸造所、デ・キーヴィエト醸造所がブレダ南部ズンベルトの地に誕生した。

成功を編み出すには

この10年間にオランダのビール醸造が成し遂げた並外れた進歩は、一国のビール文化を向上させるための参考事例として役に立つ。

重要な点は、事業に携わる全員が認識を統一することだ。大手ブランドやスーパーで売られるワイン、甘いソフトドリンクから売り上げを奪回するには、輸入業者から卸業者、小売店、評論家、醸造家に至るまで、難条件を受容する必要があることを自覚するべきだ。条件とは、「あなたのビールを売る手伝いをする代わりに自分のビールをもっと売る。互いに売り合うことでより良質なビールへと消費者を導けるからだ」、つまり共存共栄である。

この試みは優れた効果を上げているようだ。同国をよく訪れる人々によると、ビールの扱いが、漫然と飲むピンチャ(pintje オランダ語でピルスビールの「小さなパイント」という意味)から、趣味的に多様性を楽しむ対象へと、明らかに変わってきたという。

オランダのビールがベルギー並みに向上してきたという声さえ密かにきこえてくる。こうした意見が広く現実化するのはまだ先だが、新たに登場したオランダの醸造家はベルギーの同業者よりも、おいしくて良質なビールを生み出すことができると言ってもいいだろう。また、ビールづくりの職人から醸造所の経営者になる確率もベルギーより高い。

競争相手同士による協力は、デンマークや米国でも見られる。他の国々も学ぶべきだろう。

上：アムステルダムにあるビールバー「アレンドネスト（Arendsnest）」はオランダ産ビールだけを提供しており、その数は200近くにのぼる。

オランダビールの新たな潮流 | オランダ | 西ヨーロッパ | ヨーロッパのビール | ビールの新興国を知る | 85

上：アムステルダムのオイディプス醸造所（Oedipus）。併設されたビールバーのつくりは雑な上に色彩もでたらめだが、ビールづくりに対する姿勢には何の疑いもない。

左：ボーデグラヴェンのデ・モーレン醸造所にて。新たな実験的ビールの醸造のために摘みたての青いホップが使われる。

下：エメリッセ醸造所のどっしりと重い「インペリアル・ロシアン・スタウト」（11%）と、オイディプス醸造所の遊び心あふれるビール「タイタイ（Thai Thai）」（8%）。オランダにおけるビール醸造の領域を広げる800種余りの新たなエールビールの仲間だ。

で、他と替えがきくような製品ではもはや飲み手の興味を引くには物足りないということを自覚しているのだ。

疑いの余地もないことだが、ほとんどの醸造所が、デ・モーレン醸造所（De Molen）が徐々に発展していった姿に刺激を受けた。この醸造所は新旧を問わず世界各地のビアスタイルを堂々と再現、あるいは新たに創作している。

新しい醸造所の大半はイギリス、ベルギー、米国やドイツなどのスタイルを模倣しているが、独自スタイルを考案するようになってきた。

オランダビールの現状はいわば優秀な青年期といったところで、教師的な視点で見ると、才能豊かな醸造所、強い意志を持つ努力家、熱心だが向こう見ずな部分のある醸造所、他になびきやすい醸造所、能力の欠けた醸造所もある。とはいえ仕事上の没頭だろうと純粋な数字重視だろうと、2015年に生まれたビール醸造所の中には、未来のスターになるべく、かつてないほど明るく輝いている醸造所があるのは間違いない。

旅のアドバイス

- ビールカフェのグラスは冷やして泡立ちを制御するために、ビールを注ぐたびに洗浄される。
- ピーナッツが出されるバーでは殻を床に捨ててよい。これは殻の油分をワックス代わりにするためである。
- ティム・スケルトンの著書『Beer in the Netherlands（オランダのビール）』を読めばオランダビールの全てが分かる。
- 最新情報を得るにはオランダビールの情報サイトwww.cambrinus.nl.が参考になる。
- タバコのヤニで染まった「ブラウン・カフェ」、別名オランダ語でクルーフ（kroeg）と呼ばれる伝統的なパブは、まだ残っているうちにぜひ訪問してみよう。
- アムステルダムにある「アレンドネスト」にはオランダ産ビールの大半がそろっているのでぜひ行ってみよう。
- 泊まったホテルに良質なビールがなかったらいちばん近くにある「ミトラ」の店を探そう。

古いビールの進化系

先見の明のある数人のビール商人が、ある国のビール醸造会社が輸出市場で権威を手にするには、その国独自の特別なビールが数種必要だと予言した（これは正しかったと言えるだろう）。オランダにはボックビールがあるが、これは季節限定品だ。となると他に可能性のあるビールはあるだろうか。

今のところ第一候補はコウト（koutあるいはkuit, kuyt, koyt）と呼ばれる素朴なスタイルのビールだ。一部で「オランダ版のセゾン」とも言われているように、コウトは、正統派のセゾンの創作的特徴を真似ている点がすでに軽率だ。しかし数世紀前の最初の頃の醸造記録が不十分な上に、現在残っている記録には違うことが書かれているのだからしかたがない。民俗的なビールというものは結局のところ普通の人々のビールであり、限られた人々のための貴重品ではない。しかし、主な原材料はオーツ麦だったことは分かっている。いざというときは、現在の「民俗的な」ビールの役割を定義する上で何が必要なのか、誰かが決めなければならないだろう。願わくは、遺伝子組み換え酵母が発見されて特許が取られ、その限定された酵母を使って発酵させたビールなどと規定されないようにしてほしいものだ。しかもその酵母の所有権が、たった一つの高度に組織化された酵母研究所にあるなどという事態は避けてほしい。とはいえ何が起こるかは誰にも分からない。

右：コウトの残留物にはオーツ麦が豊富に含まれており、ビスケットや家畜飼料に使われる。

オランダビールの新たな潮流 ｜ オランダ ｜ 西ヨーロッパ ｜ ヨーロッパのビール ｜ ビールの新興国を知る ｜ 87

左：現在のデ・モーレン醸造所。最高品質のビールをつくるための最新鋭の設備が整っている。

下：昔のデ・モーレン醸造所。ボーデグラヴェンの地に美しい姿で保存された風車の下には間に合わせの機械が置かれていた。

ドイツ

ドイツは世界第5位のビール生産量を誇り、年間約1億リットルが生産されている。
しかも生産量上位の40カ国中、多国籍企業傘下の醸造所の占める割合が
総生産量の半分に満たないのはこの国だけで、わずか38%である。

とはいえ、ドイツがビール醸造の巨人となる夢に無関心というわけではない。世界の6大ビール会社のうち4社が毎年ミュンヘンのオクトーバーフェストに登場するし、ベックス(Beck's)とパウラナー(Paulaner)のように、すぐにドイツと分かる多くのブランドが、そうした巨大企業の直接傘下にある、あるいは事実上、所有されている。

しかし大手企業の影響は控えめで、ラーデルベルガー(Radeberger)とエッティンガー(Oettinger)、ビットブルガー(Bitburger)、クロンバッハ(Krombacher)などの比較的大手の生産者はほぼドイツの会社に所有されている。

残りの市場は約1500の醸造所によって占められ、そのほぼ半分が南部のバイエルン地方にある。なかには趣味に毛が生えたような醸造所もあれば、1軒のパブが経営している醸造所も多いが、大半は小規模な地元企業であり、何世紀も前からの醸造手法に安住している。

生粋の保守的な市場性は、500年前に施行され、現在は撤廃されたもののいまだに拘束力を保っている法律、「ビール純粋令」が大きな原因となっている。この法律は、ドイツビールこそ常に最高のビールであることを保証している。ただしごく狭い範囲での話だ。

歴史的に、ドイツの醸造家は厳しい価格制限の下で高品質のビールづくりを目指してきた。この傾向がひそかに小規模醸造所の成功の足を引っぱり、明らかに世界的企業の関心を遠ざけてきた。この国では、際立って個性

的なビールを目指す動きはめったに見られず、少なくともつい最近までは他国で好まれるビール傾向を真似たりしなかった。しかし国外の消費者の好みが変化したいま、あくまで安いビール造りに走った大手企業の大失態を目の当たりにした既存の小規模醸造所は、自分たちの位置付けを考えざるを得ない状況にある。

ドイツ北部にはハウスブロイエライ(*Hausbrauereien*)と呼ばれるブルー・パブが無数にある。大半はこの25年間にできた店で、淡色ラガーや濃色ラガー、小麦ビールなど、ありきたりな品ぞろえだが、時には季節限定ビールも提供する。

南部の古い小さな町では、家族で経営している醸造所が多く見られ、1種類のみをつくるところから多種多様なブランドを展開している醸造所まで幅がある。軽めと濃色と小麦の3点セットに特化している醸造所や、ひたすら独自路線を歩んでいる醸造所もある。

この国の伝統に根ざした多様性は人を引きつけてやまない。ミュンヘンのビアガルテン(*Biergarten*)では1リットルサイズのマース(*Maß*)と呼ばれる大ジョッキにビールを注いでくれるが、北のケルンに行くとグラスはシュタンゲ(*Stange*)という200mℓサイズに縮んでしまう。

バイエルン州バンベルクのメルツェン(*Märzen*)はスモークハムのような香りがする場合があるが、同じバイエルンのアウグスブルクでは透明で麦芽香があり、体を温めてくれる。ベルリンの伝統的な小麦ビールは軽めで酸味があるのが定番だが、バイエルン地方には果実味がありスパイシーなものがある。

ドイツの素晴らしいビールを楽しんで心躍る発見をしたいのなら、各地を旅しながら飲むのがいちばんだ。ドイツ屈指の醸造家たちは地域限定の英雄で、地元以外ではほとんどその名が知られていないからである。黙っていても見つからないので自分から出かけていって見つけなければならない。

ドイツスタイルのクラフトビール醸造はベルリン周辺が突出しており、バイエルン地方やラインラント地方の田舎でも盛んに行われている。アメリカンスタイルの模倣品を律儀につくっているが、時にはライプツィガー・ゴーゼやベルリナー・ヴァイセといった、ドイツ伝統のビールを復活させる真似事をする。こうした伝統ビールの再発見に取り組んでいる醸造所も多い。

ドイツ全体を見ると、ドイツ人が経営しているビール会社が、執拗なほどの安物ビールづくりを止めるかどうかという疑問が残る。最も従順な飲み手でさえ大量生産ビールに飽き始めているのだから、上質ビールの大規模醸造に熟達している強みを生かして、現在のビール醸造で最大の目標、つまり国際的に通用する優れたラガーを世界に供給することを目指すようになるだろうか。

左:バイエルン地方第3の都市でありドイツの主要な大学の所在地であることを考えると、アウグスブルクに五つの醸造所があるのは驚くに当たらないだろう。

ドイツ ｜ 西ヨーロッパ ｜ ヨーロッパのビール ｜ ビールの新興国を知る ｜ 89

上：ベルリンにあるバガボンド醸造所はドイツビールの新顔だ。ここでは単なる国産ビールではなく、良質なビールづくりを重視している。

左：最近のドイツビールの歴史の代表例は都市部にある。その一例がハッケシャー・マルクト駅近くの鉄道高架下にあるレムケ・ブロイハウスだ。

ヘレスおよびその他のドイツの淡色ラガー

ドイツ南部では、淡い黄金色でホップの風味が軽めから中程度、さっぱりとして爽やかな下面発酵ビールを表す言葉として、「ヘレス（Helles）」という言葉が使われる。これは「軽い」とか「明るい」という意味だ。
一方、「貯蔵する」という意味を持つドイツ語 lagern に由来する「ラガー」は、いくつかの少し熟成させたビールに使われる。

ヘレスはミュンヘンの日常的なビールで、うれしそうな表情のバイエルン人の絵が描かれた、堂々とした大ジョッキが使われる。そのジョッキの種類は数えきれない。最良のヘレスはすっきりと洗練され、のどの渇きを癒やしてくれ、繊細な技巧を凝らした醸造芸術の粋が表れている。一方、たとえ出来の悪いものでも、日常的にがぶ飲みする消費者なら喜んで飲めそうなレベルだ。

おそらく14世紀の頃、バイエルン南部の醸造家たちは、夏につくったビールが劣化する原因が何であれ、アルプスの麓にある寒い洞窟で冷やして醸造すれば傷みを防ぐことをすでに知っていたのだろう。そこで彼らは春の終盤に醸造したビールをそこに貯蔵して、低温で熟成させた。こうして何世紀も前の人々が何も知らずに育成していた、自然進化を遂げた酵母こそ、低温で活性化するラガー酵母として現在知られている酵母なのだ。

ペール麦芽をつくる技術がドイツ南部に登場したのは19世紀の初頭とされている。それはチェコのボヘミア地方にライトボディーで黄金色の熟成されたビールが登場する少し前のことだ。ドイツのビールはさっぱりしていて味わい深さはなく、チェコのスヴェトリ・レジャーク（p.136を参照）

よりもペール麦芽の特徴が強かった。そのため場合によってはデコクション・マッシングよりもインフュージョン・マッシングの手法が使われた。こうして、必ずしも強烈ではないが、かなりの程度の苦味が感じられるようになった。

ドイツでよくきく「ピルス（Pils）」という用語は1960年代から使われ始めた。ドイツのピルスナーの中心地である北部のニーダーザクセン州やライン川上流地域に行くと、淡色のドイツラガーは徐々にホップ香が強烈になって端正な印象が薄れていき、元祖のピルゼン・ビールとはほど遠いものになっていく。

左：1リットル入りのマースはバイエルン地方一帯でヘレスを飲む容器として愛好されている。

代替原料禁止法　またの名はビール純粋令

1516年、バイエルン公国のヴィルヘルム4世は共同統治者だったルートヴィヒ10世とともに、傑作と言える法律を制定した。歴史家によるとこの法は世界で最も長く続いている消費者保護法だという。

当時、小麦の購入をめぐって醸造家とパン屋との間で価格紛争が起こっていた。長年にわたって最も深刻な懸念となっていたのは、醸造家がハーブ、根菜、キノコ、畜産物などあらゆるものをビールに入れていたことだ。これは今も最新の問題ではあるが、この問題が引き金となり、19世紀後半に至るまで「代替原料禁止法」と呼ばれていた法律が制定された。その後この法は「ビール純粋令」と呼ばれるようになった。この絶対的命令は、ビールは大麦とホップ、そして酵母以外の材料を使ってつくってはならないと規定するものだった。酵母が規定

に含まれなかったのは、法の制定時にはまだ発見されていなかったからである。やがて10年もしないうちに例外が設けられた。皮肉なことに、小麦麦芽が材料に加わったのだ。

1871年、宰相ビスマルクの下にドイツ帝国が統一されると、多くの州がこの法令に従い、結果として数多くの歴史的な地域ビールのスタイルが非合法化された。しかしこの法がドイツ全体で順守されるようになったのは1919年、バイエルン公国が新生ドイツに加わる条件として、純粋令を全国的に採択することを挙げてからのことだ。

ビール純粋令は1988年、欧州連合から自由貿易の障壁になると指摘されて公式に撤廃されたが、ドイツの醸造家の多くは今も、新たな法律で使用が許されるようになった砂糖や代替穀物や添加物を使うことを頑なに拒んでいる。

上：昔の法律はみなそうだったが、元祖のビール純粋令は幸いにも短文だった。

ヘレスおよびその他のドイツの淡色ラガー ｜ ドイツ ｜ 西ヨーロッパ ｜ ヨーロッパのビール ｜ ビールの新興国を知る ｜ 91

上：バイエルンにあるビアガーデンホールの多くは、屋外のビアガーデンに比べれば小さく見えるが、
最大のホールは1万人分の席を設けることができ、実際にそれだけの客が入ることもある。

ニーダーザクセンでの風景。人々はビアカフェで
夕暮れどきのビールを楽しんでいる。

濃色ビールとボック

ペール麦芽の製造を可能にした新しい焙燥技術がようやくドイツの醸造所に伝わったのは19世紀初頭のことだ。やがて1860年代になると、醸造家も飲み手も同様に金色のビールに慣れて好むようになった。こうして地域ごとに多種多様な濃色ビールが生まれる余地ができた。

1980年代のドイツビール市場を揺さぶった「ピルス以外のあらゆる」スタイルへの関心の復活とともに、南部のさまざまな濃色ラガーは、ドゥンケル（*Dünkles*）、あるいは時にはミュンヒナー（*Münchner*）という名称でくくられるようになった。しかし厳密に言えば、ミュンヒナーはミュンヘンモルトを使ってミュンヘンで醸造されたビールでなければならない。

この時期に、さらに色が濃い旧東ドイツ産のシュヴァルツビア（*Schwarzbier*：文字通り「黒いビール」という意味）も復活した。

しかし長い間耐え忍んできたビール群の中で最も重要なものは、ボック（*Bock*）に違いない。これはニーダーザクセン州の都市アインベック（Einbeck）で14世紀に生まれたといわれるスタイルで、アインボック（*Eimbock*）という名前で記録されたこともある。ということは、おそらくボックは、最初は貯蔵されたエールだったはずだ。また、記録によれば最初は小麦製のビールだったが最終的には全て大麦でつくられるようになり、低温発酵ラガーとなった。

ボックはアルコール度数の高いビールでもあった。輸出用のビール醸造に依存していたアインベックの醸造家は、アルコール度数が高い方が、ミュンヘンやフランス、イギリス、さらに遠方への輸送中、ビールの保存性が高まると信じていたからだろう。これは正解だった。

現在のボックは通常、甘い麦芽の味わいがあり色が濃いが、明るい色合いのタイプもあり、マイボック（*Maibock*：5月のボックという意味）として知られる。アルコール度数はたいてい6-7%だが、さらに桁外れのアルコール度を誇るドッペルボック（*Doppelbock*：ダブルボックという意味）というタイプもある。このタイプのビール名には通常、スタイルを示すために接尾辞"-ator"が表記される。

信じがたいことだが、こうしたビールは「液体のパン」という扱いをされ、断食中の修道士の栄養分となった。しかもマルティン・ルターは、彼にとって最大の難関となった討論が行われた1521年のヴォルムス帝国議会〔訳注：宗教改革を始めたルターを異端と断定した神聖ローマ帝国の議会〕中に、寄付されたアインベックのビールをすすって持ちこたえたのだ。彼が破門されたのはこのせいかもしれない。

左：ボックはアルコール度数が高いため他のドイツラガーよりも小ぶりで定型化された形のグラスで出される場合がある。

ドイツビールの分類

ドイツのビールは特徴よりも成り立ちに基づいて分類される。例えば酵母が含まれている種類がある。基本的には瓶内熟成だが、イギリスのカスクエールと同じ手法で樽熟成されるタイプもあり、ツヴィッケル（*Zwickel*）、ウンゲシュプンデト（*Ungespundet*）、クロイゼン（*Kräusen*）、ケラービア（*Kellerbier*）に種別される。こうしたタイプには、美しい琥珀色のものもあれば普通の濃色のものもあり、二酸化炭素が弱いタイプもある。ラントビア（*Landbier*）は「田舎のビール」という意味で、ろ過して二酸化炭素を加えたヘレスを、素朴な雰囲気のビールとしてブランド化している。

「ラガー」と名付けられたビールがいくつかあるが、より一般的にはメルツェンは古来、腐敗を防ぐために低温で貯蔵されて夏期に消費されたビールに付けられた名称であり、残ったビールが夏の終わり頃、つまり次の醸造が始まる前に9月の祝祭で飲み干された。このビールは現在オクトーバーフェストビア（*Oktoberfestbiers*）と呼ばれている（右写真を参照）。標準的なタイプは明るめの琥珀色でボディーがあり、麦芽の味わいが強く濃厚である。

新たに登場したエクスポート（*Export*）とスペツィアル（*Spezial*）は、必ずしも熟成されたビールではなく、アルコール度数が淡色のボック程度までのものを示すと思われる。フランコニア地方（p.94-95を参照）にはさらに規定がある。

右：ミュンヘンのホフブロイハウス醸造所（Hofbräuhaus）で造られる名高いビール「オクトーバーフェストビア」は、実はシーズン終盤のメルツェンである。

フランコニア地方のビール

ドイツ人のビール消費量は膨大で、2014年の1人当たりの年間消費量は110ℓにもなった。バイエルン州の消費量はさらにこの2倍といわれ、同州の北部にあるアッパー・フランコニア地方（オーバーフランケン）には300近い老舗の醸造所があり、人口1人当たりの醸造所数は世界で首位を誇る。

そのほとんどは小規模で地域的な醸造所で年間製造量はわずか100万ℓ程度だが、地域色のある多種多様なスタイルのビールが造られ、ドイツの他地域とはやや異なる専門用語が使われている。この地を訪問すると、フォルビア（Vollbier：醸造所の主要ビール）、ラントビア（Landbier：特定地域の地ビール以外に定義はほぼない）、そして、ほどよく二酸化炭素が含まれ、樽から直接つながっているウンゲシュプンデト・（Ungespundet：栓を抜いたという意味）ビールに出合う。

この地方で最も有名なビールはラオホビア（Rauchbier）と呼ばれるいぶした感じのあるビールで（下記を参照）、バンベルクの誇りともいえる特別なビールだ。10カ所の醸造所があるバンベルクは、その都市景観がユネスコの世界遺産に指定された美しい都市で、まるで美術品のような無数の建物群が保存され、年間を通してさまざまな文化的イベントが開催されている。こうした点からアッパー・フランコニア地方の観光拠点として最適な都市であり、ドイツ旅行の行き先には必ず名を連ねるだけでなく、ビール愛好家にとっても必須の訪問地となっている。

左：ユネスコの世界遺産に指定されているバンベルクの素晴らしさはビール醸造だけでなく、その建築物にもある。

> **旅のアドバイス**
>
> - ドイツの醸造所の大半は稼働時間中であれば一般客にも直接ビールを販売する。
> - 半分以上の醸造所には醸造所内あるいはその付近にタップハウス〔訳注：醸造所が自社ビールを多く扱う直営飲食店〕がある。
> - パブではテーブルで相席するのはよくあることだが、必ず事前に許可を得ること。
> - ただし例外があり、スタムティッシュ（Stammtisch）と呼ばれる常連用テーブルには招かれない限り座らないように。
> - 最新情報を知りたい場合はドイツビールの情報サイトwww.germanbreweries.comが参考になる。フランコニア地方に関する情報はwww.bier.byがお勧めだ。
> - バイエルン地方でよく開催される地元のビールフェスティバルは通常、大きな祝いごとの一環として開催される。
> - バンベルク、ミュンヘン、デュッセルドルフ、ケルン、そしてベルリンはぜひ訪れてみよう。

バンベルク名物ラオホビア

大麦の焙燥度合いを自在に調節できる焙燥炉が登場する前の麦芽は、薪の火で乾燥されることによって色と燻製香がある程度ついた。世界中の醸造所のほとんどがこうした風味から遠ざかっていくなか、バンベルクではこれが存続され、やがてこの地域ならではの特産ビールとして賞賛されるようになった。

このスタイルはラオホビアという総称で知られ、燻製香の程度は原材料に占める燻製麦芽の割合と、焙燥された場所によってかなり異なる。

ヘラー・トゥルム醸造所（Heller-Trum）では自社内でブナ材を使って大麦を焙燥し、「エヒト・シュレンケルラ（Aecht Schlenkerla）」という、このスタイルで最も有名かつ燻製香が強いビールをつくっている。スペシャル・ビールを扱う店なら世界中どこでもほぼ見つかる。バンベルクの街中にあるタップハウス「シュペツィアル（Spezial）」には燻製香が穏やかで繊細な銘柄もあり、やはり醸造所が自前で焙燥した麦芽が使われている。

このような手法でビールを造る醸造所がこの地域には約70カ所あるが、大半は限られた時期につくっている。一方他の国々ではバンベルクにある製麦会社ワイヤーマン社から燻製麦芽を仕入れ、このスタイルを模倣したビールをつくっている。

右：エヒト・シュレンケルラ・ブランドのビール。写真の正統派メルツェンとあまり知られていない小麦ビールは、全体的に見て最も燻製香が強く、フランコニア地方でよくつくられるタイプだ。

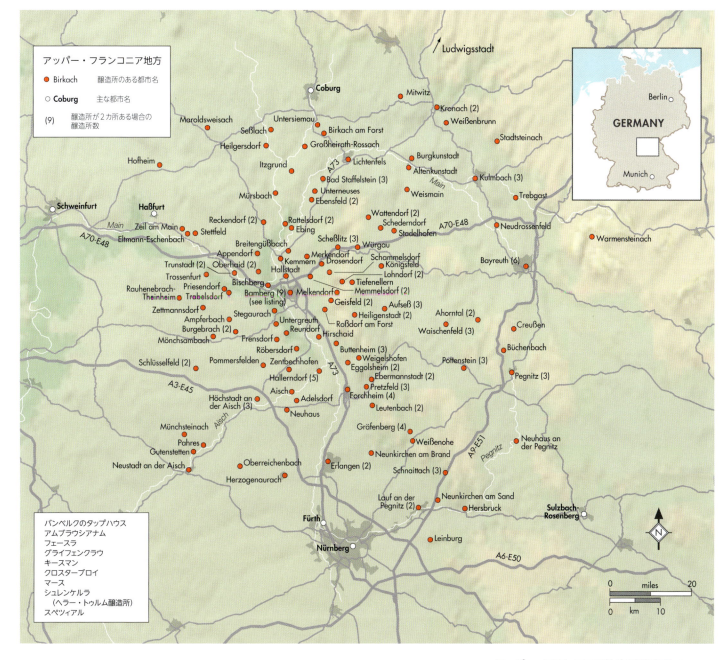

アッパー・フランコニア地方の醸造所 ▲

アッパー・フランコニア地方のバイエルン州の地理的境界は行政区分よりも精神的要素で区分される。美しい自然と印象的な古い町の風景が見られ、歴史ある醸造所の密集度合いは世界屈指である。地図には老舗の醸造所を紹介し、そのほとんどがタップハウスを経営している。

その他のスモークビール

クラフトビール醸造所の飽くなき実験精神のおかげで、あらゆるタイプのスモークビールが見つかるが、その製品寿命は短い。旧世界ではポーランドのグロドジスツ（Grodzisz：p.144を参照）だけが何世紀も生き残ってきたビールとして知られている。これに次いで長生きしている燻製ビールは、アラスカン醸造所にとって新規開拓となったビール、「アラスカン・スモークト・ポーター」（アルコール度数6.5%）だ。1988年に初登場して以来、今も製造年代入りでつくられている。バンベルクで造られるメルツェンのいとこ的なビール同様、世界のどこでも通用する逸品だ。

左：バンベルクにあるヘラー・トゥルム醸造所の焙燥炉では今も人の手によって燃料の木材が投入されている。

バイエルン地方のビールとその他の小麦ビール

現代のようなラガービールが登場した1840年代より前のバイエルン地方のビールは大きく2種類に分かれていた。一つは燻製香がしてボディがあり、貯蔵されたブラウン・エール、もう一つはライトボディで新鮮な味わいのホワイトビールつまり小麦を使ったビールである。後者にはさまざまなタイプがあるが、バイエルン西部とバーデン＝ヴュルテンベルク州の一部でつくられるビールが傑出している。

皮肉なものである。ビール純粋令（p.90を参照）の本来の目的は小麦をビール醸造に使わせないようにするためだったというのに、あっというまに小麦ビールは復活したのだ。ただし税率は通常のビールより高くなったため、生産量は抑えられた。

1602年、バイエルンの選帝侯マクシミリアン1世は税率の格差を廃止した代わりにビール醸造を免許制とした。生産価格の下落にともなって小麦ビールが大いに人気を呼び、選帝侯の一つヴィッテルスバッハ家は、この人気に乗じて醸造権を専売化してしまったほどだ。

しかし一族の独占事業は1798年、小麦ビールの人気の凋落とともに終わりを迎える。すっかり人気の衰えてしまった小麦ビールだったが、1872年、ミュンヘンの醸造家ゲオルク・シュナイダー（p.97を参照）が醸造免許を取得し、ようやく復活が試みられた。

バイエルン地方の小麦ビール、とりわけヘーフェ（Hefe：大まかに「酵母入り」という意味）という接頭辞が付いたビールが知られているが、単に使われる穀物が理由で有名というわけではない。厳密に言うと、こうしたビールは際立った特徴を持つ酵母によって発酵される。この酵母はバナナのようなエステル香（p.25を参照）やクローブのアクセントを感じるスパイシーな味わいをビールに加える。小麦から柑橘系の香りや胡椒のような特徴も生まれる場合がある。ろ過されて透明になったものはたいていクリスタル（Kristall）という用語で呼ばれ、濃色の麦芽が使われたものはドゥンケル・ヴァイス（Dünkel Weiss：直訳すると「暗い白」。この場合の白は「白濁」の意）になる。時にはシュヴァルツァー・

バーデン＝ヴュルテンベルク州とバイエルン州で小麦ビールを造る醸造所 ▶
小麦ビール自体はドイツ中のブルーパブで見られるが、その中心地は同国の南西部にあり、あらゆる種類の専門的醸造所が豊富にある。

下：小麦ビールをつくる醸造所にて。伝統的な開放型発酵槽から酵母をすくい取っている様子。

中世ヨーロッパにおける小麦ビール製造地帯

かつてバイエルン以外のドイツおよびヨーロッパ全土でも小麦ビールが醸造されていたが、そのスタイルはバイエルンと大きく異なっていた。ハノーファー近郊のゴスラーが発祥地とされながら、19世紀にはライプツィヒの特産品として扱われたゴーゼ（Gose）は、酸味のあるスタイルに造られ、アイリッシュ・スタウトと同様、糖化時に塩が加えられている。1960年代には一度消滅したが、ビール純粋令の廃止とベルリンの壁の崩壊後に復活し、少数の醸造所がコリアンダーを加えて造っている。

もう一つの地域産ビールであるベルリナー・ヴァイセ（Berliner Weisse）は通常、アルコール度数が低く（2.5-3.5％）、乳酸由来の強い酸味が特徴だ。このスタイルの大半が米国産という事態になったが、最近、ベルリンのブルーバーカー醸造所（Brewbaker）とポツダムのブラウマヌファクトゥア醸造所（Braumanufaktur）などのクラフトビール醸造所が、大手食品会社エトカー社が販売している売れ行きトップの商品に改善を促した。その結果、このビールの魅力である酸味が、控えめどころかすっかり抑制され、必要もないのに、すぐに飽きられそうな甘いシロップが加えられ、ラズベリーや車葉草などのハーブで味わいが足されるようになった。

地域に残る伝統製法の記録には、燻製麦芽や果実や香草、寝かせておいた穀物などが使われたと記されている。さらには、バイエルン以外のドイツでそれまで使われてきたが、ビール純粋令によって1919年、違法化された多様なスタイルが多数ある。実験精神豊かな醸造家たちがこうしたビールを復活させてくれるのを期待しよう。

上：近年ベルリーナ・ヴァイセは発祥の地で試験的ながら復活を遂げつつある。

バイエルン地方のビールとその他の小麦ビール | ドイツ | 西ヨーロッパ | ヨーロッパのビール | ビールの新興国を知る | 97

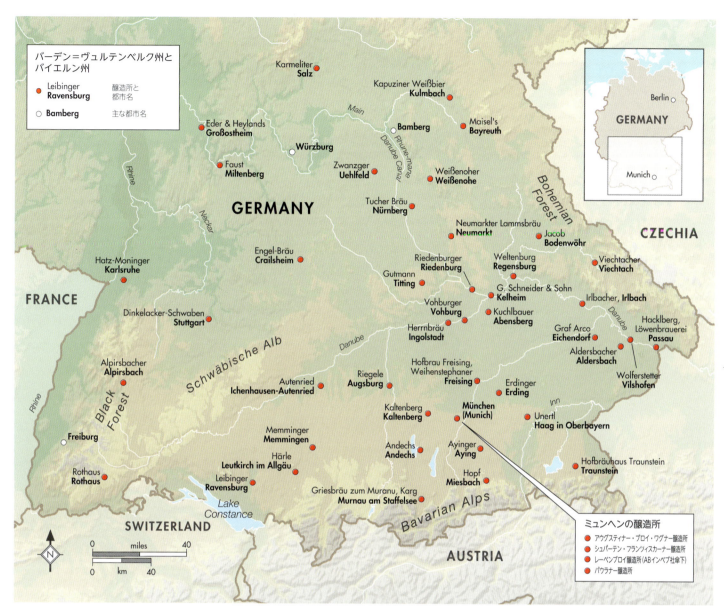

ヴァイス（*Schwarzer Weiss*：「黒くて白濁」という意味）というものまである。最近は、フルボディー寄りのヴァイツェンボック（*Weizenbock*）とアイスボック（*Eisbock*）も人気となってきたが、アイスボックが伝統スタイルの復活版か否かについては議論の余地がある。

現代の小麦ビールの仲間がどこまで広まり出したのかが如実に表れているのは、ドイツで復活させた大元であるケルハイム醸造所の「ゲオルク・シュナイダー＆ゾーン」ブランドだ。現在醸造所を経営するのは初代から数えて6代目のゲオルクだが、昔から変わらず、ドイツの小麦ビールの基準的な存在となっている。

右：グートマン醸造所のあるティッティングに残るヴァッサーシュロス〔訳注：濠に囲まれた城〕。

ノルトライン・ヴェストファーレン地方の
ビール2種

ひと口すするだけでどんなビールなのか理解できるビアスタイルがある。
ドライ・スタウト、アメリカンスタイルのペールエール、そして小麦ビールの大半は、飲むとすぐに正体を見せ、
2、3の言葉で的確に特徴付けることができる。その一方、なかなか姿を現さないビールもあり、
正しく味わうにはその産地を追跡するのが最良の策だ。デュッセルドルフで生まれたアルト（*Alt*）あるいは
アルトビア（*Altbier*）、そしてその近くのケルンで生まれたケルシュ（*Kölsch*）がそれに当てはまる。

アルトビア

アルトビアは文字通り「古いビール」を意味し、発祥の地はデュッセルドルフの旧市街（*Altstadt*）だが、その地域全体でさまざまな派生タイプが造られている。

低温発酵と低温熟成の技術がドイツを含むヨーロッパ全土に普及した19世紀後半、一部でこの新技術への反発が起こり、中でもドイツ北西部で激しかった。デュッセルドルフでは長期低温熟成のラガービール（p.25を参照）に譲歩する動きがあったが、上面発酵のエール酵母はそのまま守られ、両者のハイブリッド的なビールが生まれた。

しかし、なおもアルトビアには不可解な部分がある。たいていは濃い茶色だが、焙燥らしさよりも土を思わせる特徴があり、ホップの特徴がかなり強く、苦味よりもさっぱりとした感じが強く訴えてくる。加えて低温熟成されるために、まろやかなエールらしい性質を明らかに備えているものの、控えめである。

さらに、ようやくこのスタイルを把握したと思え

スタイルのない都市

ドルトムンダー（*Dortmunder*）と呼ばれる麦芽香の強い淡色ラガーから外国人が連想するのはドイツ北部の都市だが、当のドイツ人は違う。ピルスナーとブドヴァイゼルといえばチェコが思い浮かぶように、ドイツ人がドルトムンダーから認識するのは、そのビールがたいていヴェストファーレンの古い中心都市に唯一残った大手醸造所で造られているであろうということだ。いやむしろ最近好調なサッカーチーム、ボルシア・ドルトムントを思い浮かべるだろう。

実際、ドルトムント産ビールの大部分は、同国の他の大手醸造会社が造るビールと区別がつかないし、特徴的なものが若干あるとしても、せいぜいアルコール度数が高いかフルボディ寄りといったところだ。

神話が生まれたのは第二次世界大戦後のことだ。空襲で壊滅したルール工業地帯の中心都市ドルトムントを復興させようという強い気運と、多くの米英進駐軍の存在、そして地元にある二つの醸造所が展開した粋な広告宣伝による相乗効果が起こった。

その結果、ドイツでも米国でも「ドルトムンダー」の名前を冠したボディのある金色のラガーが造られるようになり、ビール審査会では存在もしないスタイルの最高賞に賞金が授与されるのだ。

右および次ページ左：イリノイ州のツー・ブラザーズ醸造所で造られる「ダッチ・アルファ・スーパー・ドルト」と「ドッグデイズ」。いわば預言者なき使徒たちだ。

ノルトライン・ヴェストファーレン地方のビール2種 | ドイツ | 西ヨーロッパ | ヨーロッパのビール | ビールの新興国を知る | 99

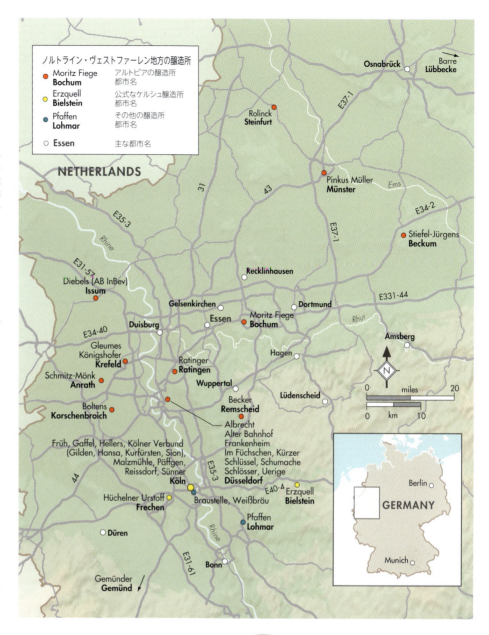

**ノルトライン・ヴェストファーレン地方の
アルトビアとケルシュを造る醸造所▶**
ここを訪問する際は、この地図に示された醸造所とアルトビアあるいはケルシュの大酒飲みとの関係は、地元のプロサッカーチームとの関係に似ているということを覚えておこう。もしどのビールを好むかときかれたら、地元産のビールを答えておくのが無難だが、そうでなければ何も言わずにおいたほうがいい。

たとしても、デュッセルドルフの醸造所は時折スティッケ（*Sticke*。「秘密」の意味）という名の、ボディがあり色が濃く、なおかつ魅力あふれる特別なアルトビアをつくることがあり、事態をややこしくしてくれる。

デュッセルドルフは便利な所にあり、川沿いの魅惑的な旧市街が訪れる人を引きつける。そしてタップハウス同士が近接しているため、歩いてあちこちと店をはしごせずはいられない。おまけにドイツ鉄道に乗って郊外へ数駅の旅をすれば、独自製法でアルトビアをつくっている醸造所のある小さなまちへと行くこともできるのだ。

左ページ：デュッセルドルフのビールバー「ツム・シュリュッセル（*Zum Schlüssel*）」にある醸造所は、にぎわうビアホールに隠れて見落としてしまいがちだ。

左：写真にあるシュリュッセル醸造所（Schlüssel）とシューマッハ（Schumacher）、フュクスヒェン（Füchschen）、ユーリゲ（Uerige）の四つの醸造所はデュッセルドルフの遺産とも言える老舗のアルトビア醸造所だ。一方キュルツァー醸造所（Kürzer）は新しい設備を備えている。

ケルシュ

　ケルシュは淡い色合いと繊細な香りを持ち、アルコール度数は低く、存在感を主張するような強烈なホップ香もない。そのためありきたりなビールと誤解されがちだが、実は手ごわい相手である。

　十数社ほどのケルシュ生産者は欧州連合の加盟国に許された最高に厳格なスタイル保護規定を制定したばかりか、原産地統制呼称（*appellation contrôlée*）も規定している。欧州連合内で統制呼称を申請する場合は、1985年のシェンゲン協定〔訳注：欧州の国家間で人や物の移動を自由化した協定〕に加盟した地域内の都市とその周辺で醸造されたビールおよび近隣の老舗の専門生産者によって醸造されるビールでなければならない。

　ラベルや宣伝に「プレミアム」などの形容語句を使って製品価値を誇張することは禁じられ、注ぐグラスの形とサイズも、200mℓサイズの円筒形をしたシュタンゲというグラスに限定されている。

　こうした厳しい規定は、アルトビアのようにエールの温度帯で発酵させてラガーのように熟成させるタイプのビールにとってはかなり面倒なものだろう。ケルシュを、渇きを癒す水代わりのビールと片づけるべきではない理由を理解するには、最高の状態で飲む必要がある。つまりケルンに行って、加圧されていない樽を開栓して1時間以内に直接注がれたケルシュを飲むしかないのだ。

　ケルシュは、最初に感じられる柔らかな果実味からさっぱりとして食欲をそそる後味までの間に、繊細でひねりの効いた味わいが切れ目なく続く。ホップの味わいが際立つものもあれば、ふわふわと舌触りが柔らかいもの、独特な麦芽香が強く表現されたものもある。

　市内にある醸造所が直営するアウスシェンケ（*Ausschänke*）と呼ばれるレストランやバーの多くは、重々しくそびえたつ大聖堂から隠れるように曲がりくねった小道沿いにあり、さまざまなビールと雰囲気を提供しているが、形式は同じだ。青い服を着たケーベセ（*Köbesse*：デュッセルドルフ周辺の方言）と呼ばれるウェイターが、樽からグラスに注ぎたてのビールを載せたトレイを持って通路を回っていて、空いたグラスはすぐに満杯のグラスと交換され、コースターに印が付けられて何杯飲んだか分かるようにする。

　客がコースターをグラスの上に載せるとグラスは交換されなくなり、コースターに付いた印を数えて勘定を払う仕組みになっている。そうして楽しい時間は続いていく。

　ビアバーでの時間を最高に楽しむにはペフゲン（*Päffgen*）、マルツミューレ（*Malzmühle*）、ズンナー（*Sünner*）など、大手ビール会社に属さずに独立を保ってきた醸造所とその直営店を狙うのがお勧めだ。

上：ペフゲン醸造所のビアホールは毎晩のように地元民とさまざまな土地からやってくる観光客であふれている。

下：ケルン大聖堂は市内のケルシュ醸造所を巡る旅の出発地点として最適だ。

ドイツビールの新たな潮流

ドイツでは大手のビール会社でさえ従来から一様に「可もなく不可もない」ビールをつくってきた。
おそらくこの事実が、この国でビールづくりの危機的状況への反対運動が起こらない理由だろう。
しかし国ぐるみの孤立状態は脅かされようとしている。ビール純粋令に反していようと、
他の国々で現代的な最高の手法でつくられているタイプのビールを求める声があるのだ。

ドイツの新興勢力はこれまで、近年のクラフトビール醸造家の登場前の米国で生まれたビールを中心に、他国のビールの模倣品ばかりをつくってきた。また、老舗醸造所を含むいくつかの生産者たちは、あくまで既存スタイルを元に新たなスタイルを育てようとしてきた。

老舗のなかでもバイエルン州のメルケンドルフにあるフンメル・メルケンドルフ醸造所（Hummel Merkendorf）は、バンベルクを中心とするフランコニア地方の同業者から距離をおいている醸造所のなかで傑出している。小麦ビールの元祖であるシュナイダー＆ゾーン醸造所（Schneider & Sohn）は、「ヴァイセ・タップ X・マイン・ネルソン・ソーヴィン（Weisse Tap X Mein Nelson Sauvin）」など話題のビールをつくっている。また、ヴァイエンシュテファン醸造所（Weihenstephan）〔訳注：現存する世界最古のビール醸造所〕の進化形ビールにも注目すべきだ。あるいは小規模なところではニュルンベルクの南部ティッティングにあるグートマン醸造所（Gutmann）も注目に値する。

オーストリアとの国境に近いペッティングにあるシェーンラム醸造所（Schönram）は、老舗として初めて、英米タイプのエールを、クラフトビールまがいの模倣品を売るビール会社との一度限りの契約商品にはせずに、自社製品化した醸造所の一つだ。

注目すべき新設醸造所もある。トルヒトラヒングにあるカンバ・ババリア醸造所（Camba Bavaria）、メルレンブルク＝フォアポンメルン州シュトラールズントにあるシュトゥルテベーカー醸造所（Störtebeker）、バーデン＝ヴュルテンベルク州バートラッパッハウにあるヘフナー醸造所（Häffner）などだ。そしてニュルンベルクの北、シュナイトにあるゲンスタラー醸造所（Gänstaller Bräu）は「アフミカトア（Affumicator）」（アルコール度数9.6%）という燻製ビールを生み出した。これはヘラー・トゥルム醸造所がじっくり展開してきた「エヒト・シュレンケルラ」シリーズを超える最高のラオホビアに匹敵する。

バイエルン州のクルー・リパブリックとラインラント地方のフライガイスト（Freigeist）は委託醸造をするビール会社として優れている。

ドイツにおける「クラフト」ビール市場はまだ小さいかもしれないが、その中味に嘘はない。大手ビール会社はいまだ財布のひもの固い高齢者市場をターゲットにしているようだし、小規模な老舗醸造所は価格的な締め付けに挑戦するのを恐れている。しかしここに紹介した新規参入者たちは、世界屈指のビール愛好者たちを新たな地平線へと導く無限の可能性に着目している。

上の写真2枚：クルー・リパブリック醸造所は大胆にも、保守的なバイエルン地方の飲み手たちの目を覚まし、彼らにホップの名産地ハラタウ以外のホップの香りを味わわせようとしている。

オーストリア

有名なディスカウント・ストアの隣で洗練された店を経営するのは決して容易ではない。向かいに評判のいい高級ブティックがあればなおさらだ。オーストリアの醸造家がどうすれば近隣のドイツやチェコよりも抜きんでた存在になれるのか悩むのも無理はないだろう。

オーストリアの醸造所アントン・ドレハー社は現在、同社の創業者アントン・ドレハーがラガービールを商業化した元祖であり、ウィーン近郊のシュヴェヒャトで1841年に始めたという主張を強く掲げている（下記を参照）。彼はウィーン麦芽を使って褐色を帯びた赤いウィンナー（Wiener）・ラガーをつくった。一方、ウィーン南東部シュヴェヒャトにあるブロイ・ウニオン社（Bräu Union）とウィーンの独立醸造所オッタークリンガー（Ottakringer）も最近、同様のビールを復活させた。しかし全体的に、現代のオーストリアでは醸造所もバーの経営者も、このスタイルを地元の特産品として尊重しておらず、ドイツのヘレスやメルツェン、ドゥンケル、シュヴァルツビールを好んで模倣している。

オーストリアはビール純粋令（p.90を参照）に従う義務はなかったが、そのためにドイツ語圏の南東の片すみでつくられたビールは、ドイツから見下された。とはいえ、もし1918年にオーストリア＝ハンガリー帝国が崩壊しなかったとしたら、今ごろオーストリアとボヘミア地方のビールにどんな共通点が生まれていたことだろう。

オーストリアでは現在、約220のビール醸造所が操業中で、その6割がブルーパブである。同国のビールの半分以上がブロイ・ウニオン社から販売されている。同社はハイネケンの傘下にありながら9カ所の異なる醸造所を運営し、万人向けの平凡な事業運営をあえて避けている。オーストリア国内でずっと成功を収めている理由はこの点にあるのだろう。信じがたいほど昔から家族で経営してきた醸造所が多くあり、このうち九つの醸造所が「ブロイ・クルトゥア（Bräu Cultur）」という協同組織を形成している。

東南部シュタイアーマルク州からスロベニアまで広がるホップの栽培地域ではスティリアン・ホップがつくられ、その多くは有機栽培されている。オーストリアの醸造家たちはこうした地元産の原料を使って、「ビオ（Bio）」と呼ばれる完全なオーガニック・ビールをつくろうと意欲的だ。

この国の名産ビールがさらにもう一つ必要となったら、シュタインビア（Steinbier：石のビールという意味）を候補に考えるのではないだろうか。他の地域ではつくられなくなり、オーストリアの独自品となりつつあるからだ。この伝統的なビールの製法は、真っ赤に焼けた石を麦汁に投入して煮沸することにより、カラメル化とかすかな

上：オーストリアはヨーロッパで第三位のビール消費国だ。

ラガー発祥の地はどこか

ラガーの創始者として認められるのは誰かという疑問は、「ラガー」をどんなビールと考えているかに大きく左右される。

何世紀もの間、ヨーロッパ中央部のほとんどの地域では、温暖な季節にビールをつくると腐敗するという難点のため、醸造の季節が限定されていた。ミュンヘンでは、この期間は聖ミカエルの日に当たる9月29日から聖ゲオルグの日である4月23日までと決められていた。

ヨーロッパ各地でそれぞれ独自の保存方法が発達し、ランビックやビエール・ド・ギャルド、セゾン、メルツェンに代表されるように、オーク樽に貯蔵するのも一つの手段であった。ドイツのバイエルン地方の一部やチェコのボヘミア地方、オーストリアでは、夏も冷涼なアルプスの麓の洞窟や地下の貯蔵所が、ビールを良好な状態で保つのにうってつけの場所であることが知られていた。冷たければ冷たいほど好都合だった。

自然に冷蔵貯蔵されたビールが初めて商業化されたのは1841年、アントン・ドレハーが売り出したヴィエナ・ラガーであったのは疑う余地がない。続いて1842年、チェコのプルゼニュにあるブルガー醸造所（Burgher）のヨーゼフ・グロルが初めて黄金色のビールを冷温熟成させたとされている。それに先立ってオーストリアで1835年、そしてミュンヘンで1837年にすでに冷温熟成が行われていたという主張もあるが、明らかな証拠を特定できていない。

こうしたビールは当初、特定地域の名物としてのみ知られ、輸出されることはまれだった。世界中に広まったのは、商業用の冷蔵設備が発達した1870年代になってからのことだった。

右：オーストリアの醸造家は決して想像力が劣ってはいない。キースバイズ醸造所（Kiesbye's）の「ヴァルトビア（Waldbier：森のビールという意味）」は開放型発酵槽で3日間かけて発酵される。しかもモミの木の下に置かれて野生酵母に発酵させるのだ。そして屋内で半年から1年間にわたり木樽熟成される。

右：ローストポークのナックルとたっぷりのビールはウィーンのレストラン「シュヴァイツァーハウス（Schweizerhaus）」の名物だ。

いぶした感じという好ましい組み合わせの特徴を生む。

　オーストリアが取り入れたドイツスタイルのビールは本国をしのぐ可能性がある。トルマー醸造所（Trumer）とツィプファー醸造所（Zipfer）のピルスはいずれも世界屈指の品質だし、多種多様な小麦ビールも印象的だ。オーストリアでよく見られるメルツェンはドイツの同様タイプに比べるとさっぱりとして、口に含むとすぐに特徴が現れる。

　新興のクラフトビール醸造所が約200カ所にのぼるオーストリアだが、そうした醸造所でつくられるエールは世界のあらゆるスタイルが入り混じり、生産者やブランド、醸造所の運営者の間で、造り方や技術品質が大きく異なっている。しかもこの国にはイギリスのブルードッグやオランダのデ・モーレン、ノルウェーのヌグネ・エウに匹敵するような個性的な醸造所がない。しかしオーストリア北部には、ドナウ川沿いにシュティフト・エンゲルスツェル修道院のトラピスト醸造所という素晴らしい造り手がいる。ただ残念ながらビアバーは併設していない。

訪問客を歓迎するオーストリアの醸造所 ▼

オーストリアに約220カ所ある醸造所の6割が、醸造所の近隣にあるパブやホテル、ゲストハウスなどのためだけにビールをつくっている。そうでない醸造所も、華やかな、または素朴な、あるいは豪華なタップハウスを運営しているところが多い。この国で復活しつつあるビール文化を見極めたいのなら、醸造所を巡り歩いて、時として目を見張るほど素晴らしい一杯を味わう体験に勝る方法はない。

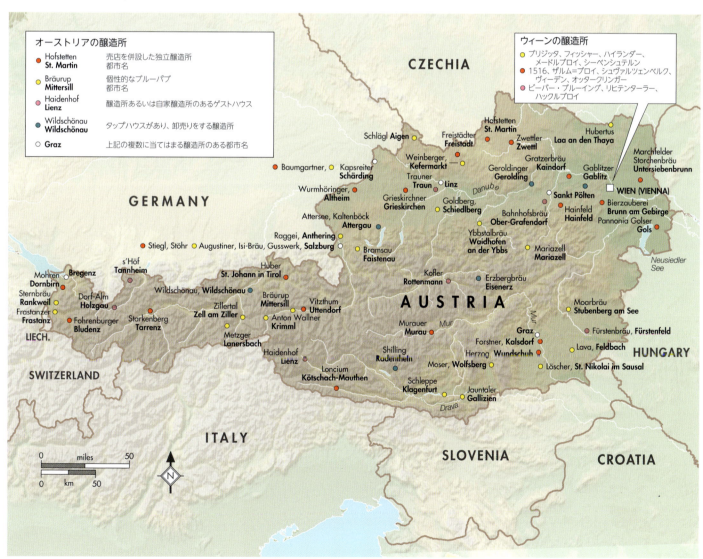

スイス

19世紀の中頃までスイスのビール消費量は少なかったが、
少なくとも計画上は、いまや人口1人当たりの醸造所数が世界一である。
かつては未発達な交通網がビール醸造の足かせだったが、現在は貿易上の複雑な制限が心配の種だ。

同国の醸造所数は作為的に多い数値となっている。これは趣味でビールをつくる自家醸造家が少量のビールを友人知人に売ることができるよう、醸造免許のハードルが低めに規定されているためだ。それでもなお、その根底に目覚ましい潮流が潜んでいることは否定できない。

初版で私たちは、土地不足に最も苦悩しているのはスイスではないかと書いた。誰に尋ねるかにもよるが、当時スイスには130から190の醸造所があった。

大まかな数字では現在600近くの醸造所があるとされ、人口1万3500人当たりに1カ所の割合になる。しかしこの半分近くは少量のビールをつくって売る自家醸造家で、純粋に事業として展開している醸造所ではない。

14カ所の小規模な独立系の老舗醸造所と新登場した最大の醸造所の間にも規模的に大きな隔たりがある。小規模醸造所の市場シェアはわずか3％に過ぎないのだ。

スイス独自のビールスタイルというものはなく、三つに分かれた言語圏ごとにビールの慣習も異なっている。ドイツ語圏の東部ではラガーが主体だが、フランス語圏の西部ではベルギーの影響がありエールが好まれる。ゆっくりとした歩みではあるが、スイスビールは確実に前進している。

右：スイスにあるカールスバーグ社のフェルトシュレスヒェン醸造所（Feldschlösschen）にはこのような巨大で高速な瓶詰めラインがあり、たいていのクラフトビール醸造所で1日かけて瓶詰めする量をほんの数分でこなしてしまう。人手もはるかに少ない。

右ページ：夏でもスイスアルプスの風景は息を飲むほど素晴らしいが、こうした地形のために何世紀もの間、土地に固有のビール醸造文化の発達が妨げられてきた。

注目すべき醸造所

スイスのドイツ語圏で最高の老舗醸造所は、アッペンツェルのロッヒャー醸造所（Locher）だが、ベルンのフェルゼナウ醸造所（Felsenau）も負けない。チューリッヒのストーム＆アンカー醸造所（Storm & Anchor）やラッパースヴィール＝ヨーナのビア・ファクトリー（Bier Factory）とザンクト・ガレン醸造所（St. Gallen）は一般的なクラフトビールをつくっているが、時に卓越したビールが見られる。ヴィンタートゥールのドッペル・ブラウヴェルクシュタット醸造所（Doppelleu Brauwerkstatt）は従来ドイツ寄りのラガーをつくっていたがエールに転向した。フランス語圏では、ジュラ州のフランシュ・モンターニュ醸造所（Franches-Montagnes）が過激なビールをつくっている。ヴォー州のトロワ・ダム醸造所（Trois Dames）では安定的に良質なビールがつくられ、ローザンヌのラ・ネブリュー醸造所（La Nébuleuse）のビールも印象的だ。イタリア語圏の代表的な醸造所ティチーノ（Ticino）は残念ながら近ごろ倒産した。

左および上：持ち帰り用ビールをつくるアッペンツェルのロッヒャー醸造所のように、スイスビールは魅力を増しつつある。瓶詰めビールに要注目だ。

スイス ｜ 西ヨーロッパ ｜ ヨーロッパのビール ｜ ビールの新興国を知る ｜ 105

フランス

ビエール・アーティザナル（bière artisanale）、すなわちクラフトビールという用語を新たに考案したのは
ベルギーの醸造家だったかフランスの醸造家だったかという疑問について結論を下すことはしない。
1969年以来、フランスのビールラベルにこの用語が使われるのを見てきたと言うだけにとどめておこう。

Bière（ビール）という言葉が、現代のように穀物を発酵させた飲み物を示す言葉としてフランス語に使われるようになったのは14世紀のことだ。とはいえ、すでに7世紀からアルザス地方の修道院が地域の住民と共同で醸造を行っていたことを示す証拠はある。

アルザス地方は現在も伝統ビール醸造の中心地であり、中心都市ストラスブールでは16世紀から19世紀にかけて、ミュンヘンと同じように醸造の季節が聖ミッシェルの日から聖ジョルジュの日までと限定されていた。フランスの他地域にも同様な習慣があった。

1789年に起こったフランス革命は独立醸造所の発展の原動力となり、それから1世紀の間に同国には4000を超える醸造所が存在するようになった。やがて1890年、フランス初の醸造家の団体となったブラッセリー・デ・ラ・マース（Brasseries de la Meuse）が組織化された。

1914年から1918年まで続いた第一次世界大戦はフランス北部のビールづくりと製麦産業に深刻な損害をもたらした。しかしフランスのビール醸造を組織的にも経済的にも破壊したのは第二次大戦（1939-1945）だった。

1959年、シャルル・ド・ゴールが大統領に就任した頃、フランスはまだ経済的に荒廃していたが、地域に密着した小規模な醸造所の連携が見られた。しかし15年後、後任のジョルジュ・ポンピドー大統領が在任中に亡くなった頃には、ひと握りの地域的なクラフトビール醸造所以外は、6大メーカーに吸収され、そのどれもが、フランス人が所有する醸造所と断言できる醸造所ではなくなっていた。

この時期に新設された唯一の醸造所は、1985年、ブルターニュ地方のモルレーに生まれたドゥ・リヴィエール醸造所（Deux Rivières）だった。まだ地域醸造所の小さなブームが起こる前だ。2000年を迎える頃、他の地方でフランスのビール醸造文化の復活の兆候が見られた。ワインがつくられていないあるいはあまり盛んでない、北部のベルギー国境付近でのことだ。

それから15年が経ち、アルプス山脈からピレネー山脈まで、そしてイギリス海峡から地中海まで、まさにフランス全土で小規模醸造所が大幅に増加した。本土にある95の行政区のうち醸造所がないのは3カ所のみで、国全体の醸造所数はいまや750を超えている。

飲食物に関しては嬉々として狂信的な愛国主義者になるフランス人が多く、質の悪い物にはすぐさま軽べつの目を向けるが、上質なビールになじみがない国民性のため、粗悪なビールでも許してしまう。なにしろ1992年の法令で、ビールの最低基準を、発酵用糖分の50％が麦芽由来であればよいと定めてしまったほどだ。

ほんの数年前の2011年の時点でも、フランスの新たなクラフトビール醸造所のビールには、ベルギーやドイツの熟練醸造家たちが恐れおののくような逸品はほとんどなかったと言って差し支えないだろう。それが今では、ヨーロッパ西部や北米で生まれたさまざまなエールのスタイルを現代フランス流にアレンジしたビールを生み出している。さらにはフランスの独自スタイルだと公言し始めているタイプもいくつか登場している。

新しい生産者の多くは、一部の消費者が買いだめする在庫より、週当たりの生産量が少ない。また、単なるフランチャイズ系のブルーパブのように、主流のビールと大差がない平凡なビールをつくっている醸造所もある。しかし初版で予測したように、安定的に素晴らしいビールを造る生産者も現れ始めた。ワインとブランデーとパスティス〔訳注：リキュールの一種〕、そしてオー・ド・ヴィー〔訳注：eaux de vie：フランスの醸造酒の総称〕で有名なこの国の革新的な醸造家の中から、未来のヨーロッパの崇拝を集める醸造家が何人も生まれるであろうことを予想できないとしたら、それは世間知らずというものだ。

上：フランス北部サン・マロにあるバー「ジャヴァ（Java）」のような店は、パリや同国南部のカフェ文化よりも、ヨーロッパ北部の伝統的なパブとの共通点の方が多い。

フランスの醸造所密度 ▶
2016年初頭の時点でフランスには醸造免許を持ち操業中の醸造所が760カ所ある。これは1975年の20倍の数字だ。島部などを除いた本土で醸造所のない行政区は一つだけで、ノール地域には40カ所もある。この5年間で総数は2倍になり、減少した地域はない。この変化を視覚的に理解するにはこの地図と初版のフランス地図を見比べてみるとよいだろう。

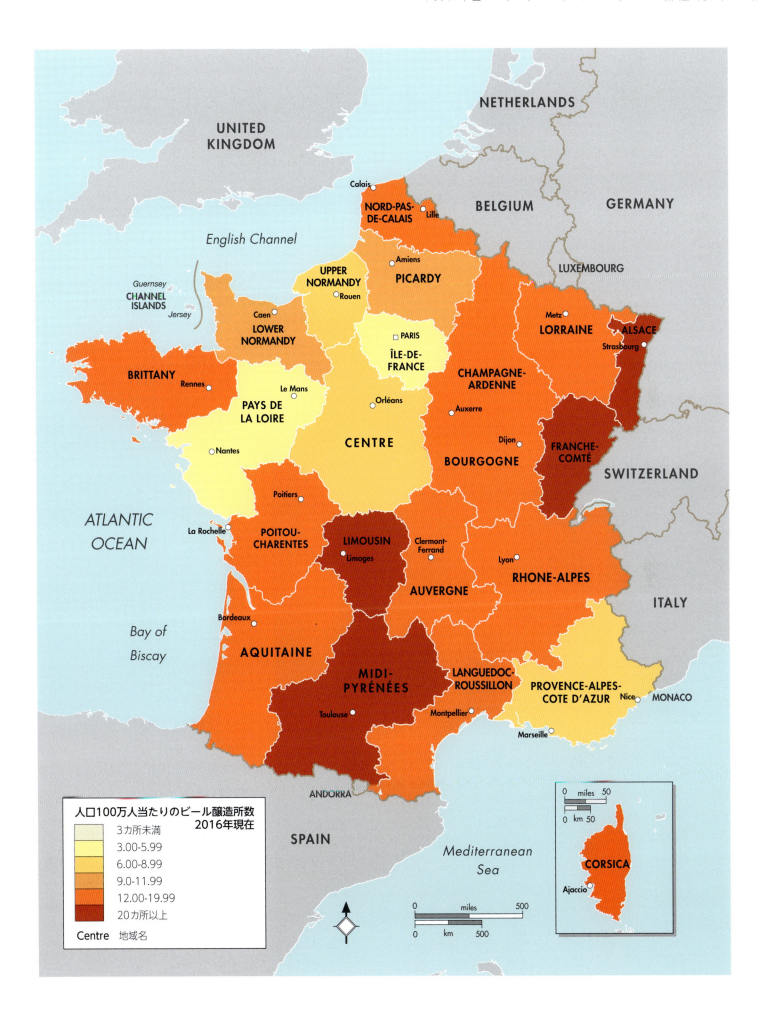

ビエール・ド・ギャルドとファームハウス・エール

フランスを代表するビール・ライター、エリザベス・ピエールはセゾン（p.72を参照）とファームハウス・エール、およびビエール・ド・ギャルドを二つの点で明確に区別した。その概念には重複する部分もあるが、入れ替えることはできない。なお、ファームハウス・エールとビエール・ド・ギャルドは根本的にフランス独自のビールである。

　ビエール・ド・ギャルド（bière de garde）は、「貯蔵されたビール」を意味する用語だ。このビールが生まれたのは氷温熟成の技術が開発される数世紀前だが、原理は似ていて（p.25を参照）、ビールを醸造所でしばらく熟成させてから、上質ワインのように木樽に入れて出荷するという工程は同様である。

　こうしたフランスビールと、元はフランス領土でベルギー南部に組み入れられた五つの行政区で造られるセゾン、そしてフランダース地方（p.66を参照）の樽熟成エールとの間にはいくらか共有する遺産があるようだ。しかし土っぽさや酸味を生むという熟成の結果は共通していない。これらのビールはむしろ、多かれ少なかれ昔からの慣習として周期的に醸造されてきたことで知られている。

　ビール醸造に革命が起こった1870年代より以前、つまりフランスの微生物学者ルイ・パスツールが発酵の生物学的本質を解明し、大規模な冷蔵設備が登場し、醸造設備が高価になる以前は、9月がビールづくりを始める月として習慣化していた。

　9月は新たに収穫したての新鮮なホップが登場し、前年に収穫した大麦から新たに収穫した大麦へと入れ替わり始める時期だ。そのため10月1日は古来、クリスマス前に売り出すために80日間貯蔵しておくビール、つまりビエール・ド・ノエル（bière de Noël）を醸造する日となっていた。

　続いて12月23日前後になるとビールづくりの2周目のサイクルがめぐってきて、3月13日頃に売り出すビール、すなわちビエール・ド・マース（bière de Mars）を醸造して80日間貯蔵した。このビールはイースターの前に飲めるようになる。そして醸造シーズンが終わる前の3周目のサイクル、すなわち醸造シーズンが終わる4月23日前の最後の大規模なビールづくりを行う。

　ビエール・ド・ギャルドの主産地はフランドル・フランセーズ地方とも呼ばれるカレーからリールまでのフランス北東部一帯、ピカルディ、フレンチ・アルデンヌ地方、さらにロレーヌとアルザスにまでわたる。ベルギーとドイツのラインラント地方との国境に接する広大な地帯を占めていることになる。

　この一帯は農場醸造所（ferme-brasserie）の中心地の一つでもある。農場にたまたま醸造所を開いたというのではなく、農場経営とビール醸造が一体化した事業として、一つのサイクルで行われているのだ。ビエール・ド・ギャルドの製造に加わった人の中には、都市部の商業ビール醸造家のように携わった人もきっといただろう。その一方、その年に収穫した穀物が何であれ、その穀物からビールをつくることによって収穫物の価値を高めることに力を注いだに違いない。これはフランスのごく普通の農業習慣であり、偶然にもベルギーのセゾンの生産地でも同じ習慣が残っている。

左：フランドル・フランセーズ地方の風景は、この地で生まれるビールと同様に、多くの点で隣国ベルギーと似ている。

ビエール・ド・ギャルドとファームハウス・エール ｜ フランス ｜ 西ヨーロッパ ｜ ヨーロッパのビール ｜ ビールの新興国を知る ｜ 109

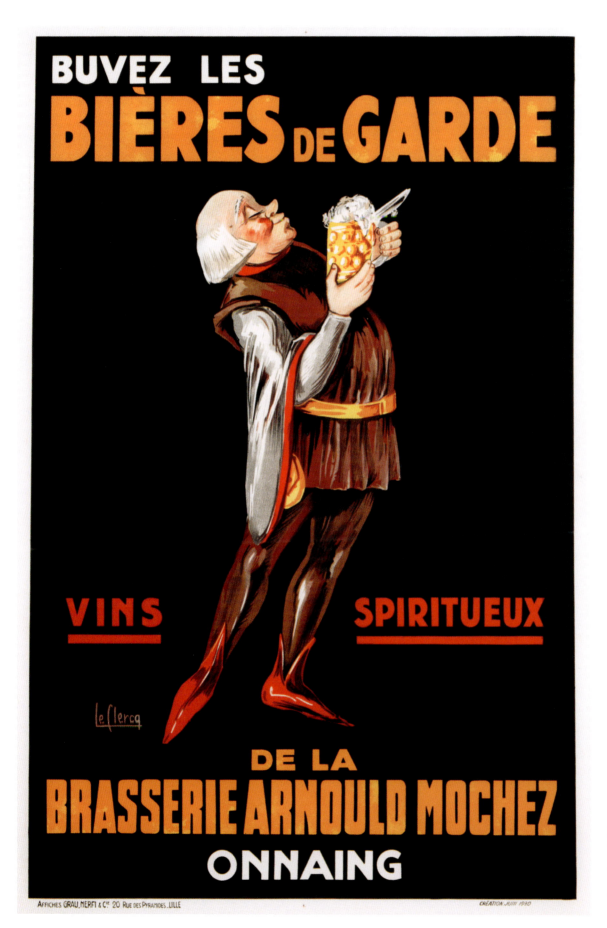

左：フランス北東部ではビール醸造が生活の多くの部分を占めている。南部と西部の渓谷でワインづくりが生活の一部となっているのと同じだ。

ビエール・ド・ブレ・ノワールとフランスビールの新たな潮流

フランスの都市部の醸造家は、国旗と同様に三つの原則でビールを区分しようとする傾向があった。
一つはブロンド、二つめはアンバー、もう一つはブラウンという具合だ。この傾向はいまだにフランス語圏のビールの世界
およびその他の地域でも見られる。しかしビール醸造の復興から生まれつつあるのは、冒険意欲と新たな個性への渇望だ。

独自性の豊かなフランドル・フランセーズ地方にもビール醸造の中核地域があり、19世紀に誕生した由緒ある醸造所がいくつか存在する。企業家精神あふれるデュイック醸造所の「ジャンラン（Jenlain）」シリーズは世界各地に輸出され、サン・シルヴェストル醸造所（St Sylvestre）の「トロワ・モン（3 Monts）」ブランドは評判がよい。ブラランエムにあるペイ・フラマン醸造所（Pays Flamand）では、原則的に色合いによって自社ビールを識別している。新設醸造所の中でも、エスクベックにあるティリエス醸造所（Thiriez）が地元産ホップを使ってつくる「エトワール・ド・ノール（Étoile du Nord：北の星）」は、遠慮がちな商品名が付けられているようにも感じられるが、スタイルよりも色合いを前面に押し出したビールだ。

首都パリで起こるあらゆることに対する不信感と、国内旅行の行き先から外されてきた歴史への当惑に突き動かされて、この地方の文化は地域色が際立っている。独特の方言と同様に、エールはますます異彩を放つようになってきた上、何軒かの正統派の素晴らしいカフェが果たす役割も決して小さくはない。

パリからの距離はブルターニュでも重要な意味を持っている。この地方はイギリス南西のコーンウォール半島と多くの共通した特徴がある。コーンウォール人のように、首都から遠く離れた地で強風の吹きすさぶ冬を耐え、花崗岩だらけの大地で生き抜く術を身に付けたたくましさ、そして北大西洋に突き出て、船の行く手を阻む半島という立地。こうしたことがブルターニュの人々の心に強い地域的精神を育んできた。この精神は音楽にも郷土料理にも表れている。そして最近では過小評価された独自のビアスタイルに表れている。

ビエール・ド・ブレ・ノワール（*Bière de blé noir* そばのビール）は「パイプ・アンド・パンケーキ〔訳注：教会主催の家族向け音楽イベント〕」と同じぐらい、ブルターニュ人そのものといった存在だ。昔の地域醸造所が黒くなったそばの実の入ったマッシュを使ったことがこの名前の由来か否かは誰にもわからないが、とにかくその子孫たちはそばの実を独自の原料として使い、バイエルンのヴァイツェンとアイルランドの素朴なポーターの中間辺りに位置付けできそうで、しかもいずれとも異なる個性的なセッション・エールを生み出した。

直近では20の生産者が、この口当たりが良く、カラメルの味わいをまとってまろやかでありながら尖った特徴のあるエールをつくるようになった。しかし私たちが知る限り、まだ少なくともイギリスのコーンウォール半島にもアイルランド南部にも登場していないため、試してみたければ産地へ足を運ぶしかないだろう。

何世紀もかけて洗練されてきた味わいを賞賛する人々に仕える料理人の国にあって、フランスのクラフトビールづくりは未熟な段階だ。現代的なフランスビールのスタイルの大半は今のところ他のスタイルの派生物にすぎないが、さまざまなスパイスや他の副原料をふんだんに使ったスタイルが、ベルギーやイタリアの飲み手の関心を引くようになり、北米市場にも盛んにアピールしている。ケベック人にドイツ人、そしてあろうことかイギリス人までも引きつけているのだ。

フランスのクラフトビール醸造所のほとんどは小規模経営なため、これまではせいぜい地元や周辺地域でしか販売されていなかったが、今やパリには一流のバーが数軒あるばかりか、フランスのクラフトビール（*bières artisanales*）を真剣に考えているビール専門店が何軒も存在する。

信頼できる地域ブランドをさらに紹介しよう。カレーからストラスブールに至るフランス北東部では、エスクベックにあるティリエス醸造所の魅力的なカフェと売店がお勧めだ。ペイ・フラマンとヴィヴァ（Vivat）、そしてル・パラディ醸造所（Le Paradis）にも行ってほしい。ピカルディにあるサン・リウル醸造所（St Rieul）、ラ・セダン（La Sedane）、サン・アルフォンス醸造所（St Alphonse）も素晴らしいし、アルザス地方のラ・ペール（La Perle）も優れた醸造所だ。

北西部のカーンからラ・ロシェルにかけては、ブルターニュ半島にあるフィロメン（Philomenn）、トリ・マルトロッド（Tri Martolod）、サン・コロンブ醸造所（Sainte Colombe）のブレ・ノワールなどを飲んでみるといい。アンジュにあるラ・ピアトゥル醸造所（La Piautre）は全ての銘柄がお勧めできる。

パリから半径100km圏内のフランス中央部にある醸造所は、ラ・サンセール、ヴァレ・シュヴルーズ、ラ・ビエール・ド・ヴェクサン、ラブルダン、ラ・マンデュビエンヌ（順にLa Sancerroise, Vallée Chevreuse, La Bière du Vexin, Brasserie Rabourdin, La Mandubienne）のビールを探してみてほしい。また、スコットランドから移住して醸造所を始めたクレイグ・アランの銘柄も飲んでほしい。

スイスのジュネーブ手前からリヨン、マルセイユにかけてのフランス南東部ではド・ガリーグ醸造所（Garrigues）が力試しをしているところだ。アグリヴォワーズ（L'Agrivoise）、モン・サレーヴ醸造所（Mont-Salève）も同様である。アンセル、ラ・ロワール、プレーヌ・リュンヌ、ニンカシ、そしてガリビエ醸造所（順にAncelle, Brasserie de la Loire, Pleine Lune, Ninkasi, Galibier）の製品は目下、ほぼ地元でしか入手できない。

歴史的に最もビールと縁遠い南西部のボルドーとトゥールーズ西部でも、ラ・コーセナード、ラ・リュティーノ、アリエノール醸造所（順にLa Caussenarde, La Lutine, Aliénor）は、本来ならワインしか好まない人々から好感を得ている。

旅のアドバイス

- カフェに入ったらまず会釈をして目くばせをしてみて、他のお客から「ボンジュール！」とあいさつをしてもらえることを願おう。
- パリでクラフトビールを注文すると非常に高価なので覚悟しておいた方がいい。
- エリザベス・ピエールの著書『*Le Guide Hachette des Bières*』はフランスビールのバイブルなので必読である。
- 最新情報に遅れないようwww.brasseries-france.info.に目を通しておくとよい。
- ドーバー海峡を渡るフェリー港から20kmのところにある丘の上の町カッセルはフランス最北部を旅する拠点としてうってつけだ。丘の上の「カッセルホフ・カフェ（Kasteelhof café）」、華やかなビアカフェ「カレルショフ（Kerelshof）」など、多くのビール店とレストランがある（p.111を参照）。

右ページ上：ブルターニュ半島のプルイエにある居酒屋「タイ・エリーゼ（Ty Elise）」は、ケルト的な雰囲気の酒文化が受け継がれている。ここでは骨董品があちこちに置かれた客席でフレンチ・リアルエールが飲める。

右ページ下：フランドル・フランセーズ地方の中心地にある「カレルショフ」はカッセルの目抜き通りにあり、本格的なビール居酒屋らしいくつろいだ雰囲気の店だ。

北ヨーロッパ

世界のどこかの土地が、図らずもビール復活を具現化しているとしたら、
それは北欧諸国とバルト海沿岸の国々だ。ヨーロッパの氷の冬を演出するこうした国々は、
善意ある政府に妨害されようと、クラフトビール文化に夢中である。

20世紀の北欧諸国におけるビール醸造を破滅に追いやったのは、1914年から1918年まで続いた第一次世界大戦ではなく、自ら招いた厄災の結果だ。

宗教的な信念と健康への懸念が奇妙に混ざり合い、北欧諸国では1世紀にわたってアルコールへの嫌悪感が盲目的なまでに政治を支配してきた。この国々ではアルコールが人生の質を高めてくれる効果よりも、潜在的な有害性を大げさに考える政治家を選ぶ傾向があるようだ。

これまでにビールの商売を違法化する政策を採決したことがあるのは、北欧でもノルウェーとフィンランド、アイスランドだけだが、デンマークでは時にアルコールの製造と輸入、販売が厳しく規制されることがあった。政府はアルコール問題の管理に関して過敏になっているが、アルコールによってかなりの現金が国庫に入っていくのも事実だ。

ビールに含まれるアルコールには、ワインよりも厳しい税金が課される場合が多かった。ビールの消費者は、他のアルコールの消費者よりも、飲酒癖から遠ざける必要が高いと考えられたのだ。

ところが皮肉にも、よりアルコール度数の高いビール生産への回帰を促進したのは、その高い税率だった。新たに生まれたクラフトビール醸造家たちは、ビールの飲み手がありきたりなビールを飲んで法外な税金を課せられるというのなら、もっと上質なビールへと導いてやってもいいではないかと考えたのだ。

北欧でのビール復活の端緒となったのは、20世紀の終盤の時期だった。最も成功したのはデンマークだが、スウェーデンとノルウェー、フィンランド、そして最近ではアイスランドも、厳しい見込みにもかかわらず、目覚ましい進化が見られている。

最も興味深い活躍をしているのはコペンハーゲンに本拠地のあるカールスバーグ・グループの会社だ。この地域でのビール革命の火付け役とまで言うのは大げさかもしれないが、革命にほとんど抵抗しなかったどころか、場合によっては熱意のある新規参入者たちを訓練し、実際的な支援や精神的な支援までした。

カールスバーグがこうした支援を行った理由は必ずしも利他的なものではない。豊富な資金に支えられた世界的な醸造所がずらりと並んでデンマーク市場を狙っていたのだ。こうした海外企業のビールには、目新しさ以外にほめる要素がなかったため、カールスバーグは、純粋に革新的な小規模生産者が多数生まれれば、ライバル企業のチャンスをくじくことができると読んだのである。

カールスバーグは自ら興味深いビールをいくつか生み出した。コペンハーゲンの自社敷地内に小規模なヤコブセン醸造所（Jacobsen）を開設したのに続き、最近はラトビアの首都リガに新たな醸造所を開いた。

バルト海沿岸諸国の醸造所の発展を妨げていたのは共産主義と投資の欠如だったが、近年は新たな醸造所がビールの復興に専念するとともに、新世界のビアスタイルと地域に伝わる古いスタイルの発展に注力している。

北欧には250年前からポーターとスタウトが存在していたが（p.144 バルティック・ポーターの起源を参照）、民俗的な起源を持つビールと比べれば、その歴史はごく浅い。

下：保守的な文化と環境的な認識から、
デンマークは革新的な気運で知られた土地ではないが、
ビールとなると話は別だ。

北ヨーロッパの民俗的ビール

気候が寒冷であるほど育つものも食べられるものも少ない
という事実との間には関連性があるのかもしれない。
いずれにしても北ヨーロッパは独特な食の伝統が豊富で、とりわけビールの独自性が豊かだ。
ビールへの尊敬が高まるにつれて、古い伝統ビールのつくり手が再登場している（p.34 最近のビール傾向も参照）。

フィンランド伝統の農場スタイルのビール、サハティ（sahti）の伝播した領域は、北欧の文明自体と同じぐらい古いのではないかとよく言われている。サハティは、木の幹をくり抜いてつくったクールナ（kuurna）と呼ばれる桶の中で糖化を行い、そこへ真っ赤に焼けた石を入れて加熱しカラメル化するという伝統製法によって造られた。

このビールがつくられるのは主にフィンランドの中心部である南部地方の北西部からタンペレの南東部にかけての地域で、大麦麦芽を主原料としてライ麦や小麦で甘味が加えられる。初めて商業販売された1980年代の初頭当時は、クールナに代わってステンレス製の容器が使われた。麦汁をセイヨウネズの枝に浸してからろ過し、パン酵母で上面発酵させてから、熟したバナナを投入して味わいを加える（p.22を参照）。

かぐわしいエステル香があり、ホップを入れないため賞味期間が短く、ほとんど輸出はできない。しかしヘルシンキにある「ヴィリ・ワイノ（Villi Wäinö）」（カレヴァンカツ通り4番地）のようなビアカフェに行けば見つかるだろう。

フィンランドから西へ向かうと、スウェーデンのゴットランド島の農家がつくる、いぶした感じがしてハチミツの味わいを持つゴットランズドリッカ（Gotlandsdricka）というビールがあり、セイヨウネズに浸されることが多い。ノルウェーではグラシング（Gulating）というビールが復活し、ドランメンにあるハーン醸造所（Haand）が、ピリッとしていぶしたような「ノルウェイジャン・ウッド」という銘柄をつくっている。これは、ビール醸造が法律で義務化されていた当時のノルウェーの農家がつくっていたスタイルを再現しようとしたものだ。

ヘルシンキから南下してバルト海を渡ってエストニアへ行くと、同国の西端にあるサーレマー島ではさらに素朴で伝統的なビール、コドゥオル（koduõlu）がつくられている。文字通り「自家醸造」を意味するこのビールは、原料穀物に小麦だけが使われた、ミルキーイエローの色が衝撃的なエールだ。やはりホップの代わりにセイヨウネズが使われている点でフィンランドのサハティに近い。

さらに南へ向かう。リトアニア北東部でつくられるカイミスカス（kaimiskas）ビールも小麦が使われるが、ホップが加わっている点で、普通のビールに歩み寄っている。しかしホップは分けて煮込み、お茶の状態にしてからマッシュに加え、ろ過してから室温で短い時間で発酵させる。使われる酵母の混合物は前回の醸造からすくい取ったもので、何世代も変わらず使っているため、科学的に実体を識別することはできない。

この副スタイルであるクレプティニス（kleptinis）は、前の醸造で使った穀物からつくった砕けやすいパンが使われている。伝統的な微炭酸の低アルコール飲料クワス（kvass）（p.148を参照）にもこのタイプがある。

バルト海をさらに南下してポーランドやドイツに行くと、民俗的なビールは、ビール純粋令前から生き延びてきたヨーロッパの小麦ビールの産地帯（p.96を参照）のビールと融合する。例えばポーランドにはグロジスク（grodzišk）といういぶしたような小麦ビールがあり、ベルリンには軽くて鋭い味のヴァイセ（Weisse）、塩を加えた小麦ビール、ゴーゼ（Gose）、そして一般的なスタイルのリヒテンハイナー（Lichtenhainer）がある。

地域社会とこうしたビールの一部の間にはアルコール度数の高いビールへの忠誠心が確立され、時には立法府の賢明な思想から除外されるほどである。例えばフィンランドの農場でサハティを醸造し続ける権利（およびフルーツワインを造る権利）は、同国で禁酒法が施行されていた時代も継続された。

自宅でのビールづくりも容易に管理ができない。リトアニアの農場で古くからカイミスカスを造ってきた醸造所の一部では、いまも地下の貯蔵室でホップを煮沸し、マッシュを外の建物で煮ている。マッシュを煮る匂いはパンを焼くのと似たようなものだが、ホップを煮る匂いがすると、ビールをつくっていると発覚するから、というのがこうした行動の説明だが、なんともしゃれている。ホップを密室で準備することによって、私企業を排除する旧ソ連の共産党員の目をあざむくことができた。言うまでもなく、消費税を課そうとするEU（欧州連合）の官僚主義や健康安全規制をすり抜けることもできる。

これは話としては面白いが、正直な醸造家たちがそんなに悪賢いことができるとは思えない。

左：ハーン醸造所の「ノルウェイジャン・ウッド」は、何世紀も昔、農民たちがつくっていたビールを再現したビールだ。

左端：「ピヴォ・グロジスキエ（Pivo Grodziskie）」はポーランドおよび他の地域で見事に復活した。

右ページ：リトアニアではカイミスカスが商業的に醸造される一方、農場でもつくられる。

北ヨーロッパの民俗的ビール ｜ 北ヨーロッパ ｜ ヨーロッパのビール ｜ ビールの新興国を知る ｜ 115

デンマーク

1525年、コペンハーゲンでのビール醸造家によるギルド〔訳注：商工業者の間で結成された職業別組合〕の結成は、農家の台所で女性が担っていたデンマークのビールづくりの伝統が、男性による商取引の対象へと転換する起点となった。次の大変革が起こったのはその3世紀後のことだった。

1840年代まで、デンマークで主につくられていたのは種々のヴィットウル（hvidtøl）、つまり小麦ビールだった。当時、独学でビールづくりを学んだヤコブ・ヤコブセンという若者が、チェコのボヘミア地方で生まれた新しいスタイルのビールの可能性に気づいた。それは透明で味わいが軽く、賞味期限が長かったのだ。それから10年のうちに、彼はこの新しい「貯蔵された（英語でlagered）」ビールの発酵に適した、ある種の酵母株の純粋培養を成し遂げた。この成功により、彼の経営するカールスバーグ社は北欧のビール醸造を一変させた。

話を1995年まで進めよう。念入りな下調べをした上でコペンハーゲンへ出向いたところ、市内中心部に新設されたブルーパブで、よくある種類のエールを2銘柄見つけたほか、それより規模の大きい生産者による、面白そうなポーターをいくつか発見できた。ただしそれ以外に目に留まる珍しいビールはなかった。首都以外にも足を向けていればもう少し興味深いビールが見つかったことだろう。

あれから20年が経つが、デンマークで操業中の醸造所は120ヵ所を超えた程度、そしていくつか有名なクラフトビール醸造所があるものの、独自のビールと呼べるものはない。醸造家たちは米国の新感覚のビールや正統派のドイツビール、歴史あるイギリスビール、そして独創的なベルギービールの優れた手法を引っぱってきては無数のスタイルをつくっていて、地域特有の解釈を加えたシンプルなスタイルから、世界のビールを飲み尽くして飽き飽きしている飲み手すら驚かすような冒険的なビールまで、品ぞろえは幅広い。

しかしデンマーク独自のクラフトビール醸造所というものは存在しない。ブルーパブから始めた醸造所があれば、熱意のある自家醸造家が始めたケースもある。大学院で経営学の学位を取得した醸造家が事業計画を描いて始めたところもある。豊かな想像力と技巧に端を発した醸造所はひと握りしかない。全体的に環境保護の意識が強い醸造所が目立つ。

この国で最も称賛を受けている新感覚の醸造会社「ミッケラー（Mikkeller）」は、商業用の醸造所すら所有していない。同社の主要な生産物は、経営者であり醸造家であるミッケル・ボルグ・ビアソ本人なのだ。彼の奇抜な、あるいは時に衝撃的なビールの大半はベルギーのプルーフ醸造所（Proef）（p.78を参照）でつくられる。彼の素晴らしい評判に影響を受けて、他のデンマーク人も同様な形式の会社を立ち上げるようになった。ミッケルのあまり似ていない双子の兄弟イェペも同様な事業モデルの会社をいくつか立ち上げてきた。

どこでも同じことが言えるが、最も成功している醸造所は、妥協のない技術品質と魅力的なスタイルを見抜く目、ひと目でわかる素朴な独創性を追求する精神、そして健全なビジネス感覚を合わせ持っている。しかし保守的な文化背景があるためこれまでのところ製品の輸出に踏み切った醸造所はほとんどない。

上質な特殊ビールを提供するビアカフェがすでにあちこちに誕生し、ベルギーと米国のビールと同様に自国産ビールを提供するようになってきたにもかかわらず、小規模醸造所がデンマークの

デンマークビールを探し求めて

デンマークのビール愛好家の多くが恐れているのは、この国には真のデンマーク・スタイルというものがないのではないかという疑念だ。

「ナイ・ノルディック・オル（Ny Nordisk Øl：新しいノルディック・エールという意味）」という新たなビールが、ビールの技術屋と著名人たちを興奮させている。植物で味付けするビールの伝統に敬意を払いつつ、ほろ苦い場合もあるが、大半はまろやかでホップは使われない。このビールの提案者たちは、古いスタイルの復活ではなく、現代に合う革新的なアイデアを生み出しているのだと明言している。このビールはまだ発展途上で、ヤチヤナギなど古来の副原料が使われるタイプも多いが、これまで使われなかった新しい酵母種も使われている。一方、デンマークに来て偶然にビールを飲んだ人は、この国で醸造された膨大な種類のポーターとスタウトが、40倍の生産量を誇る米国の同スタイルに匹敵することに気づくはずだ。あらゆる味わいの銘柄があり、軽めのアイルランドスタイルとすぐに見分けのつくものや、乳糖の甘味があり、重めのラガーのバルチック、あるいは濃厚なインペリアル・ロシアンなどがある。あるいはコーヒーの粉やココアパウダー、ココナッツ、バニラエキスを加えたもの、古来好まれてきたリコリスを入れたものもある。

おそらく典型的な旅行客の方が、地元民が見逃すものによく気づくのだろう。

右：ナイ・ノルディック・オルはサガード、ファデルスボル、クリセード（順にThagaard, Faddersbøl, Klithede,）の3種に集約されている。いずれも薬草が加えられたビールでアグロテック（Agrotech）社製だ。

右ページ左下：ヘルスレヴ醸造所（Herslev）はデンマークに新設された120の醸造所の一つ。2004年から醸造を始めて以来、約100種のビールをつくってきたかたわら、ビールデザイナーの委託を受けて約50種を醸造してきた。

デンマーク ｜ 北ヨーロッパ ｜ ヨーロッパのビール ｜ ビールの新興国を知る ｜ 117

デンマークのクラフトビール醸造所 ▲

ヨーロッパでも最も新たなビール文化が成熟しているデンマークではクラフトビール醸造所が国中にまんべんなく広がっていて、醸造所名に地域名を冠したところが多い。この地図では最も信頼性の高い醸造所を紹介している。

右：醸造責任者モルテン・イブセン指揮下のヤコブセン醸造所は世界第4位のビール醸造所を自由に活動させている。

118 | ビールの新興国を知る | ヨーロッパのビール | 北ヨーロッパ | デンマーク

ビール市場に占める割合は、この10年あまりでわずか6%に伸びてきたにすぎない。

従来の慣習に大胆に挑んでいく斬新な生産者の評判を恐れる従来型の生産者の中には、普通のビールの消費者と型破りなビールを探求し続ける消費者との間に大きなギャップが生じるのではないかという懸念を持つ者もいた。しかし実際は、優れた醸造家たちの中には過激なビールづくりに特化する者もいれば、主流ビールの市場を活気づけることに専念している者もいて、それぞれが不朽の名声をを目指して独自の道を歩んでいる。

現代のビール界は比較できないほど多様であるとともに大胆にも見える。しかるべきところへ行けば、穏やかでトフィーのように甘いビールから強烈で酸味があり非常にさっぱりとしたビールまでそろっているし、アルコール度数も2%程度から15%までと幅広い。味わいも繊細なものからはっきりしたものまで、あらゆるタイプがある。

クラフトビールの愛好家に、デンマークの偉大な醸造家を挙げてもらうと、まずはミッケラー、そしておそらくトゥ・オール（To Øl）とイーヴィル・ツイン（Evil Twin）も挙げるだろう。これらがビール醸造文化の境界線を押し広げている優れた生産者であるのは確かだが、ミッケラーとトゥ・オールがつくられるのはもっぱらベルギーにあるプルーフ醸造所（p.78を参照）だし、イーヴィル・ツインに至っては、所有者こそデンマーク人だが米国に本拠地をおいている。

こうしたロックスターのような独創派を超えた苦労人の醸造家もいて、彼らのビールこそがデンマークビールの復興を強固なものにしてきた。

革新派の醸造所としてコペンハーゲン南東部のアマー島にある醸造所の名前がよく挙げられるが、他にも多くの醸造所がしかるべき位置にある。例えばホーンビール、デット・リール、インドスレヴ、ミッドフィンズ醸造所（順にHornbeer, Det Lille, Indslev, Midtfyns）が挙げられる。また、クルックド・ムーンとウィンターコートという老獪な醸造所もある。こうした古くからの醸造所のなかでもティステズ（Thisted）は抜きん出た存在だ。

旅のアドバイス

- ビールのアルコール度数と価格にはほぼ相関関係がないのが通例だ。
- 樽詰めビールの場合、「スモール」サイズは180-300㎖、「ラージ」サイズは330-350㎖である。
- 濃色のデンマーク産ビールがあったら、ぜひ試してみよう。
- コペンハーゲンのビール・セレブレーションとオル・フェスティバル（Øl Festival）はそれぞれ5月下旬の週に開催される。両者は対照的な催しなので、両方に行けば補完的な体験ができる。

コペンハーゲンには異彩を放つ二つのブルーパブもある。一つはノアブロ醸造所（Nørrebro）の店で、その洗練された運営ぶりは、新旧のスタイル含めてあらゆる本格派ビールをも圧倒するような雰囲気だ。もう一つのウォーピッグス醸造所は、昔は肉市場のあった商業地の界隈にあり、古びた粋な雰囲気の店で、ミッケラーとは不動産契約にかなり近い関係にあると言われている。本土と離れたボーンホルム島にあるスヴァネケ醸造所（Svaneke）も印象的だ。

しかし私たちが気に入っているのは武骨な雰囲気のあるベーゲダル醸造所（Bøgedal）だ。ここでは古典的な手法でエールがつくられ、同じ製品を正確に再現するわずらわしさを避けるために、ブランド名でなく数字で表示されている。エベルトフト農場醸造所（Ebeltoft）は実験精神を重視しているため、商品としての信頼性にやや難があるが、時折素晴らしいビールを生み出すこともあるので目をつぶろう。

デンマークの醸造家たちはまだ方向性を見定めていないが、いずれ分かる時が来るだろう。青年期の狂おしい熱を秘めたこの国のクラフトビール醸造の全盛期はまだ始まったばかりだ。

上：かつて金色のラガーであふれていたコペンハーゲンだが、現在は醸造所とブルーパブ、ビアバー、そして世界に広がるビール会社があり、北欧最大のビール産地となっている。

遠く離れた小さな世界

アイスランドとシェットランド諸島のほぼ中間の北大西洋上に位置し、常に強風が吹きつけるフェロー諸島（人口4万9000人）は、見事な景観と世界一美しい羊に恵まれた土地だ。デンマーク王国に属しながらほぼ自治が行われ、サッカー、水泳、およびハンドボールの代表チームを持ち、独自の紙幣を流通させている。アルコールに関する法律はデンマークよりもむしろノルウェーやスウェーデン、フィンランド、アイスランドに近い。アルコール度数2.8%を超えるビールの持ち帰り販売は、九つの国営チェーン店、ルドレカソラ・ランドシンズ、別名ルーサン（Rúsdrekkasøla Landsins or Rúsan）による専売制だ。この店はフェロー諸島にある二つの独立系醸造所、クラクスヴィークのフォラヤ・ビール（Föraya Bjór）とベルバスタオウルのオッカラ醸造所（Okkara）に忠実だ。いずれもボディのあるポーターが有名である。同諸島で最も卓越したビールはオッカラの「リンクステイナー（Rinkusteinur）」で、アルコール度数5.8%のアンバー・エールだ。シュタインビア（p.102-103を参照）の手法でつくられるが、800℃に熱した溶岩石で麦汁をカラメル化する。石が含む硫黄分の影響か想像の産物かは不明だが、オーストリアの同類ビールよりもミネラル感があるようだ。

米国やベルギーをはじめとする外国のビールも見られるようになったが、これまでのところデンマーク本土のクラフトビールはアマー、ホーンビール、そしてウアベク醸造所（順にAmager, Hornbeer, Ørbæk）の製品に限られている。

デンマーク ｜ 北ヨーロッパ ｜ ヨーロッパのビール ｜ ビールの新興国を知る ｜ 119

上：デンマーク本土から離れ、アイスランドとシェットランド諸島の間にあるフェロー諸島には、見事なほどに外部の影響を受けていない二つの醸造所がある。

スウェーデン

スウェーデンは世界でも非常にビールの価格が高い国だが、にもかかわらず世界有数の活気あるビール文化が息づいている。国営の飲料販売店網「システムボラーゲット（Systembolaget）」は持ち帰り用ビールの専売公社で、通常タイプのビールもアルコール度数の高いタイプも独占販売しているが、現在では理論上1200銘柄近い地元産および輸入ブランドのビールを扱っている。

同国のアルコールの規制制度は厳しいが、合理的で総じて公平である。唯一の例外はアルコール度数3.5％以上のビールの宣伝広告が禁じられている点で、ワインや蒸留酒にはこの規制がない。法的な飲酒年齢は20歳以上で、25歳以下に見える客は写真付きの身分証明書の提示が求められる。

当然ながらシステムボラーゲットが主眼としているのはアルコール販売の管理という社会的役割だが、同社が取り扱う全ての製品は、国内の全430店および小さな集落にある500カ所の注文受付拠点で注文することができる。目下スウェーデンでは新規醸造所が増加中で180カ所以上にものぼり、醸造所が一つできると、すぐにシステムボラーゲットの1店舗がその醸造所のビールを扱うようになり、売れ行きが良ければ3カ所の店に置かれるようになる。醸造所にとっては全店販売が究極の目標だが、それは人気度とコストパフォーマンスしだいである。

一方、スウェーデンへのビール輸出には危険がともない、数年前、ある修道院醸造所が困難に直面した例がある。スウェーデンの行政当局はしばしばラベルに表示されたアルコール度数が正確

旅のアドバイス

- 子供にビールを味見させると告訴される可能性がある。
- スウェーデンのパブでは通常、食事もできる。
- ビールのタップに「slut」と書かれていたら、そのタップからはビールが出ないという意味である。
- スーパーマーケットで売られるアルコール度数が低めのスウェーデン産ビールにも優れたものがある。
- スウェーデンの醸造所とビアバーについてはスウェーデンビールの消費者協会のサイトwww.svenskaolframjandet.se.が参考になる。

左：スウェーデンのシステムボラーゲットには時折世界各地の珍しいクラフトビールが並ぶ場合があるが、かなり高価だ。

右ページ：1000万に満たない人口が600近い島々に暮らすスウェーデンではアルコール飲料に高い税率が課せられている。そんな国の醸造家たちはむやみに規模を広げず、最高品質の維持に努めている。

弱いけれど強いビール

スウェーデンには昔から低アルコールビールが存在していて、伝統的なクワス（kvass）（p.148を参照）と起源が関連していると思われる。ビール革命が起こるよりもはるか昔、スヴァゲル（svagöl）というごく軽いビール（のちにスヴァドリッカ〔svadricka〕と呼ばれるようになった）があった。アルコール度数が非常に低かったため、1919年以降もアルコール取締りの網目をかいくぐり、ほとんど難なく雑貨屋などで売られていた。

低アルコールビールは大いに人気を呼び、20世紀半ばにはあらゆる醸造所で盛んに製造されるようになっていたが、現在では製造されていないだろう。

スウェーデンの新しい地域醸造所にとって、何らかの特徴のある低アルコールビールを生み出すことは技術的に難しいが、試してみる価値はある。なぜなら、地元のシステムボラーゲットの店頭にアルコール度数が高く派手なビールが並び出す前に、普通の雑貨店にそのブランドを登場させることができるからだ。

ハントバークス醸造所（Hantverks）のクスケン（Kusken）はまさにそんなビールで、麦芽の個性が極めて強烈で、うんざりするような甘味はなく、アルコール度が低いにもかかわらず、ホップと酵母のバランスが絶妙なおいしさを生み出している。

右：ハントバークス醸造所のクスケンは低アルコールながら素晴らしい味わいが楽しめるビール。まるで何か巧みなトリックを使って造られたかのようだ。

かどうかを調べていて、何か異常があれば生産国の醸造所に知らせてくるのだ。

同国の醸造所数は19世紀の終盤にピークを迎えた後、1990年に史上最低の13という数字を記録したが、2011年以降は多くの醸造所が生まれている。こうした市場の3分の2はカールスバーグ社のブランドであるプリップス（Pripps）とファルコン（Falcon）が占め、これらに続くのが、地元の歴史ある独立系醸造所スペンドラップス醸造所（Spendrups）と、シードル製造会社のビール部門であるアブロ社（Åbro）だ。新設醸造所のなかで最も成功を収めているのは、ニューヘーピングにあるニルス・オスカー醸造所、ヘーデモラのオッピガールズ醸造所（Oppigårds）、ピルグリムスタッドにあるイエムトランド醸造所（Jämtlands）、ニュネスハムンにあるニュネスハムンズ醸造所（Nynäshamns）も健闘している。

近年、醸造所の数が爆発的に増えてはいるが、なかにはビール醸造をもっと学んでから立ち上げた方がいいと思われるところもある。とはいえおそらく3分の2は、優秀な醸造所から世界的な評価を受けるに足る醸造所の範囲のいずれかに入るだろう。後者の例を挙げると、エレブルーにあるネルケ醸造所（Närke）は長年にわたってスーパースターの座にあり、懐古的なビールも原始的なスタイルも素晴らしい。モホーク（Mohawk）、ドゥッゲス（Dugges）、マルメ（Malmö）といった醸造所も要注目だ。スウェーデンのミッケラーを真似ようとしているオムニポロ醸造所（Omnipollo）のマンゴーラッシー味のゴーゼは、脱線しすぎてしまったように感じられた。酸味を求めるならブレケリエット醸造所（Brekeriet）の製品はどれも素晴らしい。

最近興味深い方向へと率先して進んでいるのは、カールスバーグやニューヨークのブルックリン醸造所の後押しを受けているカーネギー醸造会社だ。これまでのところ、流行に乗ってまるで米国の醸造家になったかのように海外で活動したりはせず、エルダーフラワーを加えた小麦ビールのスタイル、ケラービア（kellerbier）などの商品をつくっている。

一般的なスウェーデンのビールの消費者は、まだ軽いラガーがビールの標準スタイルだと考えているが、この傾向は、新しい醸造所が大きく2方向に分かれた手法を取るにつれて、次第に変わりつつある。一方で忘れがたいほど見事な究極のビールをつくり、他方ではシンプルなスタイルながら飲むほどに印象に残る上質な製品群をつくっているのだ。地域に密着した醸造所が存在するということは今もなお革新的なことである。

状況が5年後にどうなっているかは誰にも全く分からない。

| ビールの新興国を知る | ヨーロッパのビール | 北ヨーロッパ | スウェーデン/ノルウェー

ノルウェーとスウェーデンの屈指の新設醸造所 ▲

アルコールに課された反社会的な税率が、ノルウェーとスウェーデン両国で新たな醸造家たちの登場の引き金となった。彼らは、退屈なラガーに税金を課されるぐらいなら、人々はさらにお金を払ってでも上質なエールを飲むはずだと考えている。こうした考えを代表する優れた醸造所のなかには長い歴史を持つ数社と、リーダー格と見られる多くの独立系醸造所がある。さらには他の醸造所の模範と見られるトップクラスの醸造所も数社ある。一般客にビールを小売できるのはブルーパブのみだ。

ノルウェー

確かな記録はないが古代のグラシング法により、ノルウェーではエール（øl）を
醸造しない農民は罰せられたという。しかし1919年には事態が大きく変わり、
ビールおよび他の酒類のアルコール類の製造は違法とされるようになった。

禁酒法は1926年に廃止された。フランス政府が、ノルウェーの魚をフランスから締め出すことによるワイン市場の喪失を訴えた大手ワイン生産者たちの陳情に応じた結果だ。これに続く政治的な妥協点として、アルコール生産者と輸入業者、そして小売業者を国の管理網によって制御する、ヴィンモノポーレ（Vinmonopolet：ワイン専売公社という意味）制度が生まれた。

それから90年が経ち、専売制度は持ち帰り用のワインと蒸留酒、およびアルコール度数4.5%を超えるビールに限られている。それでもなお、現在も国内で300店を超える在庫の豊富な小売店チェーンが税率の高い商品を小売りしていて、国産品と輸入品合わせて800銘柄を超えるビールも売っている。

ビール市場はカールスバーグ傘下のリングネス社（Ringnes）と大手独立系ビール会社、ハンザ・ボルグ（Hansa Borg）が支配しており、そのほかは20世紀を生き抜いたオース醸造所（Aass）とマック醸造所（Mack）という老舗の独立系醸造所2社のみである。

古いスタイルのビールは大半が金色のラガーと税率の低いレットウル（lettøl）と呼ばれる軽めのビール、そしてダーク・ラガーが何種かあり、濃い褐色のバイエル（*bayer*）はほぼミュンヒナーを基本としたビールだ。濃色で秋に登場するボック（*bok, bock*）はドイツというよりオランダのボックに近い。クリスマス限定のユーレオル（*juleøl*）というスパイシーで茶色のビールもあり、「オース・

下：オスロにある古い港湾はアムンゼンやナンセン、ヘイエルダールなどの勇敢な探検家、そしてクラフトビール醸造を温かく迎え入れた。

ボック」はこの定番銘柄だ。

そこへ2002年、ヌグネ・エウ醸造所（Nøgne Ø：裸の島という意味）とその傘下のデト・コンプロミスロゼ・ブリッゲリ醸造所（Det Kompromissløse Bryggeri：不屈の醸造所という意味）が登場した。有言実行の会社である。醸造所の名称はノルウェーの劇作家ヘンリク・イブセンが作品中で、ノルウェー南岸沖にある岩礁が嵐に洗われながら、自然が投げ掛けてくるあらゆる苦難を跳ね返す様を描写した文章に由来する。

ノルウェーのバーでは、猛烈に高い税率と強いクローネ通貨のために、まずまずの出来だが面白みのないラガーを西欧の3倍もの値段で売らなければならなかった時期があった。そんな頃にヌグネ・エウは危険を冒して、大胆な実験の成果である非常に骨太なビールを、さらにその2倍の値段で売ろうとした。これによって、上質な製品が売れる市場は常にあるということを証明した。同社は間もなく海外の輸入業者の注目を集め、輸出業へと乗り出し、他社も追随した。同社の向こう見ずな旅をバイキングの先祖たちが知ったら感心したことだろう。

15年が経ち、現在のヌグネ・エウはハンザ・ボルグ社の傘下にあるが、以前と少しも変わらない。ノルウェーにはいま約70の醸造所があり、なかでも優れた醸造所は先駆者の英雄的な努力を熱心に見習っている。こうした醸造所のうち、飲んで楽しいと思わせてくれるのはオスロの北、ドランメンにあるハーン醸造所、ベルゲンに近いボネスにあるシューフィエル醸造所（7 Fjell）、ベルゲンとオースレンの中間に位置するフローレにあるキン醸造所（kinn）、フロムにあるエーギル醸造所（Ægir）、そしてスタヴァンゲルのラーヴィグ醸造所（Lervig）など、スカンジナヴィア地域の至るところ、さらに他の地域に出現している。

上：ヌグネ・エウの最初の醸造所施設は水力発電所を改修したものだった。

左：ヌグネ・エウ醸造所でホップを投入している様子。ノルウェー南部にあるこの醸造所はこの国のまだ若く、成長著しいクラフトビール醸造の先駆者である。

世界最北のビール醸造所

ノルウェー北部の都市トロムソにあるマック醸造所は長年、世界最北の地にあるビール醸造所を標榜してきた。シベリア北部にある小規模醸造所群の噂やトロムソ近郊にある小さなライバル醸造所については否定している。

しかし2015年、マック醸造所より緯度にして9度も北で、北緯78度に当たるノルウェー領スヴァールバル諸島のスピッツベルゲン島に新たな醸造所が生まれた。北極点から1230kmの距離にあるこの地は、一年を通して北極観測隊の基地となっており、夏の時期だけ勇気ある観光客が訪れる。

スヴァールバル醸造所（Svalbard）の新設計画は2011年に始まり、2015年夏に最初の仕込みを行った。今後は4種のビールをつくり、夏に醸造を行ってトロムソ経由でノルウェー本土へ輸出する計画だ。

この醸造所の何よりも愛すべきところは、ビジターセンターがあり、試飲する施設も備えている点だ。まさにビールの英雄である。

上：スヴァールバル諸島のロングイェールビーンにある世界最北の醸造所で生まれたビール。

アイスランド

1986年、レイキャビクで米大統領ロナルド・レーガンと旧ソ連のミハエル・ゴルバチョフ書記長が核兵器の削減をめぐって討論した際、彼らはビール(bjór)を飲み交わすことができなかった。それは違法だったからである。そして話し合いは同意に至らず終わった。

アイスランドでは1915年の国民投票によって全てのアルコール飲料が禁止された。スペインがアイスランド産の魚類をボイコットしたのを受けて〔訳注：スペインワインをアイスランドが輸入しないのならスペインはアイスランド産の魚を輸入しないと訴えた〕、1921年にワインは解禁されたが、1935年に再び国民投票が実施されて蒸留酒が禁止された。そしてアルコール度数が2.25%を超えるビールは1989年3月まで違法とされていた。

北極圏に近く、広大かつ辺ぴで人口もまばらな火山の島でのビール醸造事業の立ち上げは、最初から最後まで興味深いものだった。実際に事業を立ち上げるとなると、多国籍企業は直接投資をためらい、既存の飲料生産者や起業家たちが運試しをするのに任せていた。

これまでのところ、十数社の新たな企業が市場に参入していて、全ての原料を輸入に頼らざるを得ないにもかかわらず、非常に個性的なビールがいくつか生まれている。なかでもレイキャビクにあるボルグ醸造所（Borg）、セールフォス近郊のオルヴィスホルト醸造所（Ölvisholt）、遠隔地スカガフィロイ（Skagafiröi）にあるギャイジングル醸造所（Gæðingur）のビールは素晴らしい。海外でよく見られるビールは北岸の漁港の町アークレイリにあるバイキングの醸造所、エインスターク醸造所（Einstök）のものだ。ここはヨーロッパで最も辺境の地にある醸造所である。

アイスランドでビールを飲むのはいまだにぜいたくな趣味だ。一方、国営の酒類販売店チェーン、「ヴィーンブージン（Vínbúðin）」は持ち帰り用酒類の専売権を享受しているが、理論上は全ての国内生産者のビールを受け入れているようだ。

ビールの自由化を祝う祭りが今も毎年3月1日の記念日に開催される。この日はパブが翌朝4時まで開店しているため、予想通りのトラブルが起きる。こうした様子を見ると禁酒法は何よりも良策だったように思われる。普段の日に訪れるなら、レイキャビクのセンター・ホテルにある「ミクロ・バー」から探検を始めるのが良いだろう。

上：アイスランドのオルヴィスホルト醸造所でつくられるスモークト・インペリアル・スタウト「ラヴァ（Lava）」（アルコール度数9.4%）は世界でも無類の卓越したビールとされている。

フィンランド

現代のフィンランドは北欧の国といえるのか定かではない。独自の言語が使われ、1917年に旧ロシアから独立したばかりだ。国自体は北欧と見なしたがっているが、人口の4分の1はバルト海に面した首都ヘルシンキに暮らしている。残りの国民の大半は国土の3分の1に当たる南部に住んでおり、60ほどの醸造所もこの地域に密集している。

フィンランドの政治家がビールへの課税や、酔いを催すアルコール度数の国産ビールの規制に執着している点を考えると、この国に新たな醸造所が生まれるということは驚嘆に値する。19世紀半ば以来、アルコール消費の抑制は常に争点の一つであり、新たに生まれたフィンランド国家にとっては、1919年に導入した禁酒法が実質的にロシアからの独立を「祝う」ことにつながった。この法は1932年まで続いた。

以来、アルコールに対する家父長的な態度がフィンランドのビール醸造をかたちづくってきた。いまだにアルコール度数4.7%を超える持ち帰り用ビールを買えるのは、国営の酒類販売店チェーン「アルコ（Alko）」だけである。この度数はドイツビールの平均的な数値である4.8%をやや下回るからという理由で設定された。しかしノルウェーやスウェーデンのように、今や同店の品ぞろえには目覚ましく、フィンランドの小規模醸造所は地元の店舗に商品を出荷する権利を得られるようになった。

禁酒法が撤廃されたのは、酒の密輸が犯罪を増大させ、また、自宅で一人きりで飲酒するケースが増えたためだ。悲しいことにこのような経験にもかかわらず、EU圏で最高の税率をアルコールにかければ飲酒問題を減少できるという欠点のある信念は、いまだに政治の世界で幅をきかせている。

2000年以降、人々が節約のために再び自宅で飲酒するようになり、パブの売上げは半減した。もう一つの歴史が再現され、今や一般のフィンランド人がエストニアとの間を結ぶフェリーで、最も簡単に安いアルコール飲料を大量に運び込むようになった。その数量は毎年、アルコで売る全量を超えるようになった。

クラフトビール醸造家になる上で、これ以上悪い状況は想像しがたい。ましてやこの国にはサハティと呼ばれる、重みがあり刺激的なビール（p.114を参照）がある。この世界でも最も長い歴史を持つ民俗的なビールの伝統を保ち続けるとなると、なおさら状況は困難だ。

それでもなお、フィンランドでは北欧の他地域と同じようにビールへの関心が盛り上がってきている。同国最大の独立系醸造所オルヴィ（Olvi）のスペシャル・ビールは、スタイルの分類にもよるが、現在4-8%の市場シェアを占め、上昇し続けている。カールスバーグ傘下のシネブリチョフ醸造所（Sinebrychoff）の優れたポーターは、同醸造所が地域で初めてこのスタイルを熱心に造り出してから2世紀が経ったいまでも賞賛を浴びている。

新設醸造所のなかから最良のビールを探したいのなら、マンゴード醸造所（Malmgård）、プレヴナン醸造所（Plevnan）、スタディン醸造所（Stadin）、フヴィラ醸造所（Huvila）、ビール・ハンター醸造所（Beer Hunter's）、そしてマク醸造所（Maku）に注目してみるといいだろう。また、アルコール度数4.7%を超えるビールにも惜しみなく出資してみるといい。

下段左：ろ過槽にセイヨウネズの枝を投入しているランミン・サハティ醸造所（Lammin Sahti）のペッカ・ケァーリエイネン（Pekka Kääriäinen）。民俗的なビールを農場から持ち出し、商業ベースに乗せた人物だ。

旅のアドバイス

- アルコールに否定的な法律により、パブの外にビールのリストを掲示することは禁止されている。
- パブに「仕事の後の一杯（After work）」という表示があれば、割引時間を示す。
- 仲間全員分のビールを買う行為は贈り物と見なされるので、見返りを期待しないこと。
- バーでビールを買う場合の支払いはほとんど銀行のキャッシュカードかクレジットカードが使われる。
- 醸造所は近隣で店を経営してもよいが、食料品や雑貨も売ることが義務付けられている。

フィンランド ｜ 北ヨーロッパ ｜ ヨーロッパのビール ｜ ビールの新興国を知る ｜ 127

上：フィンランドにあるクラフトビール醸造所の約60％が南部に集中していて、この地域は森と湖が人口密集地域に取って代わられた。

下段左：ヘルシンキでは「スパラコフ（Språkoff）」というパブ・トラムが5月から8月にかけて市内を運行しており、車掌はウェイターが務める。

左：フィンランドのサハティはおそらく究極の民俗的ビールだろう。輸送により劣化するので興味のある人はフィンランドを訪れて現地で味わってみることをお勧めする。

バルト海沿岸諸国

1989年8月23日、100万を超す人々が手をつなぎ、エストニアの首都タリンからラトビアの首都リガを通ってリトアニアの首都ビリニュスまでの650kmを人間の鎖で結んだ。こうしてバルト海3国は旧ソビエト連邦から独立し、2004年を迎える頃には3カ国ともEUの正式加盟国となった。

この地域には特有の文化や習慣が色濃く存在するが、自治が行われた期間はほとんどなかったため、国家的な感覚はそれぞれに異なる言語を土台にしている。英語の"ale"(エール)はスカンジナヴィア半島の"øl"(オル)に由来する。そしてこの言葉はエストニア語の"õlu"(ウル)、さらにラトヴィア語とリトアニア語の"alus"(アルス)を起源としている。

3カ国ともボディのあるポーターとスタウト、そしてそれぞれ独自の民俗的なビールの歴史がある。しかし第一次世界大戦とロシア革命後の政治および経済の不安定、そして投資に恵まれなかった旧ソ連時代を経て、1990年代初頭のこの地域のビール醸造は悲惨な状態となっていた。

ロシアからの独立後はカールスバーグ、ハイネケンおよび大手のデンマークやフィンランドの独立系醸造所の支配下となり、これらの企業がビールの復興を目指して投資するようになった。以来、3カ国はそれぞれ大きく異なる方向へと進んでいき、さまざまに新たな影響を受けながら、策を練っている。

旅のアドバイス

- エストニアでは多くのバーがビール販売店を経営しているが、地元の法律により在庫を分配することは禁止されている。
- リトアニアのバーでは地元産の個性的なチーズや豚耳のスライスなどの珍味を探してみよう。
- ラトビアでは冬になるとビールの消費が半減する。
- 北欧のビールはたいてい、本国よりもバルト3国のほうがはるかに安価である。
- リトアニアビールの情報を得るにはwww.alutis.lt/aludariai.が参考になる。

下:エストニアのプヤラ醸造所(Põhjala)の登場により、バルト3国に世界トップレベルのクラフトビールが生まれた。

エストニア | バルト海沿岸諸国 | 北ヨーロッパ | ヨーロッパのビール | ビールの新興国を知る | 129

エストニア

エストニアはバルト3国中で最も先進国だと見られている。北欧の大手ビール会社が同国で最大の醸造所を傘下に収めていて、サク醸造所（Saku）はデンマークのカールスバーグ傘下、ア・ラコック醸造所（A. Le Coq）はフィンランドのオルヴィ社傘下、そしてヴィル醸造所（Viru）はデンマークのハーボー社の傘下に入っている。そのためほとんど革新の余地はなかった。斬新なビールの誕生には他の醸造所が必要だった。

2011年に訪問した際、地元のビール愛好家たちは醸造所不足に落胆していた。シッラマエ醸造所（Sillamae）は良質なミュンヒナーをつくり、特徴のつかみにくいオウ・タアコ醸造所（Oü Taako）は、コドゥオル（p.114を参照）としては唯一ブランド化された、アルコール度数7%の「ピヒトラ・オル（Pihtla Öih）」を売っていた。タリンには2002年にオーストリアスタイルのブルーパブが開店していた。しかしそれ以外は形式主義から抜け出せず、リスクを避けてばかりだった。そこへプヤラ醸造所（Põhjala）が登場した。大胆かつ慎重で創造性を備え、本格的なビール志向に導かれ、綿密な資金計画に支えられたクラフトビール醸造所がタリンに生まれたのだ。プヤラが小さな革命を起こした結果、4年後には15もの醸造所が登場し、さらに数社が計画された。エストニアに生まれた新たなビールは、どんなスタイルを育てるかという関心を集めた点で新鮮だった。全ての醸造所が必要上、1-2種類のアメリカンスタイルのホップ香が強いペールエールや小麦ビールをつくる一方、大半は、エストニアの伝統的な原料であるライ麦を最低1種類入れた茶色のビールをつくっている。バルチック・ポーターやインペリアル・スタウト、重めのブラウン・エールなどの地域的なスペシャル・ビールもつくっている。プヤラ以外に注目すべき醸造所はオレナウト醸造所（Öllenaut）、タンカー醸造所（Tanker）、ソリ醸造所（Sori）だ。ソリ醸造所は母国の窒息しそうな税制から逃れてきたというフィンランド人が経営する。プハステ醸造所（Pühaste）は有望だが、まだ自前の醸造所を開いていない。ラガーなど穏やかなビールならボルムシ醸造所（Vormsi）とレヘ醸造所（Lehe）がお勧めだ。

上：エストニアの首都タリン旧市街の風景。

ラトビア

かつてラトビアには何百もの醸造所があり、その大半は帝政ロシアへビールを輸出していたが、
1915年から1950年にかけて2度の大戦とロシア革命が起こった。
ロシアからの独立を目指すも失敗に終わり、反アルコール的な法律が制定され、
ソ連にならって産業が国有化された結果、わずかに2カ所を残して醸造所は閉鎖された。

上：リガの旧市街。ラトビアのビールづくりが最盛期を迎えていた頃の木樽が道端に飾られている。

　ロシアから独立後、アルダリス（Aldaris）、セーズ（Cēsu）、ラクプレシャーリヴ（Lāčplēša-Līvu）という三つの醸造所が誕生した。いずれも海外からの投資により、主に産業用ビール製造のために設立された。さらに十数カ所の小規模醸造所が生まれ、小規模生産者向けの優遇税制に支えられ、市場シェアの13％という堅実な数字が示すように好調な経営ぶりだ。樽詰めビールでは、「nefiltrētais（ネフィトレタイス。無ろ過という意味）」と表記された銘柄が最高だ。他に知っておくと役立つ用語は「tumšais」（トゥムシャイス：濃いという意味）、gaušais（ガウシャイス：淡いという意味）、そして「medalus」（ミーダルス：文字通り「ミード」だがハチミツ味という意味）だ。ミーダルスはリトアニアやベラルーシおよびヨーロッパ中央部の伝統ビールを応用したビールだ。アブラ醸造所（Abula）の「ブレングル（Brenguu）」ブランド2種は甘味が強い銘柄が主体だ。民俗的なスタイルを飲んでみたいのならクラースラヴァ醸造所（Krāslava）とマドナス醸造所（Madonas）のビールをお勧めする。2015年の終盤時点で、同国の新設醸造所のうちで創造性と一貫性を兼ね備えた所は、ラウナスのマルドゥガンズ醸造所（Malduguns）のみだ。創造性と一貫性のいずれかを備えていると辛うじて評価できる醸造所ならば数カ所あった。奇抜で酸味のあるビールをつくる前に、まず普通のビールが酸っぱくならないような技術を身に付けるべきだ。

　好ましい面は、ラガーを造る大手のヴァルミエムイザース醸造所（Valmiermuižas）が小規模の醸造所を設立したことと、カールスバーグがアルダリスに所有する工場が、一度の仕込みで2000ℓしかつくらない、小さな醸造所に替わったことだ。

　リガにある「アルス・セレ（Alus Celle）」や「ビール・フォックス（Beer Fox）」などのビール販売店で売られている、選りすぐりの上質な輸入ビールや伝統ビールに明らかに熱狂する若いラトビア人たちの様子を考えると、老舗の醸造所が一部の自社ブランドの品質を下げたり、他の製品の品質向上に失敗したりしている傾向は理解に苦しむ。

リトアニア

冒険好きで時間に余裕があるのならリトアニアに行ってみることをお勧めする。
といっても驚異的にホップが効いたビールや新しい穀物が使われたビール、
今はやりの酸味があるタイプや幼少期を思い出すような風味のビールを期待してはいけない。
この国では正統派のスタイルに挑んでみることにしよう。プラスチックのボトル入りに出合う場合もある。

この国にも新しいブルーパブがそれなりに誕生しており、特に首都ビリニュスに多い。しかし興味深いのは北東部の田舎方面で、これまで隠れた存在だった古い農場醸造所や小さな町の醸造所がゆっくりと再浮上してきている（p.114を参照）。

アウクシュタイティヤ地方（Aukštaitija）は高地と呼ばれているが、最も標高の高い地点でも300mに満たない。強烈ななまりのある方言が聞かれ、スタルティネス（sutartinės）と呼ばれる伝統的な合唱法が歌い継がれ、カイミスカスと名付けられた土っぽい素朴なビールがある。

しかしカイミスカスをつくる醸造所は危機に直面している。すでに五つの醸造所が単一の醸造所に合併され、よくある普通のビールづくりに甘んじている。また、ペットボトルからストッパー付きボトルに替えたことで外観は良くなったが、コストが増えた。それだけでなく、そのボトルから何か珍しいエールが注がれるかのような期待感をかすかに誘うようになった。力を注ぐべき点がずれているのだ。

リトアニアのビール業界が抱えるジレンマは、1920年代と1930年代に起こったように、他国のスタイルのビールをどのようにつくり始めるかという課題と、過激で分かりやすい味わいが流行している時代に、穏やかで理解しにくい自国独自のビール文化をどうやって守っていくかという問題だ。

ベルギーのランビックがどん底状態だった1970年代は、新たな生産者がそのビールの可能性を発見できなかっただけでなく、大きな欠点を見つけることができなかった。カイミスカスの場合、どのホップをどのぐらいの濃度で煮込めば最高のホップ抽出液ができるのか、あるいは酵母をあんなにドロドロとさせてもいいのかという問題がある。また、どの穀物が最も効果があり、どんなかたちで使うべきかも課題である。こうしたことは伝統製法への冒とくだと感じる人々もいるが、他の人たちにとっては最良の方法になる。

現在この国で最近生まれた醸造所のなかで優れたところは、醸造家が自分の造るビールの歴史をきちんと知っているダンダリス醸造所（Dundulis 正しくはシルヴェノス・ブラボラス〔Širvėnos Bravoras〕）、カウナスにあるアピナイス醸造所（Apynys）、そして新設されたサキシュキュ醸造所（Sakiškių。）だ。さらに多くの醸造所が生まれてくることを願う。

上：リトアニアの首都ビリニュスは伝統的なビール醸造が行われており、残り少ない未踏の辺境の一つだ。

中央および東ヨーロッパ

不思議なことだが、ヨーロッパの中央部と東部の地理的な概念の区分は、
そのまま互いのビール文化圏の範囲と性質の差異に一致している。
ポーランドとチェコは独創的なビールづくりの中心地、いっぽうハンガリーとスロバキア共和国は
昔からずっと、しきりに学びたがっている。さらに東へ行くと、事情はもっと難しくなってくる。

ヨーロッパのこの地域一帯のビールはさまざまな遺産が奇妙に混じり合って生まれた。伝統的なクワスの残り物のような、軽めに発酵させたビールがあれば、バルト海沿岸諸国から吸収したボディーのあるポーターとスタウト、ヨーロッパ全土で見られる褐色のビールのアイデアを組み入れたビールもある。小麦ビール地帯の習慣の名残、さらには独自の現代的なラガーまであり、これらの個性が融合している。

旧ソ連時代にほとんど投資が行われなかったとはいえ、それは必ずしも悪いことではない。流行に乗った目新しい手法が面白みのないビールを生んでいた時代に、時代遅れの手法を強いられていた醸造家たちは、偶然とはいえむしろ恵まれていたのではないだろうか。

ソ連が崩壊すると、この地域の消費者と生き残った醸造家たちは、彼らになじみのあるビールが再生するのではないかと予想した。産業的な醸造家たちが理解することもつくることもできなかったビールである。

それから25年後、ホップを使う醸造法の発祥地や歴史上初めて都市部の商業醸造所が生まれた土地、そして正真正銘の輝かしい淡色のラガーが初めて日の目を見た土地、そうした土地にふさわしい自尊心を示せるようなビールをつくりたいという気運が、現在この地域の醸造家たちの間に、かつて「鉄のカーテンの向こう」に横たわると言われていた土地の隅々に、あまねく広がっている。

上：ロシアのサンクトペテルブルグで早くから開催された二つのライバル的なビールフェスティバルが成功したことは、その後のクラフトビール醸造の発展を予言するものだった。現在モスクワには40もの醸造所が生まれているのだ。

右：バンスカー・ビストリツァ (Banská Bystrika) は、スロバキア共和国にある老舗醸造所のなかでも屈指のウルピナ醸造所 (Urpina) の所在地だ。

中央および東ヨーロッパ ｜ ヨーロッパのビール ｜ ビールの新興国を知る ｜ 133

チェコ

旧ソ連がチェコスロバキアを支配した40年の間(1948-89)、この国の醸造所は貴重な投資をほとんど受けられなかった。にもかかわらずその大半は持ちこたえ、ボヘミア地方で150年も前に完成されていた数々のスタイルに基づいて、すばらしいクラフトビールをつくり続けてきた。

チェコの人々は世界でも指折りのビール好きで、現在も毎年1人当たり約140ℓのビールを消費する。彼らの好むスタイルは淡色ラガーを意味するスヴェトリ・レジャーク(světly ležák)だ。ここには「ピルスナー・ウルケル(Pilsner Urquell)」がつくられているプルゼニュ(Plzeň：ドイツ語名ピルゼン)と、「ブドヴァイゼル・ブドヴァル(Budweiser Budvar)」がつくられているチェスケー・ブジェヨヴィッツェ(České Budějovice：別名ブトヴァイス)という都市がある。つい最近までこの国で消費されるビールの90%は美しい金色のビールだった。とはいえチェコのビールの歴史はそれほど保守的ではない。

チェコの西半分に当たるボヘミア地方では7世紀からホップが栽培され、1089年には課税対象となっていた。13世紀の頃には多くの町に役所が営む醸造所が生まれ、公営醸造所の伝統が始まった。こうした醸造所は現在も何らかのかたちで残っている

伝統的にチェコのビールは生産地の地名とタイプ、およびアルコール度数によって名付けられる。アルコール度数はバーリング度で測定される。これは、マッシュに含まれる醸造用糖分の割合をおおざっぱに測った糖度の単位であるプラート単位で麦芽濃度を測定するものだ。四つのカテゴリーに分かれているが、最も軽い8度未満のレーケ(lehké)は実質的に消滅した。8-10.99度のヴィーチェプニ(Výčepni)は「タップの」を意味し、瓶詰めであってもそう呼ばれる。「ラガー」を意味するレジャーク(ležák)は11-12.99度で、エールであってもこう呼ぶ。さらにアルコール度数の高いビールはスペツィエル(speciál)と呼ばれる。

典型的なチェコ・ビールは軟水で醸造され、デコクション・マッシング(p.24を参照)を施され、ザーツというホップが使われる。低温発酵の後は0-3℃で2-3カ月間貯蔵される。

1989年のビロード革命でソ連の影響下から脱した当時、チェコには約100の醸造所が残っていた。全てが公営で、その大半はわずかな資本のもと、古びた設備を丁寧に使って上質なビールを造っていた。

ビールを飲むことが日常化しているこの国には、市場経済の復活により海外企業がしきりに進出を狙うようになり、新たなヨーロッパ市場に足場を築くことに精を出し始めた。そうした企業は醸造所をまとめて買い取り、多くを閉鎖したほか、世界に普及した手法、つまり安く早くラガーをつく

下：金色のラガーが初めて登場したボヘミアの町プルゼニュには壮麗な集合住宅がある。

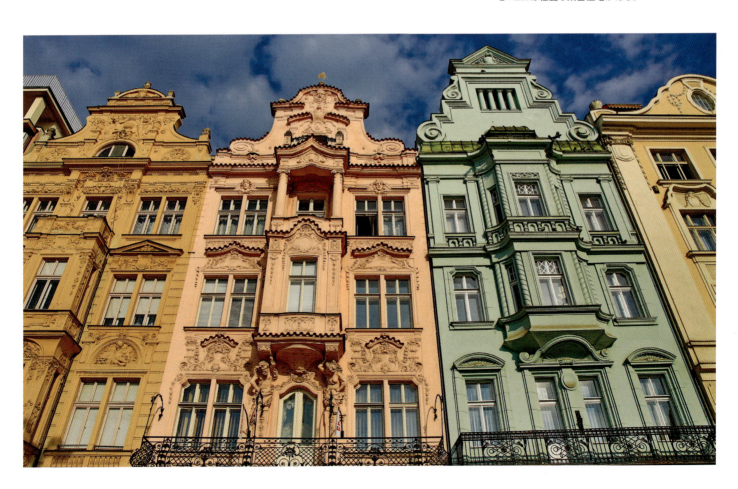

チェコ | 中央および東ヨーロッパ | ヨーロッパのビール | ビールの新興国を知る | 135

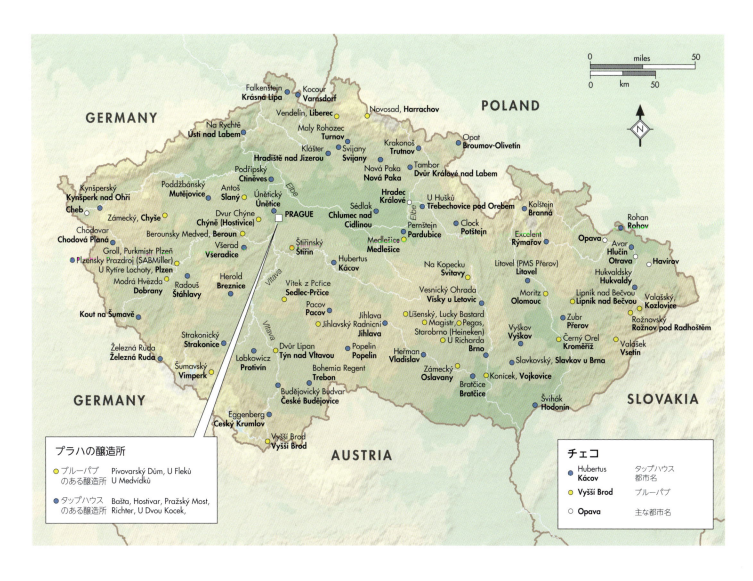

るための新たな設備を投入していった。こうした動きは1997年に最悪の状態を迎え、当時残っていた醸造所は50カ所にも満たなかった。

新しく造られるようになったビールはしばしば貧弱だと見られ、普段は文句の少ないチェコの飲み手は背を向けるようになった。そんなとき国営のブドヴァル社は、手抜きをしたり世界的な買い手に会社を売却したりすることを頑として拒否し、国の英雄的な役割を果たした。

ゆっくりとではあるが、ビール界は再生してきた。まず冒険心のある何軒かのブルーパブが、続いて数社の革新的な醸造所あるいは伝統の復興を目指す小規模醸造所が登場した。こうした状況で最大の難題は、国内流通網の欠如だったが、近年は改善されてきたため、小規模な醸造所のビールもバーの大部分のタップを占めるようになった。チェコは樽詰めビール文化の国なのだ。

さらに最近では、地域ビールの需要が全体的に上昇したことにけん引されて、老舗の地域的な醸造会社の経営状態も好転してきた。また、最大手のビール会社の製品も再評価される兆候がある。「ピルスナー・ウルケル」はSABミラー社の傘下で勢いを取り戻し始め（さらに後に日本のアサヒグループホールディングスの傘下に）、ハイネケン社は「クルショヴィツェ（Krušovice）」ブランドを復活させている。

チェコで訪れるべき醸造所 ▲

ボヘミア地方とモラヴィア地方の醸造文化をめぐる旅を最も実りあるものにするには、1000年以上も地域を特色付ける風景として存在してきたタップハウスを探すのが良い。この地図には、昔からみごとなビールが集まってきた大市場的な所から家内工業的な小規模なところまで、チェコのあらゆる種類の醸造所を網羅した。

左：海外で見られるピルスナー・ウルケルとブドヴァイゼル・ブドヴァル。チェコは樽詰めビール文化の国である。

スヴェトリ・レジャーク（ボヘミア風淡色ラガー）

チェコの醸造家たちは、世界標準のビアスタイルを発明し、現在もその醸造方法に熟練していながら、
自分たちの専門技術に対して控えめである。もし私たちが思い切って、
少しでもチェコ語の発音を習うことで彼らに敬意を示せば、事情は変わるかもしれない。
あるいは少なくとも彼らの重い腰を「světly」〔訳注：「軽い」という意味〕にするために、英語化してもいいかもしれない。

発祥地以外ではほぼ「ピルスナー」と呼ばれているビールは、非常に複雑かつシンプルだ。最高の原料を使い、念入りに醸造工程を管理し、じっくり時間をかけて熟成させることで完璧なビールが生まれる。

偉大なビール、スヴェトリ・レジャーク（světly ležák）の核を成す二つの行程がある。味わいを最大限に生み出すためにデコクション・マッシングを3回行うこと、そしてなめらかな口当たりに仕上げるために長期間、低温熟成させることである。ぜひ本国で樽詰めされたものを見つけてほしい。想像する限り、スーパーマーケットで売っているラガーとは雲泥の差だ。

最も有名なチェコの2大淡色ラガー、ピルスナー・ウルケルとブドヴァイゼル・ブドヴァル（北米では「チェコヴァル」）は、大量生産されているにもかかわらず、ほぼ正統派のスタイルを保っている。とはいえ両者の味わいは全く正反対だ。

左：チェコの製麦工場にて。発芽したモラヴィア大麦のサンプルを検査のために採取する風景。

プルゼニュ、ブドヴァイスと法律

ドイツ語が話されていた時代、チェコのボヘミア地方にあるプルゼニュ（ドイツ語でピルゼン）でつくられたビールだけをピルスナー（ピルゼンに由来）と名付けることが慣習化していた。同様に考えれば、チェスケーブジェヨヴィツェでつくられたビールだけがブドヴァイゼルとして知られるべきである。
世界初の金色のラガーはウィーンとミュンヘンでの開発を経て、1842年、プルゼニュで生まれた。初期の成功は技術と華やかさの融合の賜物だった。しかし、映画の登場が容姿の優れた俳優をスターの座に押し上げたように、ちょうどそのころ生まれた透明で安価なガラス食器が、史上初の黄金色に透き通ったビールを世界全体に知らしめた。こうして金色のラガーは、19世紀の終盤には中央ヨーロッパ全土に広まった。そして1899年、ミュンヘンの法廷で一つの重大な判決が言い渡され、ピルスナーの名称を独占的に使う権利が、最初にこのビールを生み出した醸造家から公式に奪われた。以来、「ピルスナー」は世界中で人気を呼び、生産量が増えるにつれて、名称からは文字が脱落していき、製品からは優れた品質が失われていった。金色のビールの製造は簡単だった。一方、ボヘミアで生まれたビールを生み出すには時間と手間がかかり、広大な貯蔵スペースも必要だった。

外観は優れているが中味がもろい「ピルス」が世界中で愛されるビアスタイルになった頃には、省略されたのは名前だけではなかった。大麦麦芽の代わりにトウモロコシや米、さらにシロップが原料として使われ始めたのだ。発酵時間は短縮され、貯蔵しておく代わりにろ過されるようになった。中味より見た目が重視されるようになってしまったのだ。

正統派のチェコのスヴェルティズは（おっと、もう英語式の複数形にしてしまった）、ホップはボヘミア北部産の香り豊かなザーツ種のホップを丸ごと投入し、モラビア南部産の3種類の麦芽を使い、12℃で12日間かけて発酵させ、水平に置かれたタンクで、0-3℃の温度で90日間貯蔵してつくる。一部の醸造家が最後の貯蔵工程を漫画化して、冷たいところに生息する微生物がビールの雑味の素となる有機化合物を食べ尽くす様子を描いていたのを見たことがある。一般的な大量生産ラガーを室温で飲んでみれば、彼らの訴えようとしていることが分かるはずだ。

　貯蔵期間が短いと、わずかだがざらつき感のある本性が表れる。しかしバーリング度が10-11度のビールは通常6-8週間もすればまろやかになってくる。

　金色のラガーに気掛かりを覚えた一部の醸造家たちは、クロイゼニングなどの巧妙な改善を加えた。これは発酵の初期段階の麦汁を、ほぼ出来上がり状態のビールが入った熟成タンクに加えることだ。こうすると力強いパンのような味わいと酵母の特徴を加えることができる。このようなビールは派生タイプとして、クロウシュコヴァニー（kroužkovaný）、クワスニツォヴィ（kvasnicové）あるいはクワスニシャク（kvasničak）と表記され、「酵母ビール」と訳されることが多い。

　樽詰めのラガーを低温殺菌せずに放置しておいても、際立った特徴が生まれる。大胆にろ過せずに放置しておいても風味が加わるが、金色のラガーの売りである「磨き抜かれた」外観は失われる。小麦ビールを少量加える醸造家さえいる。こうした技術はブルーパブにとっては朗報で、現代的なひねりを効かせたビールとして尊敬を集めるが、古くからの飲み手を冒とくした行為だ。

　膨大な貯蔵能力と最高品質の原材料を入手するという犠牲を強いられるにもかかわらず、プルゼニュ近郊のコウト・ナ・シュマヴィエにあるコウツキー醸造所（Koutský）やフラデツ・クラーロヴェー州ヴルフラビーのヘンドリッヒ醸造所（Hendrych）、あるいはプラハ南東部にあるカコヴ醸造所（Kácov）はみな、郷愁を求める飲み手と目新しさを望む飲み手を同様に引きつける市場でのビール販売に参入してしまった。しかしウーニェチツェ醸造所（Unětické）のような成功を収めた醸造所は一つもない。この醸造所はプラハの優良なビアバーにとって頼りになる淡色ラガー生産者になった。

　チェコは樽詰めビール文化の根付いた国なので、どちらかというと小規模醸造所はほとんど輸出をしていない。そのため、淡色ラガーの原産国でその全容を見つけるには、熱心な事前調査と、あまり知られていない行き先を選んでみることが必要だ。

左ページ下段：伝統製法でつくられたボヘミアン・淡色ラガーの新たなタイプの特徴はプラハ近郊にあるウーニェチツェ醸造所の「ピヴォ 12°」に集約されている。

右：チェスケーブジェヨヴィッツェにあるブドヴァイゼル・ブドヴァル醸造所は、国が経営する大量生産ビール工場という珍しい経営形態だ。鋼鉄とコンクリートの設備であふれた工場から複雑かつシンプルな、世界標準のビールが生まれる。

濃色のチェコ・ラガー

11世紀のボヘミア地方の統治者がホップに課税したのは、
ホップがエールの醸造に使われていたからである。
つまり、何らかの濃色ビールがチェコのビールづくりの風景のなかに1000年以上も存在してきたと考えられる。

現在つくられる濃色ビールの大半はラガーで、軽めのヴィチェープニ（výčepni）と通常のレジャーク（ležák）がある。さらにバーリング度14度以上のスペシアル（speciál）タイプも多数ある（p.134を参照）。製法はほぼブロンド・ビールと同じだが、デコクション・マッシングが2回施される点だけが異なる。3回目のマッシングはほんの少量だけ加えられる。

濃色ラガーは甘味と色合い、清澄度、そして品質によって非常に多種多様だ。「黒」を意味するセルニェ（cerné）と「濃い（ダーク）」を意味するトマヴェ（tmavé）はほぼ同等だが、アルコール度数の高い銘柄（バーリング度15度以上）は後者に多い。ポーターもときに見られ、パルドゥビツェ19°クラシック（Pardubický 19°）はバルティック・ポーターに由来する。

最も歴史あるチェコの濃色ラガーを探すのなら、プラハのクレメンコヴァにあるウ・フレクー醸造所（U Fleků）で500年前から営業しているブルーパブに行けば、時間と技術が許す限り145年前からほぼ全く変わらず、大昔から注がれ続けてきたビールが飲める。ウェイターがずいぶんと退屈そうに見えたのはそのためだろう。

さまざまに変化していくチェコ・ビールの世界を発見する旅、ヨーロッパ中央部の中心にある歴史的な美しい国の姿を、プラハ以外の観光化されていない地域で見つける旅をしたいのなら、国中の醸造所が運営するタップハウス（p.135地図を参照）を巡る計画を立てるのがいいだろう。大半が鉄道ルート沿いにあるという点もお勧めする理由だ。

上と右：プラハの「ウ・フレクー」は5世紀前から醸造設備を備えたビアホールだ。旧ソ連時代の間ずっと、この店の「シングル・ダーク13°」の品質は向上していく一方に見えたが、クラフトビール時代が到来するとその存在感は衰えていった。しかし実際は何も変わらず一定の品質だったのだ。これは現代という時代が、いかに優れたビールに恵まれているかを確実に示している。

濃色のチェコ・ラガー | チェコ | 中央および東ヨーロッパ | ヨーロッパのビール | ビールの新興国を知る　139

ビロード革命が起こる数年前の1985年、ビール愛好家のイギリス人からなる少人数のツアー客が当時のチェコスロバキアの小規模醸造所を初めて訪れた際、醸造所の経営者と醸造責任者がこんな不平を言うのを耳にした。地元の行政担当者が、地元の消費者が望まない限り、濃色ビールをつくらせてくれないというのだ。見たことも味わったこともないビールをどうやって欲しがるのだ、と彼らは憤慨し、そんな理不尽なことは西側世界では決して許されないはずだと言い放った。これに対する観光客たちの反応が、醸造家たちを笑わせた。着る服は違っても思考は同じ、政治理論が異なっていても結果は同じだ、という笑い話になったのだ。

それから30年が経ち、チェコ中の地域醸造所は自信を回復し、多くは、自分たちが正しいと信じるビールをひたすら追求している。豪華なレストランを運営するところが増え、地元客や観光客を呼び込んでいる。ホテルやスパ施設を備えた醸造所まであり、美しい町や地域、山々などあらゆる観光旅行の背景として当然のように、自社製品を提供している。そうでない醸造所もあり、ひたすら良質なビールづくりに専念している。

一般に、チェコの醸造所で造られる金色のラガーはそれほど特徴にばらつきがない。醸造所ごとの個性が見られるのは濃色ビールの方で、アルコール度数や特徴、本気度、そして市場での立ち位置に、独自性が表れている。

チェコの観光当局が、ベルギーやバイエルン、イギリスに匹敵するビールを、この国の観光の目玉として宣伝広告するのをためらっている限り、訪れる側にとっては、思い切ってボヘミア地方やモラヴィア地方へと出かけていき、この国の偉大な伝統を再生している文化をじっくり考察する以上に最良の時間の過ごし方はない。

旅のアドバイス

- パブに入るときは、店内の居心地をチェックするために男性が女性より先に入店するのがマナーである。
- 乾杯の言葉「ナ・ズドラビィ(na zdravi)」を言うときはグラスを鳴らし、飲む前にテーブルをグラスで軽くたたく。
- チェコのバーの大半はいまだに喫煙常習者のたまり場である。
- ブルーパブを探したり醸造所に関するニュースを見つけたりするにはwww.pivni.info.の翻訳ツールを利用しよう。
- プルゼニュ近郊のホドヴァル醸造所が運営するウ・スラドカ・ホテルなど、醸造所が運営するホテルにはビール風呂がある場合があるので入ってみよう。

下：2010年、このときまだ20歳だったアダム・マチューシュは、すでに自分が運営する醸造所の醸造責任者を務めていて、まもなく到来するチェコの新たなビール時代の声を上げる急先鋒となった。

その他のチェコ・ビール

初版の出版以降、復興中だったチェコのビール醸造は再発見の旅の途上だったが、
その旅もいずれ、出発点から遠からぬ地点で終わりを迎えるだろう。
チェコの優良な醸造家の多くが、おそらく良質のスヴェトリ・レジャークをつくり始めたと思われるのだ。

ビール醸造への関心が地域的に再生した1990年代、最も目覚ましい復活を享受したビールは、それまですっかり廃れて無視されていたラガーだった。さまざまな色合いで登場するようになり、色の濃さが中程度のポロトマーヴェ(polotmavé)、ガーネット色のグラナット(granát)、褐色のヤンター(jantar)などがあり、多くが最初から天性の本物らしさをまとっていった。「cut(割る、混合する)」を意味するレザニェ(Řezané)は、別々に醸造されたブロンド・ビールと濃色ビールを「割る」つまり混ぜてつくられたビールであることを示している。これは同じ色合いのビールをつくる近道だ。

小麦ビール(プシェニチェ〔pšeničné〕またはビーレ〔bílé〕)も数十年ぶりに再登場し、たいていはバイエルン地方のヘーフェヴァイツェン〔訳注:小麦麦芽比率が50%以上で、ろ過しないビール〕のスタイルだ。しかしオーストリアと同じように、地元の醸造家たちは卓越した独創性を出そうと努力している。

サクランボやコーヒー、麻などで味付けした一連のビールは目新しさ以外にほとんど注目すべき点はないが、決して消滅はしない。

ドイツやベルギー、イギリスなど、他のヨーロッパのビール伝統国と同様に、チェコの醸造家とビール評論家は、若く旅慣れた飲み手たちが他の文化圏のビールに魅了されるようになってきた事実になかなか適応できなかった。しかし2009年、現代の傾向に応じて、初のチェコスタル

左:チェコではビールを客席で供出するのが標準的で、従業員はビールをきちんと泡立たせて注ぐ役目を任されている。

チェコになじむにはチェコ語を覚えよう

チェコは確かに世界屈指のビール大国かもしれないが、その言語は非常に風変わりだ。とはいえチェコの人々は全く普通だと考えている。

西スラブ語を起源に持つチェコ語はチェコ国民1000万人に使われているほか、スロバキアとポーランドのシロンスク地域で数百万の人々が使っている。

外国人はなじみのないアクセントやつづりにたびたび出くわすため、旅行をしてもレストランのメニューや道路標識を発音する意欲が萎えてしまう。

そこで読者のために簡単で基本的なチェコ語を紹介する。

お願いします	prosím:プロスィーム
ありがとう	děkuji:デクイー
ビール	pivo:ピヴォ
どの醸造所ですか?	Které pivovar:クテレ ピヴォヴァル
お会計	úêt:オーチェト
研究所	toaleta:テワルエッタ
タクシー	taxi:タクシー
ビールを二つお願いします。友達が払います。	Dvě piva prosím, můj přítel může platit:ドゥヴァイア ピヴァ プロスィーム、モイ プレーテル モルシャイ プラティ

p.142-143:チェコの首都プラハの景観が保たれたのは、同国のビール産業と同様に、旧ソビエスト連邦時代の怠慢さゆえだ。

のIPAが登場し、以降、ドイツスタイルのボック、ブリティッシュ・スタウト、アメリカンスタイルのポーター、バーレイワイン、そして初めてのダブルIPA（ドゥーブリーパーと発音する）が続いた。

　この国の最新の醸造所数は340カ所に達し、週に1カ所のペースで増え続けているが、醸造の科学、とりわけ熟成について理解している醸造家は少ない。デコクション・マッシングを行わなかったり、低温熟成の期間が不十分だったり、衛生管理に過敏になったりしている例がよく見られる。

　新しい醸造会社は流行を追う目的だけでなく、投資を早く回収するためにエールをつくろうとする。デコクション・マッシングと長期間の低温熟成を施し、やがてIPAのスタイルを完成させるのがチェコの醸造家かどうかを見きわめるのは、長い目で見れば興味深いことだろう。ボヘミア地方の醸造家がよくやるように、図らずも世界に次世代のビールの壮大なアイディアをひそかに提供してくれるのではないだろうか。

下：ボヘミア地方でも最も地味な村でさえ、かつては醸造所があったというのに、共産主義と自然減によって、1997年までにチェコの醸造所数は50カ所足らずに落ち込んだ。しかし現在では地域的な醸造所が再び増え始めている。

ポーランド

初版で私たちはポーランドビールの新たな局面に触れ、可能性はあるものの、単独でページを設けるほどの活気はまだないと結論付けた。しかし初版が世に出る直前に南部のクラクフを訪れた際、4軒のビアバーが150銘柄のポーランド産エールを提供していた様子を見て、自分たちの言葉に疑問を抱いた。

前回、私たちはポーランドについて「バルティック・ポーターの品目数とドイツスタイルの酒類をもっと増やす価値があると考えられるかもしれない」と書いた。しかし大規模な醸造所が次々に世界的企業に吸収されていく様子や、独立系醸造所の没個性的な製品、そして実質的なブルーパブがないという現実にうんざりした。

その後ブルーパブが登場し、世界的企業は行儀よくふるまい、この国の優良な醸造家たちはスタウトでもポーターでも、ほぼ全てのビアスタイルを増やし、力強いIPAやボディのあるブラウン・エールその他のスタイルに熱心に取り組むようになった。

醸造家たちは幅広い種類のスモークト・ビールもつくり始めた。ポーランドの醸造家たちが何世紀も前からお気に入りだったスタイルだ。つくり始めたのは2010年頃で、オークの薪でいぶした小麦麦芽を使ったグロジスツ（grodzisz）あるいはグロジスキー（grodziskie）と呼ばれる軽めのビールから始まった。これはドイツでグレッツァー（Grätzer）として知られ、1922年以来ポーランド西部グロジスク・ヴィエルコポルスキの町だけでひっそりとつくられ、1990年には完全に消滅していた。順調に復活したのちは、スモークトスタウト、ペールエールにブラウンエール、ライ麦ビール、

ボック、さらにバーレイワインまで登場した。

現在ポーランドには150から200の醸造所があり、その約4分の1はブルーパブである。醸造所に希望するビールを委託して醸造してもらうビール・コミッショナーや、自らは醸造設備を持たず、他の醸造所の設備を借りてビールを醸造する業者もいるため、正確な数を特定するのは難しい。ビール界をけん引している土地はクラクフ、グダニスク、ヴロツワフ、そして首都ワルシャワである。

上：ピヴォ・グロジスキエ・スペツィアンヌ（Piwo Grodziszkie Specjalne）は、昔ながらの、かつ現代的な民俗的ビールを正真正銘、本来の姿で再現したビールの一例だ。

バルティック・ポーターの起源

卓越した力強い濃色ビールのとりこになったのは、何も私たちの時代が初めてではない。帝政ロシアの宮廷もすっかり心を奪われたため、1800年代初頭のイギリスの醸造家とロシアの輸入業者は大いに潤った。しかしイギリス政府が立て続けに、インペリアルスタウトに大量に使われていた麦芽に課税したため、アルコール度数の高いスタウトを愛好していたロシアのエカテリーナ2世は、新たに獲得したバルト海沿岸の領土に、強い濃色いビールをつくるよう命じ、彼女の帝国以外から入ってくるビールには重い輸入税を課した。

バルト海沿岸地域で最初にポーターの醸造に専心したのは、1809年ヘルシンキに開業したシネブリュコフ醸造所だった。ビルニュスの醸造家たちも1820年にはつくり始め、1826年にはアルベルト・ル・コックがロンドンにあった醸造所をエストニアの大学都市タルトゥに移した。イギリスからロシアへの輸出は1853年のクリミア戦争まで続き、その頃にはル・コックもその他の醸造所も高級化していた。それから10年足らずのうちに低温貯蔵の技術を導入し、甘めで赤く、透明なビール、つまり初の本格的なバルティック・ポーターを造るようになった。これは貯蔵するという点だけでなく、異なる大麦とホップを使う点でも従来とかけ離れていた。

ポーランドビールが復興するなかでバルティック・ポーターは力強い役割を演じてきた。なにしろ旧ソビエト連邦時代も生産が途切れず続いていたのだ。今やあらゆるアルコール度数のスタウトが人気となり、各種のインペリアルロシアンスタウトの人気も復活してきた。

上：プラコウニア・ピヴァ醸造所（Pracownia Piwa）のインペリアル・スタウト「ミスター・ハードロックス」（9.5%）はポーランド屈指の上質な銘柄だ。

ポーランド ｜ 中央および東ヨーロッパ ｜ ヨーロッパのビール ｜ ビールの新興国を知る ｜ 145

写真上：バルト海沿岸の都市グダニスクはポーランドビールの復興の先駆け的な中心地の一つとなった他にも、重要な役割を果たしている。

写真下：ポーランドの首都ワルシャワには、いまや20カ所以上の専門的なビアバーとビール販売店がある。

世界の醸造設備を支える会社

ハンガリーがクラフトビール醸造に貢献した最大の功績は、ワインで有名なトカイとブダペストとの間に位置する古くから製鉄が盛んな都市ミシュコルツにある。

ジップ社 (Zip) は、ビール醸造所の設計、製造、組み立てに精通した百人以上の技術者を雇い、主に小規模醸造に不慣れな世界各地の国や地域に技術輸出を行っている。顧客は東ヨーロッパ、ロシア、コーカサス地方、ウズベキスタン、タジキスタンなどの中央アジア地域、さらにはスウェーデン、アイスランド、ロンドン、そしてカリフォルニアに及ぶ。

同社は、250から5000ℓサイズまでの特注醸造設備で、ブルーパブやクラフトビール醸造所の所有者から高い需要を得ている。設備には醸造と熟成の工程ごとに様子を観察できる窓が付き、工程のパートごとに精密に監視できるコンピューター制御のモニター装置を備え、トラブル解決のための遠隔診断システムと修理サービスがインターネット経由で利用できるようになっている。

さらにその上に、ミシュコルツ（住所：1 Arany János tér）にある展示用ブルーパブでは同社でつくられたビールが提供される。その一部はテーブル上に備え付けられたタップから注がれ、ミリリットル単位で量り売りしている。

右：ミシュコルツにあるジップ社のブルーパブには、mℓ単位で料金がかかるセルフサービス式のタップが備え付けられている。

ハンガリー

ハンガリーはワインとビール、蒸留酒の消費量がほぼ等分ずつとなっている数少ない国の一つだ。しかし条件は公平ではなく、ビールと蒸留酒は物品税の対象となっている。

オーストリア＝ハンガリー帝国が消滅した1918年、ウィーンの醸造家アントン・ドレハーは醸造所を開設するためにブダペストへやって来た。ハンガリーのビール醸造は彼の母国の影響を強く受け、国民的ビールといえばもっぱら淡色ラガーだった。

1989年、旧ソ連の影響下から脱すると、醸造所が爆発的に増えたが短命に終わった。法律に抜け穴があり、ろ過されていないビールは物品税の課税対象外だった。不慣れな銀行は起業家たちに気前よく融資を行い、わずか数年のうちに300を超える醸造所が生まれたが、数年後に法律が改正されると廃業した。

事態が落ちつくと、国営の3大醸造所、ドレハー（Dreher）、ボルショディ（Borsodi）、ショプロニ（Soprony）はそれぞれ、SABミラー社、モルソンクアーズ社、ハイネケン社に買収された。

旧ソ連時代後に生まれた醸造所は20カ所残っており、そのうち1990年代の終盤以降にできた小規模醸造所が目指したのは、地元市場でより大きな関心を呼ぶビールづくりだった。10軒ほどのブルーパブも登場した。

2012年以来、企業家精神のある新世代の若い醸造家たちが登場し、オーストリアスタイルのラガーやドイツのヘーフェヴァイツェン、北欧のポーターやスタウト、米国のペールエールにハンガリーらしさを加えたビールづくりに励んでいる。他にはハーブを浸したり、スパイスを加えたり、果物を漬け込んだビールなどが数多くつくられているが、これらはイタリアにこそふさわしいように思われる。

現在、自前の醸造所を構えているのは20カ所ほどで、施設を借りつつ醸造所の建設資金を蓄えているところも20カ所ほどある。2012年の一斉スタート以降、150種を超えるハンガリー製クラフトビールが通常生産され、首都でも見つけられるようになった。地方のビール販売店になら並んでいて不思議はないと思われるようなビールだ。

ハンガリー北西部ジルクにあるシトー会修道院であるアボット・シクストゥス修道院は、地下室に小規模な醸造設備を設置することを許可した。ビール醸造が新秩序と呼べるものになり得るかどうかを試すためだった。最初のビールは穏やかだが申し分のない出来上がりだったので、これからどのように発展していくのか興味深い。この試みが、ハンガリーで本格的なビール醸造が始まる証しとなるかどうかはまだ証明できない。

上：オーストリア生まれの醸造家アントン・ドレハー（1810-63）はブダペストに開設した醸造所を孫のイェノに譲った。

左ページ：ドナウ川沿いにあるハンガリーの首都ブダペストは、がらくただらけの遺跡のようなバーがあふれているが、クラフトビールづくりが盛んな都市でもある。

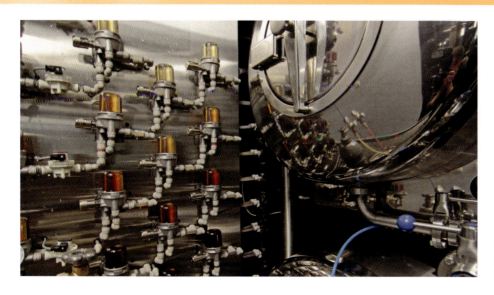

左：ジップ社の醸造設備は、つくり手が工程のあらゆる段階のビールを目視で確認でき、デジタル機器により遠隔での監視もできるようになっている。

東ヨーロッパおよびロシア

アドリア海沿岸のトリエステからバルト海沿岸のタリンまでを結んだ線よりさらに東方へ行くと、
ビール界でどんなことが起こっているのか、ますます確信が持てなくなる。
といっても何も起こっていないと言っているわけではない。

最も確かな情報は、ロシア連邦には現在600から750の小規模醸造所が新設され、そのほとんどは良質な設備を備えているということだ。

1980年代後半から1990年代初頭にかけてのグラスノスチ（情報公開）とペレストロイカ（政治改革）に続いて、世界的なビール会社を主体とする大規模な投資が始まり、西欧式の量産ビールを製造する巨大な工場が建てられた。ソビエト連邦時代の老朽化した工場で造られ、ときには西側にも出荷されていたひどいビールとは雲泥の差だった。都会的で大きなブルーパブも登場し、サンクトペテルブルグからウラル地方、さらにその先の地域にも広がった。

新たなタイプの地域的醸造所はドイツスタイルの三部作、金色ビール、濃色ビール、そして小麦ビールをつくる傾向があり、たいていは甘めで、消費者の手が届きやすい価格と納得のいく完成度を備えている製品だ。世界基準のクラフトビールを思わせる最初の曙光がサンクトペテルブルグに登場してきたが、その他ではほとんど見られない。とはいえモスクワには現在40の醸造所がある。

ベラルーシの現状もほぼ同様で、首都ミンスクにはブルーパブが登場したものの、独自性はまだあまり見られない。

モルドバはまだ貧しく、ビール醸造改革は期待できないが、数種のビールが輸入されていて、首都キシニョフには同国初のブルーパブができた。モルドバよりはるかに大国である隣のルーマニアでは具体的に活発な動きがあり、知っている限りで2カ所、あるいはさらに多くのクラフトビール醸造所が開設予定だ。本書が出版されるまでにその詳細が分かれば、とじれったい思いだった。

驚いたことに、最近の国際紛争にもかかわらず、ウクライナには数カ所の小規模醸造所が開設された。とりわけ、第2の都市リヴィウにあった既存の醸造企業を基にして展開しているプラウダ・ビール・シアター（Pravda）はアメリカンスタイルのビールとウクライナらしい雰囲気、そして自前のオーケストラが大絶賛を浴びている。

ヨーロッパを定義するとき、たいていはウクライナがヨーロッパの東端とされるが、世界情勢の変化によって、コーカサス地方の三つの共和国、ジョージア、アルメニア、アゼルバイジャンもヨーロッパ圏内に収まるようになった。3カ国ともビール醸造の発展の兆しが見え、アルメニアのある醸造所はブルガリアのソフィアで開催されたバルカンビアフェスティバルに登場し、アゼルバイジャンには少なくとも七つのブルーパブが生まれている。

右ページ上：ウクライナのリヴィウにあるプラウダ・ビール・シアターはより良い将来を目指して、やるべきことを行っている。

右ページ下：新しいスタイルがあれば古いスタイルもある。ほとんどのロシア人にとってパブでのビールのつまみといえば魚の干物だ。

液体のパン、クワス

考古学的な仮説によると、発酵させて膨らませたパンが生まれた時期とビールが発展した時期は、どのような形にせよ、歴史上それほど大きくかけ離れていないとされている。古代シュメール語の言葉、"kaš（カス）"はビールジョッキを意味し、つい現代の使われ方とつなげて考えたくなる。

ロシアでは"kvas（クワス）"という言葉は「発酵させる（leaven）」という意味があり、すなわちビールを「発酵させる（fermented）」のと同じ状態を示す。現在の参考文献によると、"bread-kvass"という用語は、10世紀末に行われた王子の洗礼の際にふるまわれた飲み物を示すとされる。これと同じ類型の飲み物が13世紀以来よく見られていたことが知られている。こうした言語的なつながりから、ビールとパンはいとこ同士ではないかと思われる。

クワスはロシア、ベラルーシ、バルト3国、ポーランド、ウクライナ、さらにコーカサス地方にまでわたって、さまざまなかたちで見られ、ロシアの影響下にあった中国の一部にも似たような飲み物がある。通常、アルコール度数は0.5-1.5%ほどで、甘めであり、濁りの程度はさまざまだ。通常、残り物のパンを発酵させてつくられ、使うパンはライ麦パンが最適だ。

果物と香辛料で味付けされることがあるが、ホップは使われない。

右：大型ジョッキに注がれたクワス。泡が立っている。

東ヨーロッパおよびロシア | 中央および東ヨーロッパ | ヨーロッパのビール | ビールの新興国を知る | 149

南ヨーロッパ

フランスのロワール河口からスイスのレマン湖、スイス、オーストリアとハンガリーの国境に沿って
ロシア国境までつなぐ線で、ヨーロッパを、ビールを飲む地域と飲まない地域に分けることができたのは、
さほど昔のことではない。ところがイタリアがクラフトビールの魅力に気づき、全てが変わった。

実を言えば、そのような境界線など全く存在しなかった。パリではワインしか飲まないなどと誰が断言できるだろう。今では何らかの理論に基づいて区分けするなど想像するだけでばかげている。イタリアには約800の醸造所が開設され、スペインにも何百もの醸造所ができた。ポルトガルとバルカン半島に新たに生まれたクラフトビール市場でも、多数の醸造所が創業している。

単純に言えば、過去にビールを愛好する風土ではなかった南ヨーロッパの国々が、いまではビールの楽しさを知り、渇きを癒すだけの退屈なラガーでは飽き足らなくなったのだ。

イタリアは、ワイン中心国の中で最初にビールへと転向した国だ。まず北部に醸造所が生まれ、トスカーナ地方へと広がり、ついには「ブーツ」型の国土全体に醸造所ができるようになった。今では全20州でそれぞれにクラフトビール（*birra artigianale* ビッラ・アルティニャナーレ）をつくっている。さらに、同国のクラフトビールは盛んに流通されるようになり、南ヨーロッパの他の地域だけでなく、ヨーロッパ大陸を北上して、南北アメリカ、さらにアジアのビール醸造にまで影響を与えるようになった。

イタリアとスペインで起こったようなクラフトビールの爆発的発展が南ヨーロッパの他の地域で見られるのはまだ先だが、間違いなくそんなときが訪れる気配がある。まるで、遠からずまた世界のどこかの地域が独創的なビールを引っさげて登場し、クラフトビール界に存在感を示そうとするだろうと、誰もが待ち構えているかのようだ。

実際、ギリシャがペールエールに独自の解釈を加えて私たちの味覚を誘惑する日もそんなに先ではないかもしれない。ポルトガルからはポートワインの樽で熟成したドッペルボックが生まれているし、バルカン半島の非常にアルコール度数の高いエールはすでに世界のビールの原動力になっている。

右：トスカーナ地方の午後の風景。少しのチーズとビッラ・アルティニャナーレのボトルが1本あれば、もう何もいらない。

南ヨーロッパ ｜ ヨーロッパのビール ｜ ビールの新興国を知る ｜ 151

イタリア

イタリア人は古来ずっとビールを飲んできた。
先住民族のエトルリア人はすでに紀元前7世紀にバーレイワインに似たビールをつくっている。
ブリタニアを征服したローマの将軍グナエウス・ユリウス・アグリコラがローマで隠遁生活を送っていた
紀元1世紀、彼がブルーパブを開いていたという記録がある。

1996年、テオ・ムッソがイタリア初のクラフトビール醸造所、バラデン醸造所（Baladin）を創業した。そして今では800を超える醸造所があるという。一方、1人当たりのビール消費量はこの間ほとんど変わっていない。この国のビール事情を向上させたのはイタリア人のビールの飲み方である。

20世紀のイタリアではたいていの場合、ビールは気分転換や元気を回復させる役割を果たし、よく冷えた淡色ラガーを少しだけ、家庭の冷蔵庫から取り出して飲むか、バーで立ち飲みする程度だった。ビールが祝杯用の酒、あるいは食中酒として扱われることはほとんどなかった。

クラフトビール醸造所の誕生とともに全てが変わった。大半の都市部にあるバーやレストランに行ってみれば、2010年にAssobirra（イタリアビール麦芽業者協会）がマクノという調査会社に委託して行った調査結果を確認できる。それは、イタリア人はこれまでに比べて外食時にワインよりもビールを選ぶ割合が増え、社交の場での飲み物としてビールを選ぶ人が増えているというものだ。

この変化を誘発したのはクラフト醸造所の数だけではなく、ラ・ビッラ・アルティニャナーレ（*la birra artigianale*）と総称されるクラフトビールの品質と個性の向上である。これほど短期間に数値と信頼性が急増したと主張できる国は、世界でもほとんど例がない。

イタリアのクラフト醸造所は、一般的な飲み手よりもレストランの食事客に的を絞ってマーケティング活動を行い、従来ワインが担ってきた役割を補完、あるいはそれに代わる飲み物の地位を目指してきた。この点はイタリア特有である。彼らは美術的視点とビアスタイルを組み合わせたひときわ印象的な広告展開を行い、非常に複雑味があり、かつ食事と合わせやすいビールをつくり、優美なボトルやグラスで提供した。こうして世界でも屈指の独創的で魅力あふれるビール市場を創り出したのだ。

イタリアの地域別ビール醸造所数 ▶

この10年間のイタリアにおけるクラフトビールづくりの爆発的な成長は、いまや国中に存在する醸造所の莫大な数に現れている。しかもこの数字には300カ所近い「ビール会社」すなわち醸造所を所有せず、他の醸造所に製造を委託している企業は含まれていないのだ。

左ページ：長年ワインが支配的だったトスカーナ地方でさえ、今ではクラフトビールが影響を与えている。

下：イタリア人のビールの飲み方の変化がクラフトビールの世界をさらに活性化させている。今ではディナーのテーブルにまでビールのボトルが置かれるようになった。

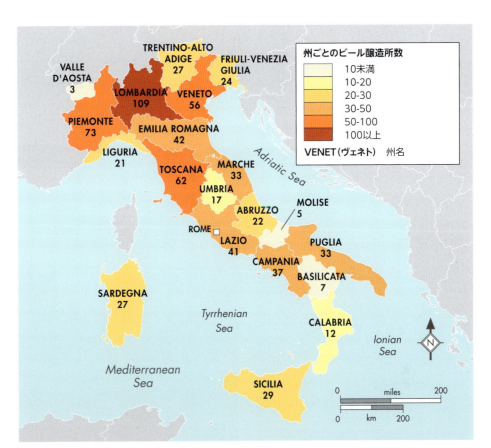

現代のイタリアのビール醸造

1990年代以前のイタリアで淡色ラガー以外のイタリア産ビールを探していたとしたら、主にドッピオ・モルト（doppio malto）に頼るしかなかっただろう。この麦芽香豊かでアルコール度数が高く、ドッペルボック（p.93を参照）に似ていないとも言えない濃色ラガー寄りのビールが当時のイタリアビールの一端を占めていた。そしてもう一端にあったのは大量生産のラガーで、色合いも味も軽かった。この両者の間にはほとんど何もなかった。

やや不思議だが、当時のイタリア人は一般に熱心なビール消費者ではなかった。状況が最初に変わったのは1980年代のことで、ビッレリア（birreria：ビアパブ）にベルギーやドイツ、イギリスからの輸入ビールが登場したのがきっかけとなり、イタリア人がビールの見方を変えるようになった。

地元で生まれ育った最初のクラフトビール醸造家たちは、美食へのこだわりが強い北部に主に根ざし、ドイツのラガーではなくベルギーのエール、そして徐々に米国のエールに着想を得るようになっていった。

地理的に明らかに離れているベルギーと結び付いたのにはさまざまな面で筋が通っていたし、今も変わらない。ヨーロッパ北西部のベネルクス方面はイタリア人の旅行先として人気があり、こうした事情もあって、ベルギーのスペシャルビールはイタリアでよく売れるのだ。さらにベルジャン・エールは料理ともまずまず相性が良く、新たなイタリア人醸造家たちは、料理と幅広い相性を持つビールのメリットに目を付けたのである。

しかしおそらく最も重要だったのは、ベルギー人が従来、ビールを飲むという行為の美的な面を非常に重視してきた点だろう。儀式めいた正しい注ぎ方から専用グラス、ボトルのデザインに至るまで、おしゃれに敏感なイタリア人を引きつけたはずだ。

クラフトビールがイタリアに根を下ろすようになった21世紀初頭、その拡大の鍵を握っていたのはビールそのものだけでなく、スタイルだった。そのためしばしば豪華なデザインを施し、コルク栓を用いたボトルを使ったり、ワインボトルのサイズを真似たり、優美なグラスを創ったりしたのである。ベルギーへの強い信奉とアメリカの「何でもあり」なビールづくりの姿勢への傾倒は、いずれも支障となることはなかった。アメリカでは奇抜なビールであればあるほど評判となるが、イタリアでは、より伝統に沿ったエールとラガーを造っているからだ。

とはいえ初期は問題もあった。2006年に開催された全国的なビールコンテスト「ビッラ・デル・アンノ（Birra dell'Anno）でイタリア最高のビールを決める審査は、評価が無秩序になってしまったのだ。クラフトビール産業の歴史が浅かったた

上：キアンティ（トスカーナ地方の赤ワイン）の国でもビールを楽しんでいる。ブオンコンヴェント近郊の「TNT Pub」では毎年「ヴィラッジオ・デラ・ビッラ（Villaggio della Birra：ビール村）」というビールイベントが開催される。

右ページ：イタリアーノ醸造所の醸造責任者アゴスティーノ・アリオリ。糖化とろ過の後に残った穀物は地元の農場で家畜の飼料に使われる。

ローマ　イタリアにおけるクラフトビール文化の中枢

イタリアのクラフトビール醸造所の大半は北部にあり、有名なところや高評価を得ている所も北にある。しかしクラフトビールの消費の中心地として最も活気があるのはローマである。

といってもずっとそうだったわけではない。初期の頃は流行に敏感なミラノっ子たちが先頭に立ち、ランブラテ醸造所のブルーパブやビールを提供してくれるレストラン「ラ・ラテラ（La Ratera）」など、先駆者的な販売拠点を応援していた。しかし月日が経ち、ラ・ビッラ・アルティニャナーレがもの珍しさを失い、都会のバーやレストランに定着すると、ローマがクラフトビールの中核の役割を担うようになった。街では傑出したビアパブ「マ・シェ・シェーテ・ヴェヌーティ・ア・ファ（Ma Che Siete Venuti a Fà）」、通りをはさんで向かいにあるレストラン「ビール・エ・フッド（Bir&Fud）」、バラデン醸造所直営のチェーン系バー「オープン・バラデン（Open Baladin）」そして販売店とパブを兼ねた「ビッラ＋（Birra+）」といった名店を中心に、活況を見せている。

2016年になると、このイタリアの首都にはクラフトビールの有名店が豊富にあるだけでなく、多くのごく普通のバーやレストラン、小売店など幅広い場所でクラフトビールを楽しめるようになった。他の土地ではイタリアのビール文化の姿をこれほどにかいま見ることができないのではないかと疑問に感じるほどだ。ローマには今やトラピスト修道会の醸造所であるトレ・フォンターネ醸造所まであり、ユーカリで味付けをしたトリペルスタイルのビールをつくっている。

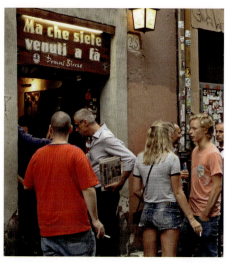

右：目立たず気取らない雰囲気の「マ・シェ・シェーテ・ヴェヌーティ・ア・ファ」の入り口。素晴らしいビールバーである実体とは裏腹に、別名「フットボールパブ」とも呼ばれている。

イタリア ｜ 南ヨーロッパ ｜ ヨーロッパのビール ｜ ビールの新興国を知る ｜ 155

め、退屈な風味のビールや技術的に欠陥のあるビール、誤った製法など、黎明期にありがちな問題を抱えていたのが原因だった。

しかし2015年までに状況はすっかり改善し、醸造家もビールもはるかに安定感が出てきた。伝統的な製法のエールとラガーに加えて、個性的な味わいのビールが登場し、さらには間違いなくイタリアのクラフト醸造の王座にふさわしい新たな宝石ともいうべき、ワイン・ビール（p.156を参照）が登場した。

イタリアのクラフトビール醸造家たちは、常に実験精神あふれるバラデン醸造所を先頭に、「パニル（Panil）」ブランドで知られるトッレキアラ醸造所（Torrechiara）、グラード・プラート醸造所（Grado Plato）、ローベルビア醸造所（Loverbeer）、エクストラオムネス醸造所（Extraomnes）、ランブラテ醸造所（Lambrate）、そしてモンテジョーコ醸造所（Montegioco）という、先駆者的で創造力に富む醸造所が並び、一致団結して陽気で権威にとらわれない姿勢でビールづくりに取り組んできた。こ

うした姿勢が、イタリアをヨーロッパの新しい個性的なビール王国へと変えたのだ。

イタリアビールのテロワールをかたちづくるスパイスとワイン

ホップの効いたビール（p.156を参照）をつくるのはイタリアの醸造家には難題かもしれないが、味わいを変えることによって見事な逸品となる。香草やスパイスその他の調味料を組み合わせたビール醸造となると、これほど首尾一貫して巧み

な才覚を見せてくれる醸造家がいる国は世界を見回しても他にない。最近ではベルギーさえしのぐほどだ。

デュカート醸造所（Ducato）の「ヌオヴァ・マティーナ（Nuova Mattina）」を例に挙げてみよう。8種のスパイスと3種の穀物を使ったビールなど、理論上では完全な失敗作のように思われるが、見事な組み合わせが生む複雑な味わいは称賛に値し、いつ飲んでも驚かせてくれる。また、クローチェ・デ・マルト醸造所（Croce di Malto）の「ヘレス・ディアブロ（Helles Diablo）」は唐辛子のビールで、卓越した優美さと品位が感じられる。MC77醸造所がベルギーの小麦ビールを独自に解釈して生み出した「フルール・ソフロニア（Fleur Sofronia）」は、ハイビスカスの香りをまとっている。

とはいえ、イタリアのクラフトビール最大の強みはもはやスパイスの味わいではない。そのため醸造所を訪れる際はワイナリーを訪問するつもりで行く必要がある。

ワイン産出国であるイタリアの醸造家がブドウ果汁や澱、木樽熟成の手法から着想を得るのは当然の成り行きであり、彼らはそれをまさに十分な数で実行し、見事な腕前を見せてくれた。その成果には要注目だ。

木樽熟成だけが導入される場合もある。モンテジョーコ醸造所の「ラ・ムンミア（La Mummia）」はバルベーラワインの樽で熟成され、傑出したビールだ。ローベルビア醸造所の「ビアベラ（BeerBera）」のように、ワイン用ブドウを加えて樽内で自然発酵させるものもある。ブドウ果汁が加えられたビールもある。ブルートン醸造所（Brùton）の「レーメス（Limes）」は、低温殺菌されていないベルメンティーノ品種のブドウ果汁が発酵の終盤に加えられる。出来上がったビールは軽くて刺激的で、磯の香りのような特徴があり、木樽熟成が合う。

このような交配種の「ワインビール」は、ペールエールやIPAがイタリア中を席巻したのと同様のかたちでは流行らないかもしれない。しかし品質水準と深い風味は一貫して高いレベルにある。しかも、穀物とブドウの融合には、まぎれもなくイタリアらしさが感じられる。こうしたビールはいつか、世界に通用するイタリアのクラフトビールの名刺代わりとなるのではないだろうか。

旅のアドバイス

- ラ・ビッラ・アルティニャナーレはカフェやバーだけでなくレストランでもよく見られる。
- イタリアのクラフトビールはワインと並ぶ選択肢と位置付けられていて、価格帯も同等だ。値段の高さにショックを受けることを覚悟しておいた方がよい。
- 国際的な食文化組織であるスローフード協会が毎年出版しているガイドブック『Birre d'Italia（イタリアのビール）』はビールと優良販売店を知るうえで参考になる。
- 大都市の中心部には有名店があるかもしれないが、例えばミラノ近郊のニコルヴォとネンブロにはそれぞれ、「シャーウッド（Sherwood）」と「ザ・ドーム（The Dome）」という傑出した名店がある。郊外にも目を向けよう。
- 醸造所の場所を調べたい場合は小規模醸造所の情報が豊富なウェブサイトwww.microbirrifici.orgがお勧めだ。

上：1906年のポスターからも分かるように、ビールはこれまでずっとイタリア人の生活の一部だった。

右ページ上：アーモンド22醸造所にて、麦汁を調べている。醸造所名は1922年当時この建物がアーモンドの加工工場だったことに由来する。

右ページ下：リミニで毎年開かれるイベント「ビールアトラクション」では、イタリアの活力に満ちたクラフトビールの動向を感じ取ることができる。

イタリアで最高のビールを競うコンテスト「ビッラ・デル・アンノ（Birra dell'Anno）」

米国で「グレート・アメリカン・ビア・フェスティバル」が、イギリスで「チャンピオンビール・オブ・ブリテン」が開催されるように、イタリアにも国内最高のビールと醸造所を決めるコンテストがある。それが「ビッラ・デル・アンノ」で、毎年冬の終わり頃、リゾート地で貿易関連の見本市が行われる地でもあるリミニで行われる。

リミニ見本市の後援のもと、全国醸造所協会「ユニオンビッラ（Unionbirrai）」と提携して開催されるコンテストは国内外の審査員を迎え、イタリアで醸造されたビールを26のカテゴリーに分けて評価する。カテゴリーは伝統的な淡色ラガーから英米の影響を受けた高アルコールのエール、そしてなんともイタリアの独自性が強く表れた栗ビール、そして「イタリアン・グレープ・エール」などの部門がある。

コンテストでは全カテゴリーごとの優勝ビールおよびその年最も目覚ましい成果を挙げた醸造所を表彰する。ちなみに2016年の優勝醸造所は「ファブリカ・デッラ・ビッラ・ペルージャ醸造所（Fabbrica della Birra Perugia）だった。

コンテストのあとには国際的なビールイベントが開催され、急速に規模が拡大の一途をたどっており、2016年には約350カ所の醸造所のビールが出品された。「ビールアトラクション（Beer Attraction）」という名称で行われるこのイベントは、一般消費者向けと取引業者向けに分かれていて、2016年は約1万5000もの入場者が集まった。

右：イタリアのビールづくりにおいて「ビッラ・デル・アンノ」での受賞は最高の栄誉である。

イタリア ｜ 南ヨーロッパ ｜ ヨーロッパのビール ｜ ビールの新興国を知る ｜ 157

スペインとポルトガル

2011年を迎える頃（本書の著者も含めて）多くの人間が、スペインを、
ヨーロッパにおける次の新たな独創性あふれるクラフトビール醸造の拠点の候補として挙げた。
この国が美食に関すること全てにあくなき追求心を注ぐ特性を備えていることは誰の目にも明らかだ。
しかもワインの名産地でもあり、イタリアに続いて創意にあふれ味わい深いビールを受け入れる風土があるとして注目されたのである。

　評論家たちのこうした注目は当たりでもあり外れでもあった。確かにクラフトビールは今やスペインの日常生活の一部であり、醸造所もビアバーも国中に生まれていて、なかでもカタロニア地方とその中心都市バルセロナに多く見られる。2015年現在の醸造所と委託醸造会社の数は500を超え、こうした醸造所にクラフトビール精神がしっかりと定着していることにはほとんど何の疑いもない。しかし、この醸造所群の何割が実際にビールをつくっているかについては疑問の余地がある（半分かもしれない）。

　ビールを求める旅をするのなら、この国にはヨーロッパ屈指の興味深いビアバーもいくつかある。その大半はここ4年ほどの間に生まれており、バルセロナの「ビアキャブ（BierCaB）」、「オモ・シバリス（Homo Sibaris）」、「キャット・バー（Cat Bar）」、そしてマドリッドの「イッレアレ（Irreale）」などがある。

　問題は、私たちがスペインに期待したような活力も独自性も、まだ具体化していないということだ。それどころかスペインの醸造家のほとんどは、米国の醸造家たち（ある程度はベルギー、イタリア、イギリスの真似もしている）と同じ道をたどっていて、どちらかというとスタイルも特徴も凡庸なビールをつくっている。その結果、スペインのビール市場は、信頼はできるが退屈なビールが大半を占めるようになった。

　だからといって、スペインのクラフトビール界から「エル・ブジ（El Bulli）〔訳注：かつて世界中から予約が殺到した有名レストラン〕」のような独創性が完全に消え失せてはいないし、今後、創造力のある醸造所が豊富に登場しないと断言するわけでもない。トレドにあるドムス醸造所（Cerveza Domus）は、著名な画家と地元の名物菓子であるマジパンへの敬意を表して「グレコ（Greco）」という名のビールを生み出し、両方の面で好評を得た。マヨルカ島にあるスジェリカ醸造所（Sullerica）は地元産のオレンジの花やオリーブまで副原料にした製品群をつくっている。そして契約醸造所のギネア・ピッグス社（Guinea Pigs：モルモット）は、社名が示すように、常に実験的で斬新かつ風変わりなビールを生み出している。時間が経てば、こうした醸造所および他の醸造所がどれほど影響力を持つようになるか、分かるだろう。

　興味を持って見守っていきたいものだ。

隣国ポルトガルでは、ビールはかなり人気があるが、市場は二つの醸造所に完全に支配されている。一つはポルトガルのビアセール・グループ社(Viacer Group)とカールスバーグ傘下のウニセール醸造所(Unicer)で、一般に出回っている「スーパー・ボック」ブランドをつくっている。もう一つはハイネケン傘下のセントラル・セルヴェージャス・イ・ベビダス醸造所(Central Cervejas e Bebidas)で、やはり大衆市場向けのサグレス・シリーズ(Sagres)を製造している。

大都市ではセルベジャリア(cervejarias：醸造所という意味)が急増しているが、そうした場所のほとんどは、醸造所ではない。この用語を文字通り訳すと、雰囲気のあるビアホールかレストランを意味し、醸造設備は備えていないのだ。しかし2014年以降、多くの醸造所とビール会社が生まれ、2016年初めには80社が誕生し、おそらくその半分は実際に醸造している。

最初に生まれたのは2009年にポルトにできたソヴィーナ醸造所(Sovina)だ。初期に誕生した20余りの醸造所のうち約8割が北西部とポルト周辺の海岸部にある。有名なポルトガル人醸造家、ペドロ・ソウザが運営するポスト・スクリプトゥム醸造所(Post Scriptum)もポルトにある。ファウスティーノ醸造所(Faustino)もポルトにあり、同社の「マルディタ(Maldita)」シリーズは好評だ。

しかし最近は国中に醸造所が散在し、首都リスボンにも醸造所が増えてはいるが、まだビールの首都とはいえないようだ。

上段：スペイン人が夕方早くからタパスを楽しむときの飲み物は、ワインやシェリーからビールへとじわじわと替わってきた。

中段：トレドにあるセルヴェサ・ドムス醸造所は一貫性と品質、創造性に関してスペインの指導的立場にある。

左ページ：カタロニア地方の自慢は2大ワイン産地の一角を占めていることだけではない。ワイン産地としても知られるプリオラートが、スペインのクラフトビールづくりの中心都市を自ら名乗る日が来るのは遠くないだろう。

ギリシャと東南ヨーロッパ

ヨーロッパ東南部のビールを取り巻く環境はこれまで十分に発展してこなかった。
しかもその主唱者であるギリシャが経済危機に見舞われたため、
ビール文化はすっかり消えてしまうのではと懸念されたが、ビールづくりはそんなに軟弱ではない。

ギリシャには20を超えるクラフトビール醸造所と数軒のブルーパブが、本土の各地と島々に点在していて、近ごろ閉鎖された所はほとんどない。ギリシャの醸造家たちは地中海東部の嗜好に倣って、抑制の効いた軽めのビールを好む傾向があるが、主だったスタイルは全て見られ、コルフ醸造所に至っては樽詰めのエールが自慢の種だ。

常にトップの座を占める醸造所はアテネの北東部に位置する、島と断言しがたい島、エヴィア島のアヴロナリにあるセプテム醸造所（Septem）である。一方、サントリーニ島にあるドンキー醸造所は米国の影響が強い。また、北部のテッサロニキ近郊にあるシリス醸造所（Siris）は有望な万能選手で、存在感を強めている。

2015年、ブルガリアの首都ソフィアでバルカン半島初のビアフェスティバルが開催され、ブルガリアのビールに混じって、ギリシャのビールが登場した。黒海沿岸ヴァルナにあり、イギリスの影響が強いグラルス醸造所（Glarus）、地元で創業したディーヴォ・ピーヴォ醸造所（Divo Pivo）などがブルガリアの人々の喉を潤し始めている。

現在のアドリア海沿岸のヨーロッパを形成する旧ユーゴスラビア地域ではさらに注目すべき変化が起こっている。

スロベニアに30カ所あるドイツスタイルのブルーパブのなかには、創業から20周年を迎える所もある。2008年、首都リュブリャナの南西部の都市ブルフニカに、この時期で唯一のクラフトビール醸造所ヒューマンフィッシュ（HumanFish）が創業した。続いてこの数年間にいくつかの醸造所が生まれた。リュブリャナ北部のカムニークにはマリ・グラッド醸造所（Mali Grad）が、首都にはテクトニック醸造所（Tektonik）が創業した。コバリードに生まれた1713醸造所はイタリアとの国境に近い立地のため、明らかに隣国の影響を受けている。南部チュルノメリ近郊のヴィジー醸造所（Vizir）のおかげで、さらに新たな醸造所が生まれるだろう。この醸造所自体はエールが得意ではないが、冒険好きな醸造家たちに醸造設備を開放しているのだ。

クロアチアでは10年の間に、信頼がおけるものの慎重なブルーパブが数多く生まれていたが、2013年以来、正式なクラフトビール醸造所がいくつか登場した。最も印象的なのは首都ザグレブにあるズマヤスカ醸造所（Zmajska）とノヴァ・ルンダ醸造所（Nova Runda）の2カ所である。前者はあっという間に地域で評判となり、後者は前途有望だ。さらに醸造所を開設したがっている10カ所余りのうち、少なくとも2カ所は遠からず開業するだろう。

セルビアには現在までに12の醸造所が新設されたが、今のところ地域で評判になっているのは

上：ギリシャのビール復興はまだ初期段階にある。

右ページ：「ドラゴンの醸造所」と呼ばれるザグレブのズマヤスカ醸造所はまだ新しいが、ペールエールとIPA、ポーターが好評を得ている。

ヨーロッパの小国

ヨーロッパの小国と半独立の飛び地には租税回避地が多い。とはいえ会計士だって良質なビールを飲みたがるはずだ。

2007年にまずリヒテンシュタイン公国でドイツスタイルの小規模なリヒテンシュタイナー醸造所（Liechtensteiner）が創業され、2011年に同国で2カ所目となるプリンツェンブロイ醸造所（Prinzenbräu）が生まれた。モナコにも2008年にブルーパブができ、サンマリノ共和国には2010年、ティタンブロイ醸造所（Titanbräu）が誕生、そしてアンドラ公国には2014年、アルファ醸造所（Alpha）が生まれた。

EU（欧州連合）に加盟している小国の中で、マルタのゴゾ島にはロード・シャンブレー醸造所（Lord Chambray）という興味深いクラフトビール醸造所がある。ルクセンブルクにはキャピタル・シティ醸造所があり、これにサイモン一族の醸造所や、小規模な新設醸造所が続く。一方キプロスではフラ・ホップス醸造所の刺激的でレモンの味わいを持つIPAがビール界を揺さぶっていて、同国の醸造家たちはこの現象にどう対応していくか決断を迫られている。

イギリス領のジブラルタルはこれまでのところ、イギリスのマン島で製造される瓶詰めのエール専用のホップを生産しているだけである。バチカン市国でもビールはつくられていない。トラピスト修道院が声をかけてくれればと願う。

右：アンドラの「セルヴェサ・アルファ」ブランドはいずれも、公国の七つの行政区にちなんだ名称が付けられている。

ギリシャと東南ヨーロッパ ｜ 南ヨーロッパ ｜ ヨーロッパのビール ｜ ビールの新興国を知る ｜ 161

首都ベオグラードの南にあるカビネット・オブ・ネメニクース醸造所（Kabinet of Nemenikuće）だけである。しかし首都に最近生まれたトロン醸造所も注目していく価値がある。

マケドニアは良質なビールを輸入しているが、まだ同国出身のクラフトビールのつくり手はいない。アルバニアとモンテネグロにはそれぞれ1カ所ずつ、ジャーマンスタイルのハウスブロイエライ（Hausbrauerei：クラフト醸造所）がある。おそらく驚かれると思うが、コソボには徹底してアメリカンスタイルを追求した、サバハ（Sabaja）と呼ばれるクラフトビール醸造所があり、首都プリシュティナで人気を呼んでいる。一方、逆境を克服したという点では、ボスニア・ヘルツェゴビナのモスタルにあるオルブリッズ醸造所（Olbridž：古い橋という意味）とその背後にある精神に敬意を払わずにはいられない。〔訳注：モスタルはボスニア紛争時に激しい戦闘の舞台となった。〕

下：リヒテンシュタイン公国のプリンツェンブロイ醸造所はジャーマンスタイルのビールに特化している。

右上：サンマリノ共和国のティタンブロイ醸造所はティターノ山の麓にある。

南北アメリカ大陸

　2016年の終盤時点で、米国には過去最高の約5300カ所もの醸造所が稼働中だという。米国より人口がはるかに少ないカナダはさらに醸造所が豊富で、一人当たりの醸造所数が550カ所以上もあると推定される。

　これは圧倒的な数字かもしれない。しかし北米の醸造所、特に米国の醸造所が世界のクラフトビールの世界全般やラテンアメリカ圏の新興市場にとりわけ影響を及ぼしてきた事実を考えると、この数字は小さく見えてしまう。米国は、メキシコのバハ地域からチリ南端のティエラ・デル・フエゴにまで及ぶ醸造所の発展を大いに喚起してきたのだ。

　こうしたラテンアメリカのクラフトビール醸造家は、ビール消費量が拡大する余地の残った市場で巨大なシェアを断固として守ろうとする世界規模のビール会社との対峙を迫られているが、これまでのところ、ある程度成功を収めている。彼らの将来は、大手企業がそう簡単に真似できないような、その土地固有のビアスタイルを開発する能力にかかっているのではないだろうか。

アメリカ合衆国

ジャック・マコーリフが初めてカリフォルニア州ソノマにあるニュー・アルビオン醸造会社のドアを開いたのは1976年5月のことだった。そのときの彼には、自分が起こそうとしている行動を到底想像できなかっただろう。現代における米国初のクラフトビール醸造所となった彼の醸造所は、さながら旧約聖書のアダムのようにわずか数年も生き延びられなかったとはいえ、その子孫はフロリダのキーウエストからアラスカのフェアバンクスにまで広がって成長し、定着していった。

米国のクラフトビールの物語は一種の成長物語で、可能性に終わった話もあれば実現した話もあった。しかし2015年には何千もの醸造所とブルーパブが全米50州に存在するようになり、物語はやや矛盾をはらんだ二元的なものへと変化した。一面では、この国のクラフトビールの擁護者たちは、全市場シェアの20%を目標として継続的に拡大していくことを称賛した。その反対に、業界を悲観視する専門家たちは、クラフトビールの「バブル」景気はすぐに崩壊へと向かうと警告した。私たちは前者の可能性の方が高いと考えている。

過去10年間の米国が見せたクラフト醸造の成長率はもはや維持できないであろうことは、ほとんど疑いの余地がない。とはいえ、大崩壊が差し迫っていることを示唆する証拠もさほどないのだ。本書の執筆時点では、米国では驚異的な数の小規模醸造所が操業しているが、この国の醸造所対人口の比率は、カナダやイギリス、大半のヨーロッパ諸国など多くの国々に比べて低いままである。こうした国々から、醸造所が増えすぎて困っているという声は全く聞こえてこない。

米国のクラフトビール醸造所は大量生産しているだけでなく、多種多様なビールをつくっていて、度を越しているときさえある。米国のクラフトビール醸造家は、誰かを喜ばせる一方で他の人々を当惑させながら、過激な文化への忠実さを証明してきた。それはややもすると、この国の社会を特徴付けているようだ。例えば伝統的なIPAペールエール、あるいは色が淡くホップ香が強いアメリカンスタイルのIPAのように、高アルコールでホップ感が強いビアスタイルの場合、さらにホップを強く効かせてアルコール度数を高めた方が価値があると見なされる。いわゆる「ダブル」、「トリプル」、さらに「クアドルプル（4倍）」のIPAが開発されて人気を呼んでいるのが何よりの証拠だ。同様に、麦芽香が強く常温熟成されたバーレイワインやインペリアル・スタウトも、バーボン樽で半年ほど熟成させたり、麦芽の量を極端に増やしてアルコール度数を20%近くまで高めたりして、やたらと強烈なビールにしてしまう。

スタイルにひねりを加えたこのような実験の大半は、さまざまなビールをもたらし、世界中のビール通が体験できる味わいと香りの幅を大きく広げた。その一方で、「できるからといって、やればいいものではない」という古い冗談を心に思い浮かべる人々もいたはずだ。それでも、黄金期には、ベルギーやイングランド北部、イタリア、さらに日本など、はるか遠くの国々の醸造家たちを奮起させたこともあった。

40年はさほど長い年月ではないが、米国のクラフトビール醸造家にとって、自分たちの文化だけでなく他の多くの文化圏にわたって、消えることなく広がる一方の記録を刻むには十分に長い時間だった。そしてこの年月は、自国民の飲み方をすっかり変えるのにも十分な時間だった。

アメリカ合衆国の州ごとの醸造所数 ▶
2016年終盤には全州にわたって5300カ所以上の醸造所が存在し、クラフトビール醸造の「バブル」崩壊が近づいていると懸念する声もあったが、私たちはそう思わない。

上：シカゴにあるオフ・カラー醸造所の最新式の機械まで数多くのステッカーが貼られ、多くのクラフトビール醸造所の「パンクロック」精神が表れている。

左上：カリフォルニア北部にニュー・アルビオン醸造会社を開設したジャック・マコーリフは、米国のクラフト醸造の先駆者となった。

アメリカ合衆国 ｜ 南北アメリカ大陸 ｜ ビールの新興国を知る ｜ 165

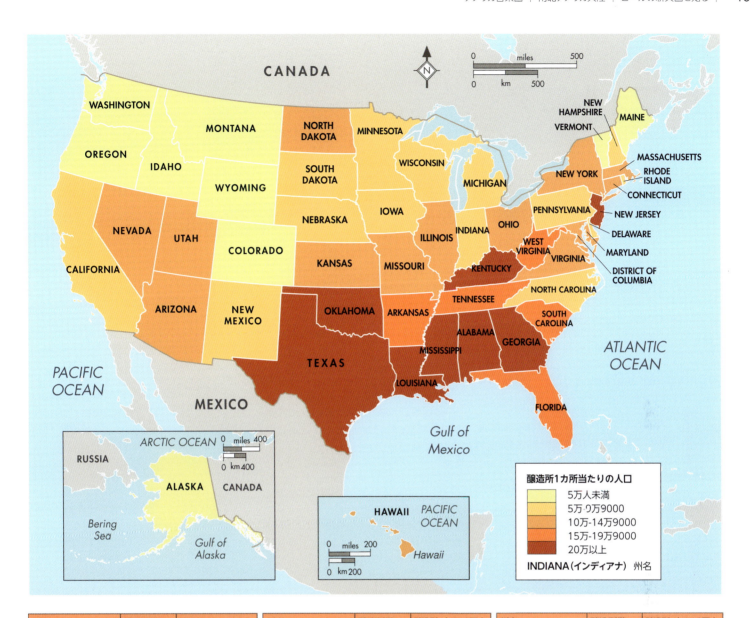

州名	醸造所数	醸造所/人口10万人	州名	醸造所数	醸造所/人口10万人	州名	醸造所数	醸造所/人口10万人
バーモント	50	10.8	インディアナ	127	2.7	ユタ	27	1.4
オレゴン	243	8.1	デラウェア	19	2.7	メリーランド	65	1.5
コロラド	334	8.4	カリフォルニア	623	2.2	サウスカロライナ	50	1.4
モンタナ	68	9	ペンシルベニア	205	2.2	アーカンソー	28	1.3
メイン	77	7.6	ロードアイランド	15	1.9	テネシー	66	1.4
ワイオミング	23	5.4	ノースカロライナ	200	2.8	ウエストヴァージニア	15	1.1
ワシントン	334	6.3	オハイオ	177	2.1	フロリダ	195	1.3
アラスカ	32	6.2	ヴァージニア	164	2.7	テキサス	201	1.1
アイダホ	53	4.6	ニューヨーク	269	1.9	ケンタッキー	34	1.1
ニューハンプシャー	54	5.4	ミズーリ	78	1.8	ジョージア	53	0.7
ニューメキシコ	57	3.9	マサチューセッツ	110	2.2	アラバマ	28	0.8
ネブラスカ	42	3.2	ネヴァダ	37	1.7	ニュージャージー	82	1.3
ウィスコンシン	138	3.3	ノースダコタ	10	1.9	ルイジアナ	26	0.8
ミシガン	222	3.1	イリノイ	181	2	オクラホマ	20	0.7
アイオワ	70	3.2	アリゾナ	86	1.8	ミシシッピ	9	0.4
サウスダコタ	15	2.5	カンザス	31	1.5			
ミネソタ	112	2.8	コネティカット	49	1.9			
ワシントンD.C.	12	2.3	ハワイ	14	1.3			

出典元：The Brewers Association, State Craft Beer Sales & Production Statistics, 2016

カリフォルニア

カリフォルニアは1850年に米国の州となった。ほぼそれ以来ずっと、この地域は牛乳とハチミツの土地、そして機会と可能性に満ちあふれた土地として、全ての米国人の崇拝の的だった。
世論が、現代の米国におけるクラフトビールづくりの根源はこの州の北部にあると位置付けているのは、至って当然のことだ。

ことの始まりはフリッツ・メイタグという青年だった。有名な家電製造会社の一員だった彼は1960年代、サンフランシスコに暮らしながら大学院での研究に励んでいた。地元にあるスパゲティ・ファクトリーという店で大好きな「アンカースチーム」というビールを満喫していたメイタグは、バーテンダーからアンカー醸造所がもうすぐ閉鎖されるときかされ、動揺する。彼はすぐさま醸造所を訪問する約束をとりつけた。

朽ち果てようとしていた地域密着の醸造所を見学したメイタグは、好意的な条件に感銘を受け、ただちに区分所有者として経営に参画する契約をまとめた。駆け出しの企業家として年老いた工場を生き返らせようと奮闘していくうちに、メイタグは醸造所運営に夢中になっていき、1960年代の終わり頃には会社の全所有権を獲得した。

メイタグは1970年代中盤までにアンカーの経営を好転させ、さらには商品群に新たなブランドを導入するようになっていた。1974年にポーターを、そして1975年に「リバティーエール」と「オールドフォグホーン」を売り出した。「オールドフォグホーン」は、どうしたら大麦からワインができるのかと理解できずに当惑したビール界の権威をなだめるために、ラベルに「バーレイワインスタイルエール」と表記されている。

米国の醸造所が極力味が薄く無害なビールを造る競争に引き込まれていた当時、メイタグは強烈な味わいあふれるビールづくりに専念していた。彼のこうした取り組みは醸造家を志す他の企業家たちを奮い立たせた。そうした企業家たちのなかにはソノマのジャック・マコーリフ（ニュー・アルビオン醸造会社）、チコのケン・グロスマンとポール・カムージ（シエラネバダ醸造会社）、そしてノバートのテッド・デバッカー（デバッカー醸造所）が名をつらね、いずれも1980年より前に新たな醸造所を開業した。

当時マイクロブルーイングと呼ばれていたクラフトビール醸造は1980年代の間にカリフォルニア中だけでなく全米に広がり、地域によって勢いの強弱があったものの、カリフォルニア州は常に最前線に位置し、しかも南部より北部のほうが優位にあった。1982年になるとブルーパブ、すなわち消費者に直接ビールを販売するレストラン施設を併設した醸造所が正式に国の認可を受け、その後立て続けに2軒のブルーパブが開業した。ただし米国初の現代的なブルーパブの座はバート・グラントが経営するワシントン州のヤキマ醸造所に奪われた。

クラフトビールの人気は1990年代の間もカリフォルニア全土で伸び続けたが、本領を発揮したのは21世紀が始まった頃で、とりわけ際立っていたのは、それまでクラフトビール不毛の地だった州南部が多くの醸造所に恵まれた至福の地へと劇的に変貌したことだ（下記を参照）。

現在のカリフォルニア州は、どの市や町であろうと、どんなに小さくても必ず1カ所はブルーパブがある。

その一方、カリフォルニアの醸造家たちは、必ずしも何らかの創造的なビールづくりを主導してきたわけでないが、早くから他の個性的なスタイルを取り入れて大いに成功してきたことは間違い

サンフランシスコのビール醸造所 ▶

米国におけるクラフトビール醸造の心のふるさとであるサンフランシスコは、醸造所にとどまらず、ビアバーやビールを楽しめるレストラン、そして美食を探求するライフスタイルが息づく都市としても知られている。

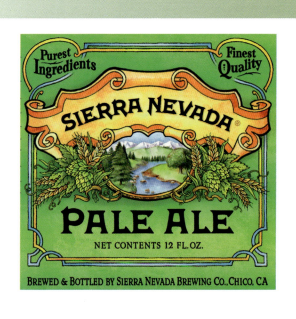

左：米国でシエラネバダ醸造会社のペールエールほどに醸造所の設立を鼓舞させたビールは、おそらく他にないだろう。

真ん中：1987年に創設されたフルセイル醸造所は、現在のような圧倒的なスタイルになるはるか前からIPAをつくっている。

右：主張の強いカスケードホップの香りが際立つアンカー醸造所の「リバティーエール」は1975年に初登場したとは思えないビールだ。

カリフォルニア ｜ アメリカ合衆国 ｜ 南北アメリカ大陸 ｜ ビールの新興国を知る 167

アメリカIPAの興隆

インディアペールエールが過剰に出回っている現状を見ると、このスタイルがかつて消滅の危機に瀕していたとは想像できない。確かにイギリスでわずかに製造され、米国でも「バランタインIPA」がまだつくられてはいたが、ぐっと控えめな味わいに成り下がっていた。しかし1970年代半ば頃には、もし最も強力な個性を持つ可能性のあるビールを当てる賭けをしていたら、IPAは大穴になっていたはずだ。

ちょうどこの頃、フリッツ・メイタグはアンカー醸造会社で、アメリカ建国200周年を祝う「リバティーエール」という名のビールをつくる決心をした。色は明るめでアルコール度数は当時の一般的なビールよりやや高めの5.9％だった。なにより肝心だったのは、ホップが多く加えられていたこと、しかもカスケードという名前の米国種だった。ラベルにホップ名は表示されていなかったものの、リバティーエールは事実上その時代を象徴するIPAだった。そして間もなくシエラネバダ醸造会社を創業しようとしていたケン・グロスマンとポール・カムージという新進の醸造家たちに影響を与えた。看板銘柄のペールエールは、カスケードホップだけではないが大量にこのホップが使われ、アメリカンスタイルのペールエールとIPAの新種の草分け的なビールだった。

リバティーエールとシエラネバダ醸造所会社は、現代的アメリカンスタイルのIPAの拡大に向けて重要な最初の二つステップを踏み出したが、次の波が到来するのはさらに数年後のことだった。草創期にオレゴン州のフルセイル醸造所やコロラド州のブレッケンリッジ醸造所、ニューヨーク州のブルックリン醸造所などがIPA市場を生み出そうとの努力をしたが、IPAを現在のような人気ビールの地位に向けて前進させるような嗜好の変化が総合的に起こったのは20世紀末のことだった。

現在、IPAはあらゆるビアスタイルの中でも最も広範に出回っていて、変種も豊富に見られる。従来の米国やイギリス流のものから白、赤、そして黒色の応用バージョンもあり、アルコール度数が12％を超えるものまである。発祥地がイギリスであることは確固たる事実だが、現在のように世界的に普及させたのはまぎれもなく、アンカーとシエラネバダをはじめとするアメリカの醸造家たちの功績である。

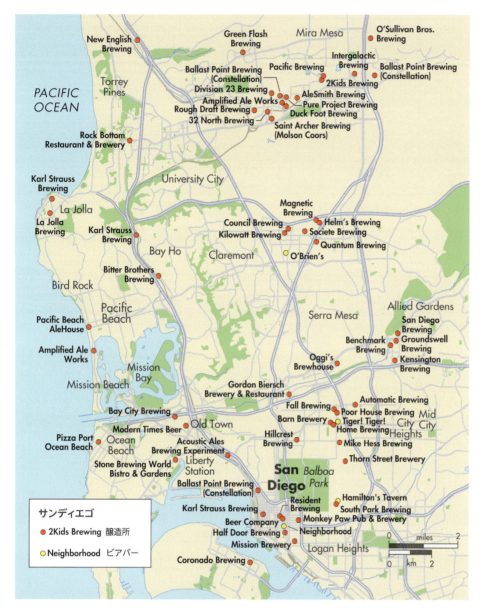

ない。テメキュラにあるブラインド・ピッグ醸造会社に勤めていたヴィニー・シルーゾはダブルIPAを生み出したことで広く評価されている。現在彼はサンタローザのロシアン・リヴァー醸造所に勤務していて、彼はこの醸造所でダブルIPAの完成形をつくり上げたという意見もある。サンマルコスにあるロスト・アビイ醸造所のトム・アーサーは、異なる酒類の熟成に使われたさまざまな木樽で初めてビールを熟成させた一人だ。ノースコースト醸造会社はインペリアルスタウトを広め、アンダーソン・バレー醸造所はオートミールスタウトを流行させた。そしてバークレーに住む「ビール達人」ジョンとリードのマーティン兄弟は早くからいわゆる「サワービール」の可能性に気づいていた醸造家の一員で、経営するトリプル・ロック醸造所のブルーパブとビアパブ「ジュピター」でサワービールに特化したイベントを開催してきた。

カリフォルニアのクラフトビールの前進を阻むものがあるとすれば、それは自然の力だろう。本書を執筆しつつ、どうも胸騒ぎがする。ビール醸造所は大量の水を必要とするが、この地域は長いこと干ばつに見舞われている。この事態は醸造所の拡大を確実におびやかす障壁となる可能性がある。これまでずっと醸造所が発展し、拡大してきたカリフォルニアが今後もさらに繁栄を続けていこうというのなら、自然保護技術が必要となるし、干ばつを減らせるような技術があればと願う。

◀ **サンディエゴの醸造所**
クラフトビールに関しては後発組だが、サンディエゴは現在アメリカでも屈指の活気あるビールの街と考えられている。

サンディエゴのビール文化の発展

カリフォルニア州の北部がアンカー醸造所とシエラネバダブルーイングの尽力の成果を享受していた1990年代、同じ州の南部はいわばビール不毛の地だった。そうはいってもピッツァ・ポート醸造所とエールスミス醸造所はすでに活発に操業しており、ストーン、クラフツマン醸造所の他いくつかの醸造所でクラフトビールはつくられていたが、総じて生産量が少なく、買おうにもなかなか見つけられなかった。

しかし21世紀の始まりとともにカリフォルニア州南部、とりわけサンディエゴ周辺一帯がクラフトビール醸造の一大勢力として台頭してきた。

わずか数年で南カリフォルニアの醸造所は注目に値する存在となった。ピッツァ・ポート醸造所は小規模なブルーパブのチェーンだが、非常に独創的なビールをつくり、別途、ポート醸造所とロスト・アビイ醸造所を設立してフル生産を始めた。ストーン醸造所は急成長中で、2016年に入ってもそのスピードがゆるむ気配はない。バラスト・ポイント醸造所は現在コンステレーション・ブランドの傘下にあり、生産規模が拡大したために自家醸造用品を売る小さな店舗の立地が手狭になり、はるかに広い生産施設を構えるようになった。またグリーンフラッシュ醸造所やブルーリー醸造所などの革新的な醸造所も生まれた。

サンディエゴ以外でも数多くの醸造所が急速に成長していて、メキシコ国境に近いコロナード醸造所やロサンゼルスのエンジェルシティ醸造所などがあり、サンディエゴはその中核をなしている。現在、アメリカで最高のビール都市はどこかを調査すれば、

カリフォルニア | アメリカ合衆国 | 南北アメリカ大陸 | ビールの新興国を知る | 169

上：アンダーソン・バレー醸造所が経営するバーに行くと、難解な「ブーントリング」が聞こえてくるかもしれない。カリフォルニア州北部のブーンビルだけで話される方言だ。

このカリフォルニア州最南部の都市は、醸造所が豊富にあるという点だけでなく、醸造所のテイスティングルームや洗練されたレストランなど、最もビールを楽しめる都市としても上位に食い込んでくるに違いない。

左ページ：ロスト・アビイ醸造所にて。高評価を得ている「キュヴェ・ド・トム」を樽詰めしている風景。

左：ヤムイモやメープルシロップなどの古い原料がなぜかブルーリー醸造所の「オータム・メープル」には優れた効果を発揮している。

右：サンディエゴがクラフトビールの本拠地を主張することに関しては異論もあるかもしれないが、この都市の目覚ましく豊かなクラフトビール文化にはほとんど疑問の余地はない。

太平洋岸北西部とアラスカ、ハワイ

アンカー醸造所は米国のクラフトビールの精神にひらめきをもたらし、ニュー・アルビオン醸造所は商業化への道を最初に開拓した。こうした意味でカリフォルニア州はまぎれもなく、クラフトビールの盟主を主張する権利がある。一方で、太平洋岸北西部はこの30年間、他のどんな土地とも異なる発展をとげてきた。ワシントン州、オレゴン州、そしてアラスカ州とハワイ諸島にまでわたって、ほとんどの市町村には近隣に醸造所やブルーパブがある、あるいはきちんとしたビアバーが少なくとも1、2軒ある。

それは全く驚くことではない。オレゴン州とワシントン州の人々は悪名高いと言えるほどの革新の精神の持ち主で、他州の人間なら車を運転するような場合でも自転車や公共の交通機関を選び、地産地消運動が流行するはるか以前から、地元産の食物を率先して食べる文化がすでに定着していた。さらには、米国で最も肥沃なホップ畑が、いわばこの地方の玄関口であるワシントン州のヤキマ渓谷にあり、この地域の人々の大好物であるホップ香の効いたエールの味付け材料がすぐ手に入るのだ。

バート・グラントが米国初の現代的なブルーパブをヤキマに開き、シアトルでレッド・フック醸造所が創業した1982年よりも前から、カスケーディアンズ（地元の人々の一部が好んで使う自称）は、ビールとなるとこぞってつむじ曲がりな態度を見せたのだった。主流のビールブランドがますます退屈な味になっていった1970年代の終盤、ポートランドのブリッツ・ワインハード醸造所は、故マイケル・ジャクソンが「おそらく米国で群を抜いて個性的なラガーだろう」と見なしたビール、「ヘンリー・ワインハード・プライベート・リザーブ」をつくることで注目を集めた。ほとんど言うまでもないだろうが、これはホップの特徴が非常に際立っている点で知られていた。

しかし、米国の名高い地域醸造所の大半と同様に、20世紀最後の10年はブリッツ・ワインハード醸造所にとって手厳しいものとなり、由緒ある醸造所はやがて1999年、その扉を永遠に閉じた。その後、ポートランドをはじめ

右：ワシントン州のヤキマ渓谷は1世紀以上にわたって米国のホップ栽培の中心地だった。

ワシントン州とオレゴン州で寄り道すべき隠れた名所

この地域には定番コース以外にも素敵なビール体験ができる場所がある。

- **オレゴン州ベンド**：ポートランドから車で3時間のベンドには三つの秀逸な醸造所がある。実験精神豊かなクラックス・ファーメンテイション・プロジェクト、季節限定品に熱心なベンド醸造会社、そしておそらく米国で最も洗練されたポーターと優れたエールをつくるデシューツ醸造所である。

- **オレゴン州コロンビア渓谷**：ウィンドサーフィンなどの屋外スポーツの愛好家なら趣味を楽しむと同時に上質なクラフトビールを味わうことができる。フッド川にモージャー、そしてトラウトデール。いずれもポートランドから車ですぐだ。

- **オレゴン州ニューポート**：因習を気にしない反逆主義者なら、老舗のローグ・エールズ醸造所に行くはずだ。ここは「ヘーゼルナッツ・ブラウン・ネクター」や「オールド・クラスタシアン・バーレイ・ワイン」、そして「シェークスピア・オートミール・スタウト」などの印象的なビールや、「ヴードゥ・ドーナッツ・レモン・シフォン・クルーラー・エール」という卓越したビールをつくっている。

- **ワシントン州ベリンハム**：カナダ国境近くのこの都市にはビールに関する有意義な行き先が多い。バウンダリー・ベイ醸造所の外観とチャカナット醸造所のブルー・パブを未体験なら、ぜひ訪れてみよう。

- **ワシントン州スポケーン**：ノーライ・ブルーハウスだけでも充分に訪れる価値があるが、スポケーンには他に7つの醸造所があり、「マニート・タップハウス」、「バイキング・バー＆グリル」などのすばらしいビールバーがある。

- **ワシントン州ヤキマ**：ヤキマにはもちろん醸造所があり、ヤキマ・クラフト醸造所とベール・ブレーカー醸造所があるが、この土地を巡礼すべき本当の理由は、米国最大のホップ産地を知ることにある。アメリカ・ホップ博物館もおすすめだ。

太平洋岸北西部とアラスカ、ハワイ ｜ アメリカ合衆国 ｜ 南北アメリカ大陸 ｜ ビールの新興国を知る　171

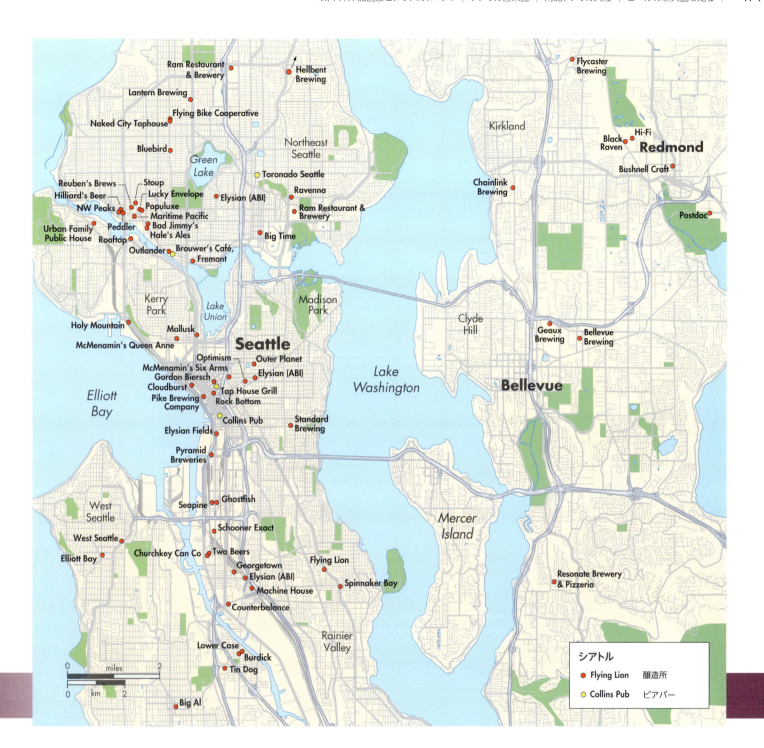

シアトルの醸造所 ▲

「エメラルドシティ」として知られるシアトルは、ビール醸造が身近に存在する都市だ。現在では市内のほぼあらゆる地域に、少なくとも数カ所の、地元の醸造所と言える醸造所がある。

左：2010年に醸造設備を備えたパブとして開業したブレークサイド醸造所は業務を拡張し、今は近郊のオレゴン州ミルウォーキーに生産工場を構えている。

| ビールの新興国を知る | 南北アメリカ大陸 | アメリカ合衆国 | 太平洋岸北西部とアラスカ、ハワイ

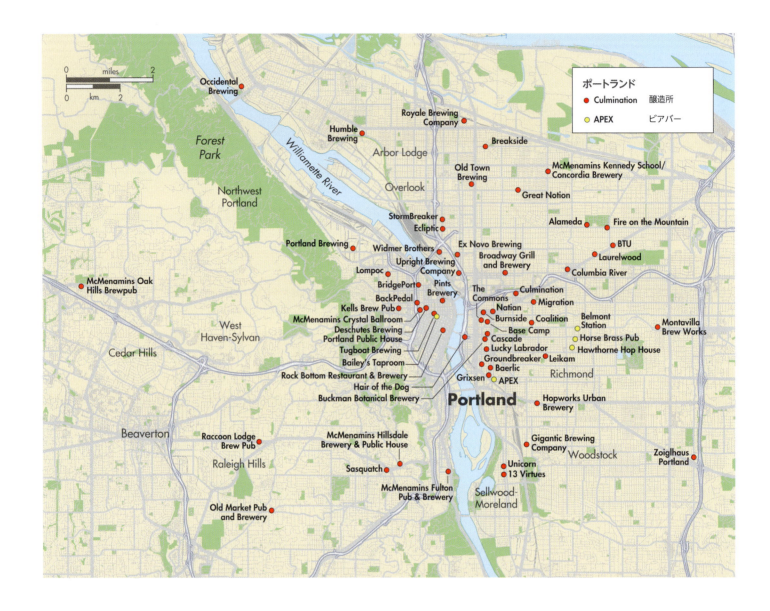

ビール天国を訪問しよう

オレゴン州ポートランドがエネルギーに満ちた都市であると気づくまでに時間はかからない。通り沿いにはレストランとコーヒーショップがずらりと並び、フードトラックでは軽い食事が味わえる。しかも1-3区画ほど歩けば必ず醸造所の風景に出合うのだ。

別名ローズシティと呼ばれるこの街には、2016年初頭の段階で67カ所もの醸造所があり、その後もきっと多くの醸造所が開設されたことだろう。ポートランドはまさに世界でも屈指の醸造所が多い都市だ。人口は60万をやや超える程度で、一人当たりの醸造所数も非常に際立っている。近くに醸造所がない所はめったにないが、そうした場所でも地元の上質なエールとラガーをとりそろえたバーやレストランが必ずある。

ポートランドにはマクメナミン兄弟（p.173を参照）が経営する多数の直営店以外にも、醸造設備の有無を問わずブリッジポート、ヘア・オブ・ザ・ドッグ、ラッキー・ラブラドールなどのビールの先駆者が存在する。醸造設備を備えた所も、ない所もある。近年さらに優れた醸造所が誕生し、なかでもコモンズ醸造所、ブレークサイド醸造所、そしてアップライト醸造所は素晴らしい。

ポートランドはいつ訪れてもビールを楽しめるが、せっかくお金を払っていくのなら、ビールフェスティバルに合わせて予定を組んだ方が、出費に見合った価値ある旅ができる。多くのフェスティバルが開催されていて、例えばオレゴン・ブルワーズ・フェスティバルは毎年7月最後の週に1週間かけて行われる。

上：アップライト醸造所でのビールの試飲風景。

◀ ポートランドの醸造所
ポートランドには人口1万人につき醸造所が1カ所ある。ここはまぎれもなく、世界の大都市地域でも屈指の醸造所密度の高さを誇る土地だ。

とするオレゴン州にとどまらず、太平洋沿岸の北西部全体、さらにはるか遠くのハワイやアラスカのアンカレッジにまで、多くのクラフトビール醸造所が生まれた。

ワシントン州からオレゴン州にわたってクラフトビール醸造所が拡大するきっかけを生んだ第一人者は、マイクとブライアンのマクメナミン兄弟だ。彼らはポートランドの1軒のパブから始めて、パブやブルーパブ、ホテル、さらには提携映画館までと手広く事業を拡張していった。現在では約70カ所を超える直営施設を運営するマクメナミン兄弟は、他の地域でも大々的に販売を拡大するという誘惑に抗って、自社製品のエールを自社所有の拠点に限定して販売している。こうすることによって地域密着の精神を体現しているのだ。

クラフトビール醸造はポートランドとシアトルの都市中心部からあっというまに二つの州全体に広がり、さらには船と飛行機以外では近づけないアラスカ州の州都ジュノーにも、アラスカン醸造会社が誕生した。同社の「スモークポーター」は大いに好評を得て、はるかな北のビールの存在を世間に知らしめた。クラフトビールの波はさらに北上してアンカレッジへ向かう。ここでは醸造家たちが住民たちのとびきり自由奔放な気質を掘り起こして、陽気なビール文化を発展させ、その舵取りはミッドナイト・サン醸造所とスリーピング・レディ醸造所が担った。

やがてクラフトビールの勢いはマウイ島に達し、短命に終わったもののパシフィック醸造会社がハワイの島々のビール醸造復活の先駆けとなった。その7年前にシュリッツ醸造所がハワイで愛されていた「プリモ・ビール」ブランドの生産拠点をロサンゼルスに移していた。マウイ醸造所をはじめとする醸造所は伝統を受け継ぎ、ハワイに六つある居住者のいる島々では、全部で四つの醸造所が操業している。

上：マクメナミンズ兄弟の醸造所とサービス施設の多くは奇抜な趣向が特徴だが、それは醸造タンクにも表れている。

下：辺境の地ではあるが（あるいは辺境の地だからこそ）、アラスカには数多くの優れたクラフトビール醸造所がある。

ロッキー山脈周辺

ロッキー山脈のある州といえば、正確にはコロラド州だ。ここはクラフトビールの登場よりはるか以前、ビールづくりにおいて悪名を馳せていた。国民的ブランドになるかなり前のクアーズは東部で崇拝の的だった。これは西部諸州のごた混ぜ状態から外れた希少性のおかげと（かつて東部地域は密造の中心地として知られていた）、山々から流れ出る清らかな水を使ってつくられるビールを宣伝した巧みな広告のためだ。

より本質に即した名声が得られるようになったのは1979年のことだ。2人のコロラド大学の元教授が、デンバー郊外の山羊の家畜小屋に、現在のボルダー・ビールの全身であるボルダー醸造会社を設立した。同時期、同じ町で、チャーリー・パパジアンが自家醸造家の協会を設立した。彼はおそらく、自分が小規模醸造所の全国組織の種をまいているとは思っていなかったはずだ。

The American Homebrewers Association（アメリカン・ホームブルワーズ・アソシエーション〔訳注：米国自家醸造家協会〕）は徐々にいくつかの方向かに発展していき、現在ではクラフトビール取引に不可欠な組織であり出版事業も行っているThe Brewers Association（ブルワーズ・アソシエーション〔訳注：p.32を参照〕）も派生した。デンバーで毎年行われる南北アメリカ最大のビールイベント、Great American Beer Festival（GABF：グレート・アメリカン・ビア・フェスティバル）も開催している。その一方、クラフトビールはボルダーからロッキー山脈を北上、そして南下してモンタナ、アリゾナ、ニューメキシコ州にまで広まった。

山間部でのビール醸造の中核は現在もコロラド州デンバーに残っていて、この都市の「ビール貴族」ウィンクープ醸造会社が実権を握っている。創立したジョン・ヒッケンルーパーは州知事となった。創立20年を迎えるグレート・ディバイド醸造会社もある。ビアバー「フォーリング・ロック」はGABFの時期には大混雑となり、デンバー全体を巻き込んだビールイベント体験の中核となる。

クラフトビールはデンバーとボルダーから放射状に西へ広がっていった。ニュー・ベルジャン醸造会社は社名によって自社ビールの着想源を表していて、早い時期から「ファット・タイヤ・アンバー・エール」で、現代の崇拝の的となるようなビールを好む醸造所として確立していた。ユタ州では、ビールのアルコール度数の上限を4％と制限し、それを超えるものは「リカー」と法で規定されている。州都であり、かつビール産業の進出を阻む砦であるソルトレイクシティにあるスクワッターズ醸造所とワタッチ醸造所は、この法律が必ずしも風味の足かせにならないことを証明した。さらに、モンタナ州のミズーラ醸造会社、アリゾナ州のテンピ醸造所とフォー・ピークス醸造所は、それぞれの州で初期のクラフトビールづくりの先導者的な役割を果たした。

現在、ロッキー山脈周辺8州のうちコロラド、モンタナ、ワイオミング、アイダホの4州は、人口こそ少ないものの、米国の人口対醸造所の比率では上位10位に入っている。ニューメキシコは惜しいことに11位に付けている。

グレート・アメリカン・ビア・フェスティバル

1982年に初めて開催されたグレート・アメリカン・ビア・フェスティバル（GABF）は言うまでもなく全米で最も権威あるビールイベントで、チケット購入者、ボランティアスタッフ、そして醸造所のスタッフなど合わせて6万人が毎年デンバーの中心街に集まる。しかし当初からこうではなかった。

初期の当フェスティバルはデンバーから遠からぬボルダーで開かれていて、参加する醸造所はわずか20ヵ所余りだった。1984年からデンバーに場を移して以降、急速に規模が拡大し、開催場所となった、街の郊外にあるデンバー・マーチャンダイズ・マートに7000人を集めるほどになった。しかし中心街での開催が定着した1990年代後半以降も、地元の観光当局によれば、観光への貢献度は取るに足りないほどだったという。

現在、フェスティバルのチケットは売り出し開始から1時間ほどで売り切れ、ホテルも早くから予約で埋まる。2015年のときは750の醸造所が自社ブランドを提供し、全部で3800銘柄のビールが登場した。試飲できる量は30㎖程度に限られ、じっくりとビールを味わいたい飲み手にとってはがっかりするような量だ。とはいえ非常に幅広い選択肢があるのだから、そんなに悲観することではないだろう。

上：かつてクアーズはロッキー山脈から流れ出る清流をテーマにして効果的な広告キャンペーンを行った。

右：毎年何千もの客をデンバーに引きつけるグレート・アメリカン・ビア・フェスティバルのチケットは例年、数カ月前に売り切れてしまう。

ロッキー山脈周辺 | アメリカ合衆国 | 南北アメリカ大陸 | ビールの新興国を知る | 175

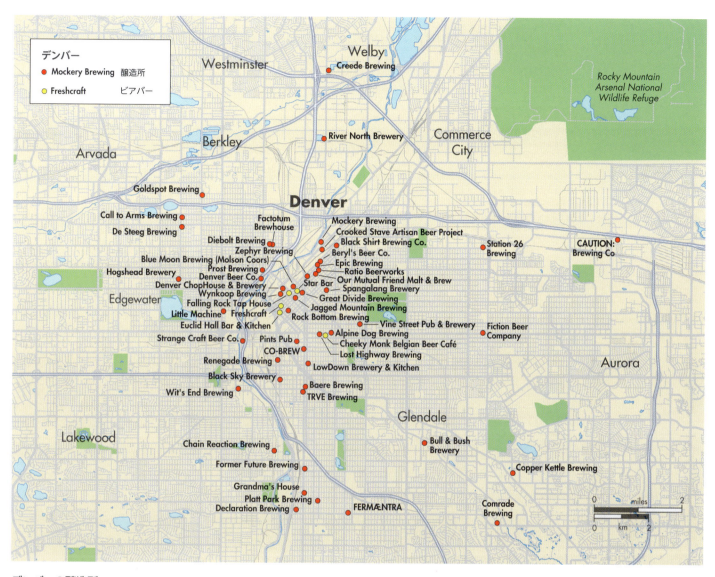

デンバーの醸造所 ▲
醸造所の数や人口一人当たりの数では醸造所がもっと多い都市はあるかもしれないが、米国でクラフトビール醸造所の所有者が州知事になれることを自慢できるのはここだけだ。

旅のアドバイス

- 米国のビアバーとブルーパブは多種多様で、テレビスクリーンを備えたスポーツバーから、気軽な雰囲気ながらも白いテーブルクロスが敷かれて高級感のある店まである。訪れる際には前もってインターネット上の評価をいくつか読んでおけば、どんな店なのか見当がつくだろう。
- バーでは常連でない限り、通常はウェイターを通して直接注文をすることになっている。
- 大半の店では樽詰めビールに重さを置いているが、瓶詰めビールのメニューを見過ごしてはもったいない。もしかしたら非常に希少なビールが見つかるかもしれないのだ。
- ビール関連の施設や店ではたいてい、ビールに熱心なスタッフを雇っているので、未発見の偉大なビールを見つけるには、バーテンダーにアドバイスを求めるだけで済むかもしれない。だからチェーン系パブに行って、自分で面白いビールを見つけたいからといって、周りの意見を聞くのをためらわない方がいい。そうした店の多くは、スタッフに有効な訓練プログラムを行っているからである。

上：ブルワーズ・アソシエーションはアメリカのクラフトビール醸造を代弁する存在だ。

中西部と五大湖周辺

中西部はかつて米国のビール醸造の中核地域だった。
歌や物語に登場して不朽の存在となったミルウォーキーはその中心都市で、ある時期にはシュリッツ、
ブラッツパブスト、ハイレマンなどの有名な醸造所の本拠地となったこともある。
そして現在も、ミラー社が本社を構えている。

　さらに南へ行くと、ミズーリ州セントルイスがビール醸造の核となり、ファルスタッフやアンハイザー・ブッシュ醸造所、その強敵であるグリーズディック・ブラザーズ醸造所の本拠地だった。シンシナティはヒューデポール＝ショーンリング醸造所（Hudepohl-Schoenling）の拠点だった。一方ミネソタ州のセントポールにはハムズ醸造所があり、ミシガン州のデトロイトはストロー醸造所の「炎で醸造した」味わいが自慢だ。
　当然ながら時間とともに大規模で強力な競合他社に買収されて醸造所の数は減っていき、やがて残ったのは外資系の複合企業ABインベブ社とSABミラー社のみとなった。これは旧ミラー社側とモルソンクアーズ社が合併して1社となったためである。パブスト醸造所も生き残ったが、自前の醸造所を持たない醸造会社となり、自社製品は全てミラー醸造所を主とする他の醸造所に製造を委託している。
　そこへ現代的なクラフトビール醸造の波がやって来て、それとともに、中西部のビールづくりも復活した。
　ビール醸造の復興の第一幕はゆっくりと始まり、ミルウォーキーにあるレイクフロント醸造所やスプレッカー醸造所、ミシガン州西部のベルズブ

下：米国の自動車産業の中核都市デトロイトは、不況の時代を経て、いま復活を遂げようとしているようだ。そこには復活を祝うためのクラフトビールもある。

セントルイスの醸造所 ▶
21世紀初頭の醸造所の急増によってセントルイスは中西部を代表するビールづくりの中核都市の地位に返り咲いた。

中西部で造られるラガーの伝統

　米国のクラフトビール醸造所が――「マイクロブルワリー」という呼び名が広く浸透しているが――、初めて勢い良く登場した20世紀最後の20年間、醸造家たちが選んだスタイルはほぼエールと決まっていて、ペールエール、ブラウンエール、ブロンドエール、IPAなどをつくっていた。ラガーが見られるのはまれで、淡色ラガーはさらに珍しかった。これは醸造家たちが、もっぱら淡色ラガーを製造して市場を完全に支配していた大手ビール会社と一線を画そうとしたからである。

　しかしもちろん例外はあり、最も有名だったのはボストンビール会社の「サミュエル・アダムス・ボストン・ラガー」とブルックリン醸造所の「ブルックリン・ラガー」だ。また、これらに知名度は及ばないものの、ペンシルベニア州にあるスタウツ醸造会社やオレゴン州のフルセイル醸造所の瓶内熟成ビールは優れた逸品だった。現在は閉鎖されたがボルチモア醸造会社の製品も素晴らしかった。

　エール一辺倒の傾向に反発した地域が中西部に今も残っている。ウィスコンシン州のマディソンからミズーリ州のセントルイスまでの一帯はかつて、下面発酵ビールの伝統へと一斉回帰した風潮に反発した米国の初期ビール醸造の中核だった。その結果、米国のクラフトビール復興において非常に上質なラガーがいくつか生まれた。

　ウィスコンシン州ミドルトンにある創業30年のキャピタル醸造所の事業的な成功は、ややさっぱりしたピルスナーと春を思わせるハチミツ風味で金色のドッペルボックに負う部分が大きい。オハイオ州クリーブランドのグレート・レイクス醸造会社も老舗であり、「ドルトムンダー・ゴールド・ラガー」、甘味と苦味の同居した「エリオット・ネス・アンバー・ラガー」などの卓越した銘柄を長年にわたって世に送り出している。ミズーリ州の新しい醸造所としては、カンザスシティ・ビール会社とセントルイスのアーバン・チェスナット醸造所がある。両社ともドイツの伝統を受け継いだラガーに特化している。ウィスコンシン州ミルウォーキーのスプレッカー醸造所はブラック・ラガーのお手本的なバランスを備えた「ブラック・バーバリアン」で知られている。

　ここに紹介したのは米国のラガー中心地でつくられる数多くのラガーのほんの数例であり、その数は年を追うごとに増え続けている。中西部の人々も海岸部に負けないほどポーターやIPAを堪能し

中西部と五大湖周辺 | アメリカ合衆国 | 南北アメリカ大陸 | ビールの新興国を知る | 177

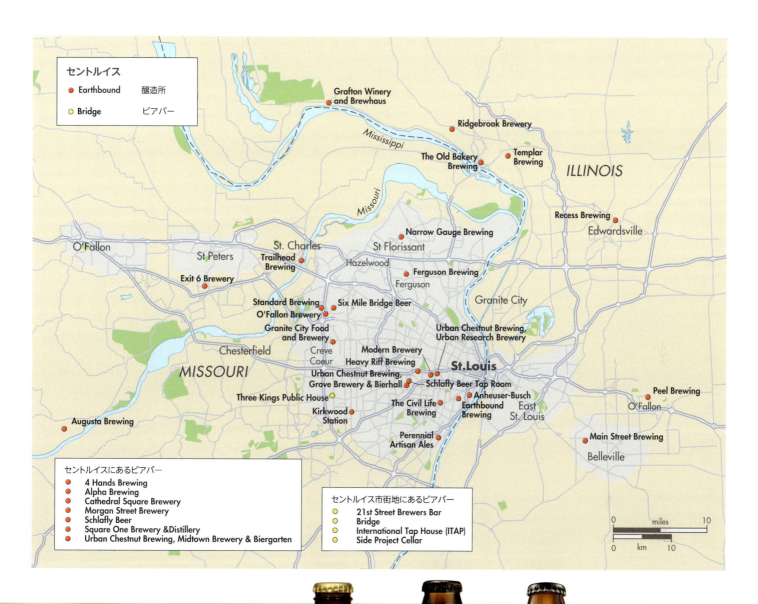

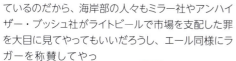

ているのだから、海岸部の人々もミラー社やアンハイザー・ブッシュ社がライトビールで市場を支配した罪を大目に見てやってもいいだろうし、エール同様にラガーを称賛してやってもいいのではないか。

左：キャピタル、ストレッカー、あるいはグレート・レイクス醸造会社から発売されている力強いラガーのブランドは、クラフトビールの草創期から人気があったが、最近は中西部ミズーリ州のセントルイスにあるアーバン・チェスナット醸造会社から、新たな下面発酵ビールが登場した。

ルーイング、セントポールにあるサミット醸造所、セントルイスのシュラフリー醸造所、そして現在ABインベブ社傘下にあるシカゴのグース・アイランド醸造所が登場し、やがて山のように増えていった。

21世紀に入って以来、中西部では驚異的な勢いで醸造所が発展してきた。シカゴ経済界の活性化と米国屈指の醸造所数を誇るミシガン州の繁栄に先導されて、中西部の広範囲が、短期間のうちに、ビール旅行者にとっておまけの立ち寄り先から必見の見所へと変わった。小さな都市や町までも、この勢いに巻き込まれた。カンザス州のカンザスシティから2時間のところにある学生街マンハッタンには缶ビール専門のトールグラス醸造会社がある。「米国の小スイス」と呼ばれるウィスコンシン州のニュー・グララスは、ニュー・グララス醸造所の本拠地だ。どんなスタイルであろうと、この醸造所で見事につくれなかったものはなかったのではないだろうか。

全てが勢いに乗っているわけではない。カンザス、ネブラスカ、そしてノースダコタとサウスダコタはまだどちらかというと醸造所がまばらだ。ミズーリとミネソタは都市部に中核的な醸造所があるが、都市以外の広大な周辺部はまだ醸造所がほとんどない。イリノイ州もシカゴ都市圏以外は、いまだ比較的、醸造所が少ないままである。

一方、シカゴランド（シカゴ都市圏）は発展を遂

シカゴの醸造所 ▶
20世紀終盤でさえ醸造所がほとんどなかったシカゴだったが、その後一流のビール醸造都市となった。

米国を象徴するクラフトビール醸造所

米国の芸術やロックミュージックを代表するグループや人物が存在するように、米国のクラフトビール醸造を象徴する醸造所の一団もこの数十年の間に登場した。これらはいずれも、スタイルやラベル、原材料に関係なく、常に良質なビールをつくるばかりか、しばしば非常に優れたビールあるいは偉大なビールを生み出している。

ここに紹介した醸造所のビールのラベルは、卓越したビール体験をもたらしてくれることを示している。まさに長年かけてその素晴らしい水準が実証されたビールであり、他の醸造所も時の試練によってその価値が判断されている最中である。

- カリフォルニア州チコおよびノースカロライナ州アッシュビル　シエラネバダ醸造所
- カリフォルニア州サンフランシスコ　アンカー醸造会社
- カリフォルニア州パソロブレス　ファイアストーン・ウォーカー醸造会社
- アラスカ州ジュノー　アラスカン醸造会社
- オレゴン州ベンド　デシューツ醸造所
- オレゴン州ポートランド　ヘア・オブ・ザ・ドッグ醸造会社
- コロラド州フォート・コリンズ　ニュー・ベルジャン醸造会社
- ミシガン州カラマズー　ベルズ醸造所
- ミシガン州グランドラピッズ　ファウンダーズ醸造会社
- オハイオ州クリーブランド　グレート・レイクス醸造会社
- ミズーリ州カンザスシティ　ブールバード醸造会社
- ウィスコンシン州ニュー・グララス　ニュー・グララス醸造所
- ニューヨーク市　ブルックリン　ブルックリン醸造所
- デラウェア州ミルトン　ドッグフィッシュ・ヘッド醸造会社
- ペンシルベニア州ダウニングタウン　ヴィクトリー醸造会社
- テキサス州オースティン　ライブ・オーク醸造会社

中西部と五大湖周辺 | アメリカ合衆国 | 南北アメリカ大陸 | ビールの新興国を知る | 179

げ、醸造所の宝庫となってきた。初期のある醸造家が自社製品を積んだトラックが何度も破壊されたと苦情を訴えたように、長年にわたり無情な配送会社に支配されてきたが、以来この地域では国内でも屈指の多様性に満ちた魅力的なビール環境が発展してきた。ラテンアメリカ圏をターゲットにした5ラビット・セルベセリア醸造所は、「5バルチャー」と呼ばれる、アンチョチリ（メキシコ産のトウガラシで乾燥させた種類の一つ）を浸したオアハカ（メキシコの州名）スタイルの濃色エールで知られている。シカゴにある新感覚の醸造所のなかで最大のハーフ・エイカー・ビール会社は、極度に派手なペールエール「デイジー・カッター」で有名だ。「マップ・ルーム」や「ホップリーフ・バー」などの魅力的なビアバーやレストランも、市場の活性化にひと役買っている。

ミシガン湖の東岸も注目に値する地域で、湖岸の島からランシングまで醸造所が豊富にある。カラマズーにあるベルズ醸造所は自家醸造家の店を元に1985年に開業した老舗で、今では非常に香りの豊かな「トゥー・ハーテッド・エール IPA」で知られている。おそらくは国内で最も幅広い品ぞろえのスタウトとポーターも有名だ。さらに、大人気の「KBSインペリアル・スタウト」をつくっているファウンダーズ醸造会社や、通念販売をしている「ドラゴンズ・ミルク・バーボン・バレル・スタウト」の醸造元であるニュー・ホランド醸造所など10カ所以上の醸造所が爆発的な勢いで誕生し、米国

を襲った経済不安と矛盾するように思われた。

その他の地域のクラフトビールは前進と停滞を繰り返している。例えばニューヨーク州のバッファローではあるときほぼ全ての醸造所がなくなり、やがてコミュニティ・ビール醸造所やビッグディッチ醸造所などの優秀な醸造所に取って代わられた。オハイオ州クリーブランドのグレート・レイクス醸造会社は何年もの間、同市でほぼ唯一のクラフトビール醸造所だった。セントルイスでは、唯一の旗艦的な造り手、セントルイス醸造所（シュラフライ・ビールの製造元）が舵取りをしてきた後に、他より遅れて醸造所が発展し始めた。カンザスシティも同様にクラフトビールは遅咲きで、それまではブールバード醸造会社がずっと指導的立場にあった。同社は現在デュベル社の傘下にある。

最終的に、現在では五大湖の周囲をぐるりと巡るビールの旅ができるようになり、上質ビールに飢えることなく中西部の心臓部へと向かえるようになった。

最上段：セントルイスのシュラフライ醸造会社では、近隣のアンハイザー・ブッシュブルーイングではシュラフライで1年間に製造するビールよりも大量のビールを1日でこぼしている、という冗談が語られている。

上：インディアナ州インディアナポリスにあるスリー・ワイズメン醸造所ではグラウラー（量り売り用の再利用できる持ち帰り瓶）にビールを入れ、飲んでいる。

180-81ページ：「ウィンディ・シティ」シカゴでクラフトビールが軌道に乗るまでにはしばらく時間がかかったが、いまやこの都市には数多くの醸造所とブルーパブ、そしてビアバーが存在する。

北東部

米国が誕生した地である北東部には、当然ながら領域内に醸造所の歴史がたっぷりと刻まれている。ジョージ・ワシントンはこの地でビールを醸造した、あるいは少なくともそう信じられている。トマス・ジェファーソンもそうだ。少なくとも妻のマーサはビールをつくった。現在操業中の醸造所のうちで米国最古のイングリング醸造所はいまもペンシルベニア州ポッツヴィルに堂々と建っている。

しかしニューイングランドと中部大西洋岸の諸州は、ビール醸造に関して過小評価されてしまった時期がある。確かにバランタイン醸造所はニューヨーク、ニュージャージー両州で卓越していた時期があるし、ロードアイランド州のナラガンセット醸造所とニューヨーク州のラインゴールド醸造所も同様だ。しかしビール産業が全国的な産業に成長するとともに、中央集権化が進んでいった。そして中央とは、北東部ではなく、産業が盛んでドイツの影響が強まっていた中西部だったのだ。その状態はボストンビール会社（p.184-5を参照）が登場するまで続いた。

ジム・コックが始めたビール会社は北東部で最初に繁栄したクラフトビール醸造所ではなく、ニューヨーク州アルバニーにあるニューマン醸造会社（その後閉鎖された）の他、数社の小規模醸造所に先を越された。しかし時間とともに、ボストンビール会社の存在感は極めて高くなっていった。

フィラデルフィアの醸造所 ▶
おそらく熱狂的なビール愛好家の間では「モンクス・カフェ」や「スタンダード・タップ」などの傑出したビアバーで知られているだろうが、フィラデルフィアはひそかに最高のビールの街として発展してきた。

左：メイン州ポートランドは、風光明媚なケープエリザベス（写真）からわずか数分の立地にありながら、北東部で屈指の興味深いクラフトビール街へと進化してきた。

北東部の必見醸造所

米国のクラフトビール業界が成長と繁栄を続けていくなか、設立から日が浅いながらも注目に値する醸造所が、並み居る醸造所群の上位に食い込んできていて、178ページで紹介した代表的な醸造所の継承者となる実力があることを示している。ここには注目に値する18の醸造所を紹介しておく。

- ワシントンD.C.　ブルージャケット醸造所
- カンザス州ウィチタ　セントラル・スタンダード醸造所
- テキサス州ダラス　コミュニティ・ビール社
- ニューヨーク州バッファロー　コミュニティ・ビール・ワークス
- コロラド州デンバー　クルックド・ステイヴ・アルティザンビール・プロジェクト
- オレゴン州ベンド　クラックス・ファーメンテイション・プロジェクト
- バーモント州グリーンズボロ　ヒル・ファームステッド醸造所
- マサチューセッツ州フラミンガム　ジャックス・アビイ醸造所
- ミズーリ州カンザスシティ　カンザスシティビール醸造所
- ニューメキシコ州アルバカーキ　ラ・クンブレ醸造会社
- ミネソタ州スティルウォーター　リフトブリッジ醸造所
- メイン州フリーポート　メインビール会社
- ミズーリ州セントルイス　ペレニアル・アルティザン・エールズ
- オクラホマ州タルサ　プレーリー・アルティザン・エールズ
- カリフォルニア州パソロブレス　シルヴァ醸造所
- ノースカロライナ州アッシュビル　ウィックド・ウィード醸造所
- テネシー州メンフィス　ワイズエーカー醸造所

北東部 | アメリカ合衆国 | 南北アメリカ大陸 | ビールの新興国を知る　183

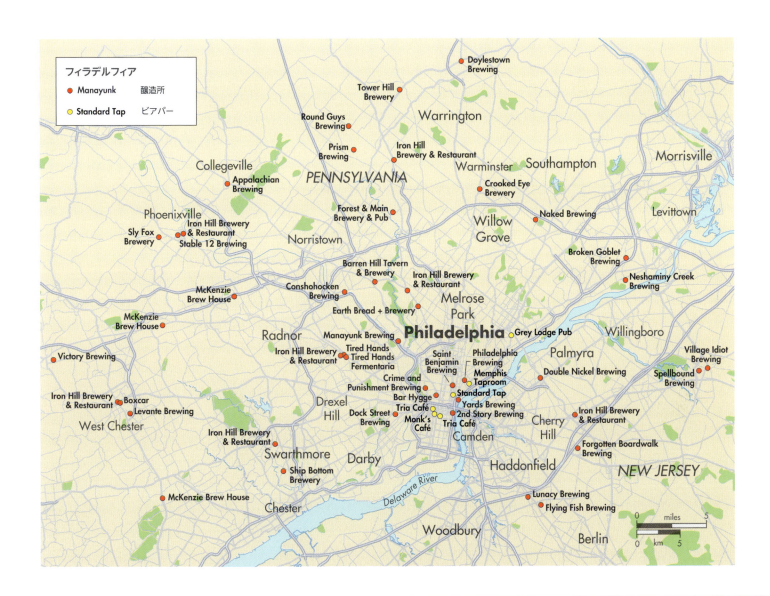

左ページ及び上：北西部のクラフトビール達人、ラリー・シドルはオレゴン州ベンドにあるクラックス・ファーメンテイション・プロジェクトを設計し、実験的な醸造を推し進めている。

右：ソシエテ醸造所はホップの効いた真正直なエールからワイン樽で熟成させた酸味のあるビールまで幅広いスタイルをつくり、それらを全て、サンディエゴにある自社のテイスティングルームで提供している。

| 184 | ビールの新興国を知る | 南北アメリカ大陸 | アメリカ合衆国 | 北東部

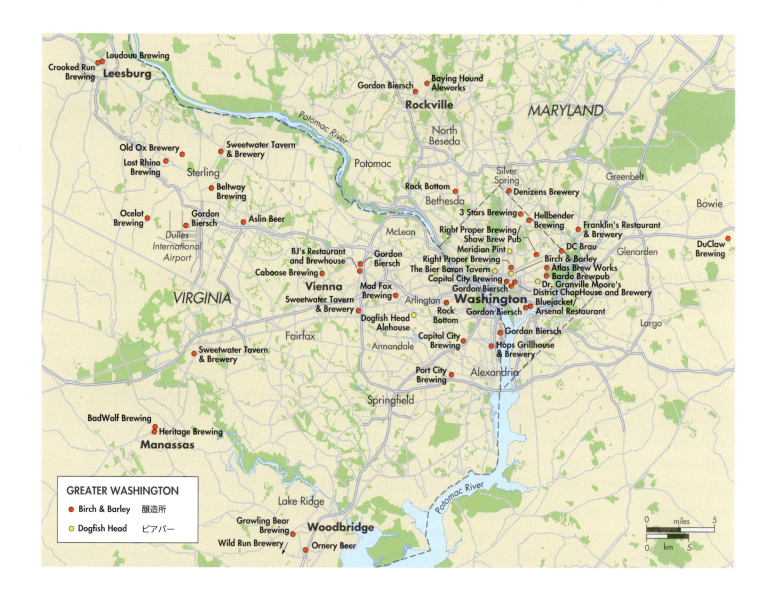

コラボレーション・ビール

「マイクロブルーイング」として知られていた初期の頃から、クラフトビールは市場で競合する事業というよりもむしろ仲良しクラブのように見られていた。醸造家はクラフト市場の支配者を目指して敵対などせず、共通の興味を持つ友人同士のようにふるまっていた。こうした友好関係がビールのコラボレーションを生み出したのだ。

「コラボ」としばしば呼ばれる共同の取り組みは、醸造家が販売促進活動や会議、あるいは単に休暇などで町を訪れることがきっかけで生まれる。地元の醸造所と協力し、1回限りの特別なビールをつくって終わりにする場合が多い。こうした取り組みが米国を発祥とするかどうかは不明だが、他のどこの地域よりも断然、米国でよく行われている。

史上初のコラボレーション・ビールはこれだと自信を持って挙げることはできないが、ロシアン・リヴァー醸造所とエイブリー醸造所の「コラボレーション・ノット・リティゲイション」は、両醸造所がともに同じ名称のビールと認識した上でつくったので、少なくとも初期のコラボ製品と考えて間違いないだろう。

以来、コラボ製品はよくつくられるようになり、世界最古の醸造所、ドイツのヴァイエンシュテファンでさえボストンビール会社と共同で挑戦するほどになった。また、スティルウォーター・アルティザナル・エールズ醸造所の現代的な「ジプシー醸造家」、ブライアン・ストランケはコラボレーション・ビール以外ほとんど何もつくってはいない。

その他の有名なコラボ製品の造り手は、米国のストーン醸造所、デンマークのミッケラー、スコットランドのブルードッグ、ノルウェーのヌグネ・エウ、ニュージーランドのエピック、ブラジルのボーデブラウン、さらには修道院醸造所であるオランダのラ・トラッペ醸造所までが名を連ねる。こうした醸造所はみな、新たなアイデアとこれまで以上に独創的なビールを目指して、いくつもの境界線を越えてきたのだ。

クラフトビール市場の競争がますます厳しくなっていくなかで、こうした仲間意識と協力関係の存続が見られれば、面白いことになるだろう。きっと絶えることなく続いていくに違いない。

右ページ：この2本のように、コラボレーション・ビールは特別限定品であることを強調するために、通常このようなデザインで瓶詰めされる。

◀ ワシントンD.C.の醸造所
国内でも指折りの老舗ビアバー「ブリックスケラー」が生まれた地域だが、首都であるがために他の大半の東部の都市に比べてクラフトビール醸造が定着するまでに時間がかかった。そのため今は失われた時間を取り戻そうとしているところだ。

旗艦製品「サミュエル・アダムス・ボストン・ラガー」の成功に後押しされて、ボストンビールは米国最大のクラフトビール醸造所へと成長し、現在米国でつくられる全クラフトビールの約5分の1を占めるようになった。米国建国の父の一人サミュエル・アダムスの姿が描かれたラベルは、最初は東部全体で、そして次第に国中のビールの買い手に親しまれるようになっていった。こうして、アンハイザー・ブッシュやミラー、クアーズなどの大手メーカー以外のビールでも、風変わりな代物という立場から、れっきとした代替品になり得るということを証明したのだ。

米国の他の地方同様、1990年代は北東部全体にわたってクラフトビール醸造所が爆発的に増えたが、いくつか注目に値する驚くべき例外があった。ニューヨークのマンハッタンの住民たちは、いわば輸入ビールを好む消費者としてよく知られ、クラフトビールに対してなかなか重い腰を上げなかった。しかしようやく、ソーホーにある巨人の心を持った小さな醸造所、508ガストロブルワリーと、ウエストチェスター郡で幅広いタイプと高アルコールのエールをつくっていたキャプテン・ローレンス醸造所のビールを飲むようになった。

そんななか、バーモント州の人々には大胆な気風があり、クラフトビールの背後にある反骨精神をいち早く受け入れ、北部のバーモント・パブ＆ブルワリーから州の最南部にあるマクニール醸造所まで、好んで飲むようになった。

現在バーモント州は、アルケミスト醸造所やヒル・ファームステッド醸造所など、世界で屈指の崇拝の的となる醸造所だけでなく、独自のビアスタイルであるバーモントIPAが高い評価を得ている。

北東部のビールを語る上では当然、クラフトビールの巨人たちについて触れずに完結しない。ベルギーの影響を受けたアラガッシュ醸造所やペンシルベニアにある多才なヴィクトリー醸造所。ニューハンプシャー州の繊細な名手であるスマッティーノーズ醸造所、驚異的な創造力を備えたブルックリン醸造所、そしてデラウェアのやや変人だが愛すべき息子、ドッグフィッシュ・ヘッド醸造所といった巨人たちがいる。こうした醸造所は米国東部の飲み手の味覚を満足させてきただけではない。現在4000以上にも上る醸造所のなかでも数多くの醸造所が、この巨人たちに刺激を受けて開業してきた。

ビール醸造の落伍者からクラフトビール醸造の原動力へと進化してきた北東部は、現在では米国のビール市場の最上位に並ぶようになった。ボストンの古びた居酒屋で飲もうが、ワシントンD.C.の白いテーブルクロスが敷かれた「ベルトウェイ」で食事をしようが、上質なエールとラガーが手の届かないものになってしまうことは決してないだろう。

上：ボストン醸造会社の最高経営責任者ジム・コック。彼がサンプリングしている樽熟成ビールは「ユートピアズ」とブレンドされる。これは同醸造所でも屈指のアルコール度数を誇り、2011年の時点では27％だった。

下：ペンシルベニア州ポッツヴィルは、米国で最も長い歴史を誇るイングリング醸造所の本拠地だ。

南部

経済、文化、歴史、あるいは法律など、いかなる理由があったにせよ、米国南部のクラフトビール産業は何十年にもわたって著しく発展が遅れた。テキサスにある有名なスペッツル醸造所などわずかな例外を除いて、この地域には偉大なビールづくりの伝統がなかった。しかも南部にありがちな暑い気候のせいで、人々が好むビールといえば氷のように冷たいライトボディのラガーと決まっている。つまり大手ビール会社が得意とする類のビールだ。

上：全ての醸造所がうまくいっているわけではない。テネシー州ナッシュビルにあったマーケット・ストリート醸造所のように商業的な圧力に屈した例もある。しかしトレードマークだけは今も残っている。

ローリー、ダーラムの醸造所 ▶
この地域は「三角地帯」として知られ、ローリーとダーラム、そしてチャペル・ヒルによりゆるやかにくくられ、多種多様な醸造所とビール関連の見所が混在している。

南部のクラフト醸造を抑圧してきた最大の原因は、ノースカロライナ州からテキサス州までを支配していた奇妙で不可解な法律かもしれない。例えばビールのアルコール度数の上限がかなり多くの州で規制されていた。また、かつてフロリダ州で販売される全ての瓶詰めビールの栓の横に「FL」の文字を記すよう義務付けた法は、米国のアルコール関連法で最も奇妙なものに違いない。

しかしこうした法は全て撤廃されて南部にも繁栄が訪れ、クラフトビールのブームが到来した。革新的なビール雑誌『All About Beer』の出版元があるノースカロライナ州をはじめとして、1990年代後半から21世紀初頭にかけて、次々に醸造

アッシュビル：意外なビールの街

2012年初頭にカリフォルニア州のシエラネバダ醸造会社がノースカロライナ州アッシュビルに工場を新設することを発表した際、米国のビール産業に関わる多くの人々が、その地名に疑いの目を向けた。スモーキー山脈の麓にある小都市は、クラフトビール界で必ずしも話題になる土地ではなかったからだ。

しかし今は違う。シエラネバダの発表があったその年の1月以来、アッシュビルはビール産地として活気づき、ニュー・ベルジャン醸造所や、近隣のブレバードにあるオスカー・ブルース醸造所の投資をも呼び込んだ。さらに、約30の地域醸造所が生まれ、ウィックド・ウィード醸造所とグリーン・マン醸造所など数カ所は、地域で高く評価される醸造所に名を連ねている。訪問客にとって何よりありがたいのは、こうした地域に根ざした醸造所の多くが徒歩圏内にあることだ。

アッシュビルが醸造家に好評なのは、良質で豊富な水源の他に、東西南北あらゆる方向への大きな輸送路があることもその原因だ。しかし大いに関係があるのは、生活の質と醸造家たちのコミュニティ、そして地元の人々が総じてビールへの情熱を持っていることである。こうした全ての要素がアッシュビルをビールの街へと創り上げた。予想外のことだっただけに、なおさら称賛に値する。

右：カリフォルニア州におけるクラフトビールの象徴であるシエラネバダ醸造会社がアッシュビルに醸造所の新設を決めたことは業界の注目を集めた。

右ページ左：アッシュビル・ビアフェスティバルには地域のほぼ全醸造所が集結する。

右ページ右：シエラネバダ醸造会社の「タップルーム」の開店は、目下成長中のアッシュビルのビール観光業界にとって大きな追い風となった。

南部 | アメリカ合衆国 | 南北アメリカ大陸 | ビールの新興国を知る | 187

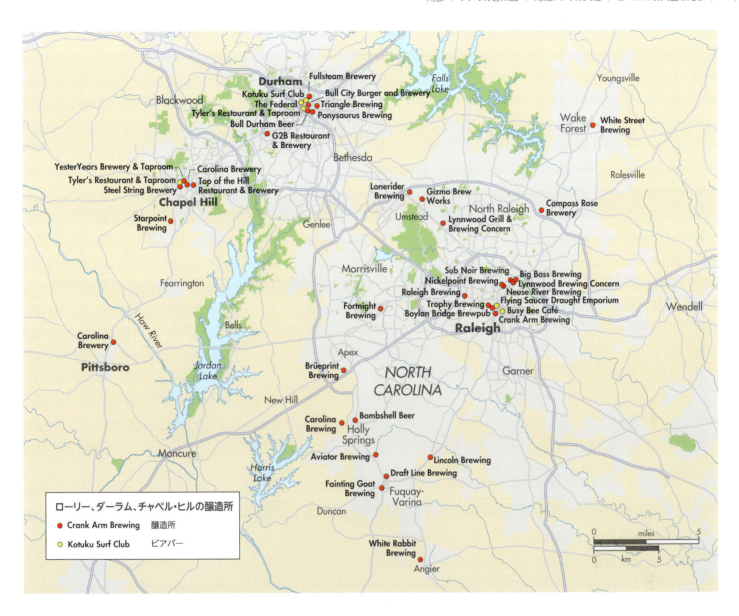

ローリー、ダーラム、チャペル・ヒルの醸造所
- 🔴 Crank Arm Brewing　醸造所
- 🟡 Kotuku Surf Club　ビアバー

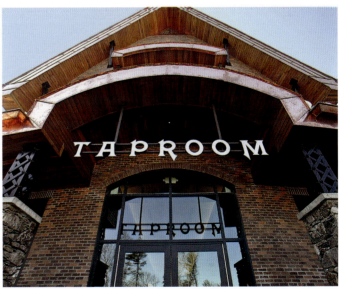

| ビールの新興国を知る | 南北アメリカ大陸 | アメリカ合衆国 | 南部

上：ニューオーリンズの名高いバーボンストリートは、とてつもなく冷たくてほとんど風味のないひどいビールを売りつけることで悪名高いが、そんな街でもアビタやノラなどのクラフトビール醸造所の登場を歓迎している。

上と右：テキサス州オースティンのジェスター・キング醸造所は迫力のある風味豊かなエールが最も有名だが、ドライチェリーのビール「デトライトボワ（Detritivore）」や、アルコール度数2.9％の「テーブル・ビール」「ル・プティ・プランス（Le Petit Prince）」などの繊細でアルコール度数の低いビールも何種類かつくっている。

所が生まれた。その結果、ルイジアナ州のアビタやテキサス州のセント・アーノルドのような南部の先駆者となった醸造所が、既存の自社商品群により個性的なスタイルを加えるようになった。さらにフロリダ州のシガー・シティやテキサス州のジェスター・キングのような、偏りがなく、かつ創造力に富んだ醸造所が足場を築くことができた。

南部のクラフトビール天国として最初に浮上してきたのはアトランタで、アルコール度数の上限が撤廃されたのに続き、かつて違法だった高アルコールの輸入ビールが押し寄せてきた。こうした輸入ビールはテラピンビール会社やスウィートウォーター醸造会社などのクラフトビール醸造所と競合することになったが、住民による新たな風味の発見にけん引されて、繁栄を保っていた。テキサス州のオースティンやヒューストン、ダラスも同様に発展を見せたが、この州で醸造所の進歩を遅らせたのは法律ではなく慣習だった。渇きを癒してくれるピルスで知られるライブ・オーク醸造所やダラス地域の有望な新人、リボルバー醸造所、コミュニティ・ビールといった醸造所が足を引っ張られた。一方フロリダ州のサウスビーチからジャクソンビルまでの地域で、ようやく本格的にクラフトビールが受け入れられるようになったのは、2010年代に入ってからのことだった。

カリブ海周辺

太陽の光を求めてジャマイカのネグリルのリゾート地やバルバドスの浜辺を訪れると、ビールに関しては、カリブ海の辺りではこの40年余り、ほとんど変化していないという印象で旅を終えるはずだ。小売店もバーも、とりわけ観光客がよく行きそうな所はいまだに、すぐに飽きてしまうようなブランドに完全支配されている。その大半は聞き慣れた多国籍ビール企業の製品だ。

悲しいことに、こうした印象は限りなく事実に近い。これまでにイギリス領ケイマン諸島と米国領ヴァージン諸島でわずかにクラフトビールの発展が見られたが、巨大ビール会社がいまだにカリブ海周辺のビール市場をほとんど独占している。ジャマイカのビッグ・シティ醸造会社、キュラソー島のセルベス・コルソウブルーイング（Serbes Korsou）、西インド諸島セントルシアのアンティリア醸造所、そして米領ヴァージン諸島のセント・ジョン醸造所といった反骨的な醸造所があるが、彼らは難しい大仕事を抱えている。しかも巨大企業の品ぞろえには詐欺的な商品があり、この熱帯地方の至る所にある冴えないラガーと同類扱いされるのを今のところ免れている。

かつてイギリス本土からカリブ海一帯へは、いわゆるエクスポート・ストレングス（アルコール度数7%以上）と呼ばれた濃色ビールが輸出されていた。デスノエス&ゲデス醸造所はその遺産ともいえる、ラガー酵母で発酵された甘めのスタウト「ドラゴン・スタウト」をつくっている。カリブ醸造所も同様のスタイルの「ロイヤル・スタウト」をつくっている。これらはいずれも島部のあらゆる醸造所の定番製品と考えられている。アルコール度数が高く麦芽香が豊かな金色のラガーはかつてよく見られたが、最近はほとんど消えてしまった。

右写真左側：「ドラゴン・スタウト」を造るジャマイカのデスノエス&ゲデス醸造所は最近ハイネケン傘下に入った。

右写真右側：セント・ジョン醸造所はヴァージン諸島にブルーパブを維持しているが、同社の「アイランド・ホッピンIPA」はメイン州にある醸造所で委託醸造されている。

下：「カリブ」「バンクス」「レッド・ストライプ」などの軽めのラガーのブランドはいまもカリブ海一帯を支配しているが、事態がゆっくりと変わり始めたような兆候もある。

カナダ

カナダ初の20世紀生まれの首相として象徴的な存在だった故ピエール・トルドー首相は
「文化のモザイク」をカナダの原型として定義付け、多文化国家づくりを推進したことで知られている。
これは隣国アメリカの「人種のるつぼ」政策と対照的である。
もし彼が生きていたら、この国のビール醸造の歴史についても同じことを言っていたことだろう。

　カナダのビール醸造に重要な影響を与えたのは、まずイギリス人だった。やがて西へと領土が拡大するにつれてドイツが、そしてケベック州で20世紀にベルギー人が成功したことによりベルギーの影響度が増した。米国その他の影響も増してきた上に、多文化が混じり合い、しかもフランス語圏固有の醸造手法が発展したこともあり、同国のビール地図はますます複雑の度合いを増している。

　20世紀の中盤前後に生まれた飲み手たちは、この国のビールを大きく分けたトロント中心街のヤング通りを覚えているだろう。この通りの東側では人々は主にエールを飲み、通りの西側はラガーが支配していたという。これは理論的にある程度は信ぴょう性がある。なぜならエール中心のイギリスとフランス移民の文化が主にオンタリオ州東部とケベック州、および大西洋岸の諸州で見られたのに対して、ラガーを好んだドイツと東欧からの移民たちは同国の西部への拡大を押し進めたからだ。

　1980年代にクラフトビール時代が幕を明けて以来、これとよく似たような、かつ、より複雑なかたちでカナダのビールが分類されるようになってきた。ただし分類基準は移民の分布パターンというよりも、地域ごとの文化に基づいている。ノバスコシア、ニューブラウンズウィック、プリンスエドワード島、ニューファンドランド島からなる大西洋沿岸の諸州では、もてなしの心が重んじられるため、ビールを飲むことが、カナダの他地域に比べて、ほぼ確実により純粋な人づきあいのための行動と見なされている。そのため「会話を楽しむのに」向いたイギリスとアイルランドの低アルコールのビアスタイルが長い間主流だった。ハリファックスからセント・ジョンズにかけてはペールエールとベストビター、ポーター、そしてスタウトが支配的で、アルコール度数の高いタイプやホップ比率の高いもの、そして革新的なスタイルが登場したのは最近のことである。

　それより西のケベック州では、フランスらしい美食志向と*joie de vivre*（ジョワ・ド・ヴィブル：生きる喜び）への崇拝傾向に加えて、小規模ビール醸造所への優遇税制が施行された結果、この国で最も独創的なビール醸造文化が生まれ、つい最近まで活気を帯びていた。奇抜な原材料や混合発酵、木樽熟成など、素晴らしい結果を生み出すためによく使われる手法を追い求める熱狂的なビールファンたちには、モントリオールとその周辺部から探検を始めるようお勧めする。

カナダにおける醸造所の集中度 ▶
醸造所の数は人口の多さにほぼ比例していて、オンタリオ州とケベック州に大半が集中している。

人口の少ないアルバータ州と、何かと開発の遅いニューファンドランド州やマニトバ州は別として、カナダで最も人口の多いオンタリオ州は、長年この国で最も堅固に保守的な伝統を誇ってきた地域である。その結果、クラフトビール市場では、ドイツのバイエルン地方の小麦ビールやチェコのボヘミア地方のピルスナー、そしてイギリス北部のブラウンエールといったヨーロッパ基準のスタイルがつい最近まで支配的だった。ホップが強く効いたものや米国の影響を受けたダブルIPA、ブレタノマイセス菌で発酵させたエールやバーボン樽で熟成したドッペルボックなどの変わり種は全体として後発組で、しかもその品質と一貫性は時に予測通りにいかない場合がある。

サスカチュワン州は一人当たりのブルーパブ数ではカナダ最多を誇るが、これは法律上、包装されたビールを店舗で売った売り上げも含めることが許されているためであり、結果として全般に平凡なビールがまん延している。しかし状況は変わりつつある。他のプレーリー地帯では几帳面で実用的な手法がとられた結果、全体的に堅実ではあるが面白みのないビールがマニトバ州からロッキー山脈にかけてつくられている。ただし数種の有名な例外もある。

最後のブリティッシュ・コロンビア州は、長年イギリス伝統の醸造法に忠実だったが、ついに南に住む「カスケーディアンズ」の隣人の影響を受け入れるようになり、ホップの強く効いたものから強力なIPA、不吉な気配のする季節限定ビールまで、新世代の革新的なビールが現れてきた。醸造所は人口の多いバンクーバー都市圏と首都地域に集中しているが、バンクーバー島北部やコートニーなどの遠隔地にも驚異的な数の醸造所が誕生している。

左ページ：スコットランドとノバスコシア州〔訳注：ノバスコシアは「新たなるスコットランド人の土地」という意味がある〕の間には血統および感情的な結び付きがあり、同州でつくられるクラフトエールの多くにはケルトの影響が豊富に見られる。

右：オキーフ〔訳注：カーリング・オキーフ。カナダ第3位の醸造所だった〕の名称は現在モルソンクアーズ社が所有しているが、「ピルスナー・ラガー」と「スペシャル・エクストラ・マイルド・エール」は遠い思い出となってしまった。

ケベック州と東部

カナダの大西洋沿岸の諸州は、家族経営のムースヘッド醸造会社と、ABインベブ社傘下のラバット社がつくる偽IPA「アレクサンダー・キース」がよく知られているが、クラフト醸造はなかなか受け入れられていない。ニューブラウンズウィック州とノバスコシア州の一部では醸造所の数が増えているものの、東部の良質なブルーパブと醸造所はいまだノバスコシアの魅力あふれる州都ハリファックスとその周辺に偏っている。

ハリファックスの醸造所群の核となっているのは、ガリソン醸造会社とプロペラー醸造会社だ。前者はアルコール度数の高いビールが得意で、アルコール度数9%の「グランド・バルチック・ポーター」と11.5%の「オルフォッグ・バーナー・バーレイ・ワイン」がある。プロペラーはより伝統志向で、イングリッシュスタイルに着想を得た「ロンドン・スタイル・ポーター」とESB（エクストラスペシャルビター）をつくっている。この地域の新設醸造所には、権威にとらわれないアンフィルタード醸造会社がある。同社のモットーは「態度は悪いがビールはすごい」である。州北部のケープ・ブレトンにはビッグ・スプルース醸造会社がある。

ケベック州も同様で、かつてはモルソン社のモルト・リカー〔訳注：米国の用語。一般にアルコール度数5%以上の淡色ラガーを指す〕「ブラドール」が知られており、クラフトビールの登場はオンタリオ州やブリティッシュ・コロンビア州より遅かった。しかし東部の諸州と対照的に、ついに手づくりビールの何たるかを受け入れたケベック人は狂信的なまでに崇拝するようになり、こ

ケベックの革新者たち

今まではかなり落ち着いたが、カナダの他の地方で新たに発見された豊富なビアスタイルに熱狂していた1980年代、ケベック州ではまだ新たな時代が始まったばかりだった。しかし伝統的にカナダで最も美食志向の強い州だけに、ひとたびビール醸造の最前線に立つと、醸造家たちの追求はどこまでも限界がないようだ。

初期の頃、マクオースラン、ユニブロー、ブラセール・ド・ノールなどの醸造所は、オートミール・スタウトやベルギー的なエールにカナダならではの解釈を加えたビールや、単純にルース（rousse：赤色）として知られる新種のエール（フランス語でオレンジ色と赤の中間的な色である）で世間を驚かせた。続いて第二世代のケベック人醸造家が登場し、さらに非常に面白い展開が見られた。

デュー・ド・シエル！（Dieu du Ciel！：感嘆符までが醸造所名）やレ・トゥロワ・ムスカテール（Les Trois Mousquetaires）、ホッフェンスターク（Hopfenstark）、ミクロブラッスリー・シャルルボア（MicroBrasserie Charlevoix）といった醸造所は、可能な限り革新的なビールをつくろうという信念を持っていたようで、黒胡椒やハイビスカスの花をビールに加えたり、同州の名産品であるアイスシードルづくりに使った樽で熟成させたり、シャンパーニュの発酵に用いる伝統的製法でビールをつくったりしている。そのようにして、概してそれまでカナダになかったような並外れたビールを生み出している。こうした大胆で実験精神あふれる醸造所は短期間のうちに、北米でも屈指の興味深いビール市場として、ケベック州の地位を強固なものにした。しかしこの事実が州外で認識されるまでには

数年がかかった。

さらに、ア・ラ・フユやレ・ブラッスール・ド・タンプ（Les Brasseurs du Temps）、ミクロブラッスリー・レ・カストール、ブラッスリー・ダナム（Brasserie Dunham）といった素晴らしい醸造所が続いていることを考えると、クラフトビールの第一、第二勢力が必死に優位を保ってきたからこそ、ケベック州が当面の間、北米でも屈指の活気あるビール市場の座に就いていられるのだ。

モントリオールの醸造所 ▶
初期の頃から、モントリオールのブルーパブ文化はカナダでも群を抜いて興味深く革新的なものであり、こんにちの豊かで幅広い醸造所とブランドを築く礎となった。

の州の醸造所数は、国内で最多となった時期もあった。いまでもケベック州にはカナダでしかるべき評価をされた屈指の醸造所が多い。

このような急速な発展は、政府による小規模醸造所への減税策に負うところが大きく、21世紀の幕開け以降、小さな醸造所が爆発的に増えた。減税策以外のケベックでの成功の理由には、ベルギーの強い影響もあるのではないだろうか。それは、モントリオール郊外シャンブリにあるユニブロー醸造所（Unibroue）のビールに早くから表れていた。また、フレンチ・カナディアンの醸造家たちが適度な創造性を発揮した点も、ケベックでの成功の要因かもしれない。

現在日本のサッポロビールの傘下にあるユニブローは、州内でのベルギースタイルの先駆者ではなかったかもしれないが、ベルギースタイルの小麦ビール「ブランシェ・ド・シャンブリ」や、ボディとスパイス感のあるエール「ムーディト」といったブランドによって、このスタイルを普及させたのは間違いない。ベルギーの影響と、米国での醸造傾向およびケベック人の独創性があいまって、ディユ・ド・シエル！醸造所（Dieu du Ciel！）、それより後発のル・トゥル・デュ・ディアブル醸造所（Le Trou du Diable）、そして小規模ながら受賞歴の多いア・ラ・フユ醸造所（À la Fût）といった、称賛の的となっている醸造所が生まれた。

左ページ：モントリオールは夜に活気づく街としてカナダ中に知られ、大通りにはバーやカフェがずらりと並んでいるが、最近ではそこにブルーパブが加わった。

右：ケベックで最も有名なスキーリゾート地モントランブランには現在2カ所のクラフトビール醸造所がある。

モントリオール
● Mabrasserie　醸造所
○ Isle de Garde　ビアバー

オンタリオ州とプレーリー

今世紀の幕開けとともに始まったカナダ中央部のクラフトビール醸造所の新設ラッシュはついに、
保守的でヨーロッパ志向のビールづくりを排除しようとしている。
それにしてもなんと長い道のりだったことだろう。

オンタリオ州のクラフトビール醸造所の第一世代は例外なく、イギリス諸島、チェコ、あるいはドイツの伝統の上に堅固に成り立っている。こうした慣習は第二世代の醸造所にもほぼ一貫して受け継がれ、ようやく革新的で冒険心のあるビールづくりへと移行してからも、最初の頃は大半の醸造所でかなり改善が望まれる結果が生まれた。

一方マニトバ州とサスカチュワン州では、少数の例外を除いて、初期のクラフトビール醸造所は総じて無関心で不利な環境で操業しており、その結果多くが失敗した。さらに一層お粗末なブルーパブが登場した。そうした店は実入りの良さに引かれて、醸造免許が付帯されたビール販売店舗の免許を取得し、利益優先の営業をしていた。

明るいニュースもある。現在オンタリオ、マニトバおよびサスカチュワン州では、醸造所ごとの代表製品に伝統を具体化することによって、多様な醸造様式を登場させている。例えばトロントのブラック・オーク醸造所の「ペールエール」と「ナットブラウン」、オンタリオ東部にあるボーズ・オールナチュラル醸造会社がつくるケルシュスタイルの「ラグ・トレッド」、そしてサスカトゥーンにあるパドック・ウッド醸造会社の「チェックメイト・ピルスナー（Czech Mate Pilsner）」などがある。また、トロントのベルウッズや、グレート・レイクスブルーイング、ナイアガラのハイロードブルーイング、サスカチュワン州レジャイナにあるレベリオンブルーイングなどでは、冒険的なビールづくりが定着してきた。

2016年現在、オンタリオ州には優に150を超える醸造所があり、比較的人口のまばらなサスカチュワン州にも20カ所余り、マニトバ州では4カ所が操業中で、さらに数カ所が計画中である。こうした数字を見ると、カナダ中部のクラフト醸造の未来は非常に明るいようだ。

トロントのビール醸造所 ▶
ほんの15年前まで、カナダの最大都市のビール醸造所巡りは時間がかからなかった。しかし近年は急激にビール醸造所の数が増えている。

右：北米のブルーパブの大半と同様、トロントのグラニート醸造所では全ての自社製品を試飲させてくれる。

トロントのビアバー

最近トロントのビール醸造が活気を取り戻してきたが、この街のクラフトビールの最大の活力源はいまもビアバーにある。ビアバー巡りをしてみれば、どんなにこだわりのある熱狂的ビール愛好家も満足できるだろう。

誰に尋ねるかにもよるが、この街で最高のビアバーといえば、ヤング通りの「バー・ヴォロ」か、キング通りの「バー・ホップ」だろう。前者には10銘柄以上の珍しいケグビールや瓶詰めビールがある（小規模のハウスエールズ醸造所のビールもある）。後者には37本ものタップがつながっていて、慎重に選ばれた瓶詰めビールもある。また、徒歩10分ほどのジョン通りに2店目がある。

個性的な店は他にもあり、フロント通りの「セ・ホワット（C'est What）」はトロントのビアバーの元老的な存在だ。リバティ・ビレッジには「クラフト・ブラッセリー＆グリル」が最近オープンした。キング通りのドイツ風ビアホール「ヴルスト（Wvrst）」は「バー・ホップ」から近い。「トリニティ・コモン」はケンジントン・マーケットに最近できた店だ。ビールと料理の楽しめる「ビール・ビストロ」が、キング通りとヤング通りの交差点近くにあり、ビール中心のチェーン店「ザ・ビア・マーケット」は市内に3カ所ある。「ザ・ルース・ムース」はコンベンションセンターの向かい、ダンフォース通りには老舗「ジ・オンリー・カフェ」がある。

さらに10カ所以上のブルーパブと醸造所のテイスティングルームがあり、豊かなビール巡りができる。

上：「バー・ヴォロ」はトロントでも屈指のビアバーだ。

オンタリオ州とプレーリー ｜ カナダ ｜ 南北アメリカ大陸 ｜ ビールの新興国を知る ｜ 195

上：穀物エレベーターはカナダのプレーリー地帯でおなじみの風景だ。サスカチュワン州にあるこの施設では年間最高で200万トンの大麦麦芽を加工できる。

アルバータ州、ブリティッシュ・コロンビア州と北部

カナダのクラフトビール醸造はバンクーバーとその周辺から始まり、1982年に北米初のブルーパブとして開業したホースシュー・ベイ醸造所がその起源だ。残念ながらここは廃業したが、1984年に創業し、現在モルソン社の傘下に入っているグランヴィル・アイランド醸造所がカナダで最初のクラフトビール醸造所である。続いて近くのバンクーバー島にはアイランド・パシフィック醸造所、すなわち現在のバンクーバー・アイランド醸造会社が誕生した。

続いてアルバータ州でも数カ月後にビッグ・ロック醸造所が開業し、さらに猛烈な勢いで醸造所が生まれていった。やがて、人まねをしただけのやや退屈な醸造所も出てきた。

ブリティッシュ・コロンビア州ではまず麻入りのビールが流行したのに続いて、ブロンドエール、そして爽快感がありホップ香が控えめなペールエールが人気を呼んだ。輸入ビールも市場を活性化させはしたかもしれないが、両州ともに、あまり見られなかった。1990年代後半には西海岸のビール環境は停滞し、地域で唯一、新聞にビール記事を書いていたコラムニストもやめてしまった。

しかし新世紀に入るとカナダ西部のビール醸造に追い風が吹くようになった。アルバータ州では行政の規制緩和によってビールへの関心が高まり、同様にブリティッシュ・コロンビア州でも法律が改正され、バンクーバーとその周辺地域で突然、醸造所の誕生ラッシュが起こった。アルバー

上：カナダで最も活発なクラフトビール市場の背景には、のどかな自然と都会の活気が融合したブリティッシュ・コロンビア州ならではの環境がある。

ブリティッシュ・コロンビア州のクラフトビール歴史年表

カナダのクラフトビールの発祥地はブリティッシュ・コロンビア州である。となれば、この州におけるビールの進化はそのまま、他の州で起こってきた事象の縮図になると言っても大げさではないだろう。いや、場所によってはこれから起こるであろうことを暗示している。

- 1982年　北米初のブルーパブ、ホースシュー・ベイ醸造所がバンクーバー北部に開業。米ワシントン州のヤキマ醸造所にわずか数カ月の差で市場に登場した。
- 1984年　カナダ初のマイクロブルワリー、つまり今日のクラフトビール醸造所である「グランヴィル・アイランド醸造所」がバンクーバーに開業。2009年にモルソンクアーズ社に買収される。
- 1984年　カナダで最長の歴史を誇るブルーパブ「スピンネイカーズ」がヴィクトリアに開業。開業当時、ホースシュー・ベイ醸造所とプレーリー・イン醸造所に続いて州で三つめの新設醸造所だった。
- 1989年　ブリティッシュ・コロンビア州内陸部のオカナガン醸造所が「エクストラ・スペシャル・ペールエール」を発売開始。現在では到底ペールエールの部類に入らないビールだったが、この成功は、ある世代のビール消費者の大半に、ペールエールとはラガーに似ていて、あまり苦くないビールだと納得させた。
- 1994年　ゲイリー・ローヒンがノース・バンクーバーの「セイラー・ハガー」のパブに醸造所を開設し、バンクーバーおよびその周辺で最も革新的で複雑味のあるビールをつくり始める。ローヒンはその後2003年、郊外のサーレイにあるセントラル・シティ醸造所へ移った。
- 1998年　ボウエン・アイランド醸造会社が「オリジナル・ヘンプ・クリーム・エール」を発売したのを受けて、州全体の醸造所が一斉に同様スタイルのエールをつくり出した。
- 2000年　クラノッグ・エールズ醸造所が州奥地の町ソレントにカナダ初の完全な有機栽培醸造所を開設。
- 2008年　セントラル・シティ醸造会社の「レッド・レイサーIPA」の缶ビールが初めて発売される。すでにクラフトビールの缶ビールは他に存在していたが、同社の取り組みがきっかけとなり、州全体にクラフト缶ビールの動きが広がった。
- 2013年　法律の改正により、醸造所の敷地内でテイスティング用施設を運営することが可能となる。これにより州内で爆発的に醸造所が増え、なかでもグレーター・バンクーバー〔訳注：バンクーバーを中心とする地方行政区〕で著しく増加した。

アルバータ州、ブリティッシュ・コロンビア州と北部 ｜ カナダ ｜ 南北アメリカ大陸 ｜ ビールの新興国を知る　197

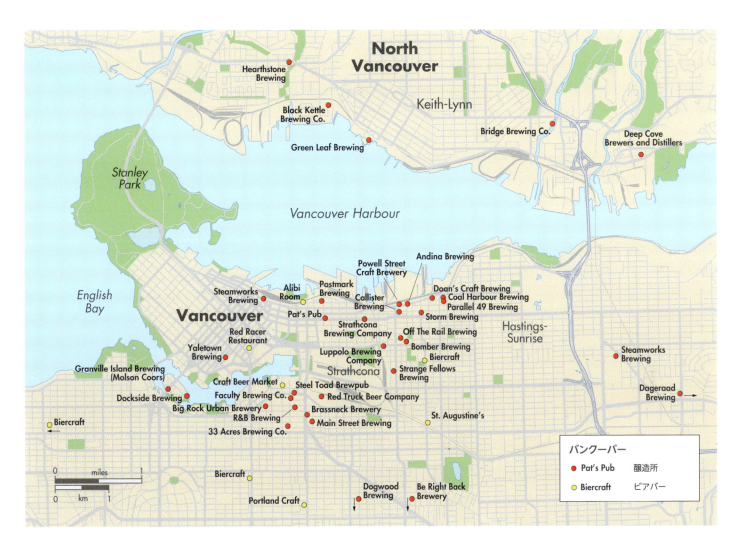

夕州の市場自由化は、少なくとも最初の数年は醸造所の増加よりも輸入増加を招いたが、ブリティッシュ・コロンビア州では法改正（p.196を参照）以降の3年で膨大な数の醸造所が誕生し、地元のビール専門家ジョー・ウィービーは「とても追いつけない」と悲鳴を上げている。

そんなわけで、アルバータ州で目立つのがいまだにアリー・カット、ワイルド・ローズ、そしてグリズリー・パーなどの老舗醸造所であるのに対して、ロッキー山脈の反対側で活況を迎えているのは、長年操業してきて最近になって事業を拡大したセントラル・シティ醸造所やハウ・サウンズ醸造所などだ。前者はカナダ屈指のペールエール「レッド・レイサー・ペールエール」をつくり、後者はいわゆる「インペリアル」ビールの専門家である。新設の醸造所では、バーナビーのダゲラード醸造所が要注目、そしてデルタにあるフォー・ウィンズ醸造所も魅力的だ。

一方カナダ北部ではまだ状況が良いとは言えず、ユーコン準州にはほぼ保守的なユーコン醸造会社と、ホワイトホースの小規模醸造所ウインターロングがあるのみだ。

旅のアドバイス

- トロントとモントリオール間は車、電車ともに約5時間の距離。ポーター航空便でモントリオールのトルドー空港からトロントの市街中心地近くにあるビリー・ビショップ空港まで飛行機も就航している。両都市間の交通は至便だ。
- バンクーバーの市街地からヴィクトリア島へ行くなら、フロート水上飛行機に乗ればヴィクトリアのインナー・ハーバーまで約30分で到着でき、最も便利な手段だ。
- たいていのカナダのバーでは「パイント」が基本単位だが、東部ではインペリアルサイズ（576cl㎖）が使われ、西部ではアメリカンサイズ（473cl㎖）が主に使われている。一方ビール専門のバーでは、アルコール度数とビールの希少性に応じて、サイズが異なる無数のグラスが使われている。

バンクーバーの醸造所 ▲

ようやく法律が改正され、醸造所内のテイスティング施設が許可されたことにより、ブリティッシュ・コロンビア州全体、なかでもバンクーバーで大いに醸造所が増えた。

右：アルバータ州の「考えられる限り最小の醸造所」は、エドモントンにあるアリー・カット醸造所だ。

ラテンアメリカ

アジアの大半と同様、ラテンアメリカは現代的な上質ビールの世界への参入が遅く、
この本の初版が出版された頃に、ようやく大挙してやって来た。
それ以来、多くの地域が失われた時間を取り戻そうと、かなり急ピッチで取り組んでいる。

　先頭に立ってきたのはラテンアメリカ最大の面積と人口を擁するブラジルだ。南米におけるビールの巨人、アンベブ醸造所（Ambev）が生まれた地でもある。同社はどんどん拡大していき、ついには合併によってABインベブ社という巨大な国際的企業へと成長した。ブラジルのクラフトビール醸造所は、ドイツ的な強固な伝統と豊かな好奇心に導かれ、ラガーをしだいに平凡なビールにしていく巨大醸造所に対して、増え続ける資力と幅広いビアスタイルをもって反発してきた。さらにはクラフトビールについてブラジル独自の見解を打ち出してもいる。

　ブラジルに次ぐクラフトビール産業の大国はメキシコで、ABインベブ社傘下のモデロ社とハイネケン傘下のフェムサ社の2社による独占状態に闘いを挑み、驚くほど短期間で信頼できる正統派のビール醸造国としての地歩を固めた。こうした素晴らしい進歩の影響で2015年にはビアフェスティバルと審査会が首都で開催されたのをはじめとして、スペイン語によるビール会議も開かれ、うまく構成されていた。

　次に続くのはアルゼンチンとチリ、そしてコロンビアとコスタリカだ。さらにニカラグアやウルグアイ、パラグアイには有望なクラフトビール醸造所が群れを成している。

　とはいえこの地域の前途は険しく、危険を伴っている。なにしろラテンアメリカ全体のシェアの

ラテンアメリカ ｜ 南北アメリカ大陸 ｜ ビールの新興国を知る ｜ 199

99％が大手の醸造会社によって占められている。しかもまだ成長の見込める市場であるため、売り上げを新参者に譲ろうとしないのだ。しかし南米大陸のクラフトビール醸造家たちは、ほぼ非の打ち所がない情熱を持って献身的に取り組んでおり、真の勇気をも持ち合わせている醸造家もいる。

ラテンアメリカのクラフトビール醸造所 ▶
スタートはゆっくりだったものの、現在ではラテンアメリカのほぼ全土にわたってクラフトビール醸造が行われるようになり、定着した国の大半では急成長が見られる。

左ページ：チリのサンティアゴにあるソットブルーイング（Szot）では今も瓶詰めはほぼ手作業で行われている。近隣のアルゼンチンやブラジル同様、チリもこれから何年かのうちにクラフトビール醸造が大いに発展しそうだ。

左：メキシコの伝統的な飲み物といえばもっぱらテキーラだが、時には冷えたビールならではの爽快さに屈するときもある。

メキシコと中央アメリカ

世界の多くの消費者にとって、メキシコのビールといえば、ごく少数のブランドしかなくて、ほぼ大半が見慣れた透明のボトルに詰められ、メキシコ市場をほとんど独占しているハイネケン傘下のフェムサ社とABインベブ傘下のモデロ社がつくった画一的なものしかない、というイメージである。そして大まかなウィーンスタイルのネグロ (negro)、すなわち褐色から茶色のラガービールが、メキシコの大半のビール消費者にとって、考えられる限り最高に風味豊かなビールであり、いまだに大手２社と並んで人気がある。

そうした背景にもかかわらず、メキシコの自称クラフトビール醸造家たちは、そうした飲み手にぴったりのビールをつくろうとしている、いや実際にそうしているのだ。しかしそれでも、少数の野心的な醸造所がかなり大きな勢力になっていくのは止められない。ある醸造所のビールは今や主要都市のバーで広いスペースを占めるようになり、国中でも指折りの優れたレストランで提供されるほどになった。

2013年、連邦競争委員会が、メキシコの２大ビール会社が独占契約できる数量を傘下の小売店の４分の１まで制限するという決定を下したことも追い風となって、この国のクラフトビール醸造所の数は過去５年間で増大した。当初20-30カ所だったのが、いまでは100を大幅に超えている。老舗のカラベラ醸造所 (Calavera) やプリムス醸造所 (Primus) を筆頭に、ウェンドランド醸造所 (Wendlandt) とファウナ醸造所 (Fauna) という印象的な新参者もある。

メキシコを象徴するビールはまだ世界に登場していないが――おそらくチリ・ペッパーを効かせたメキシカン・インペリアル・スタウトになるだろう――、既存の醸造家たちが技術を向上させることによってビールの質を向上させているペースには希望が持てる。

コスタリカはいまでも中央アメリカで最も有望な市場であり、観光産業の発展が数少ない醸造所を後押ししている。ニカラグアとパナマは発展の可能性を秘めている。この地域に関して報告できるのはここまでだ。

上：バハ・カリフォルニア州にあるウェンドランド醸造所は2015年のメキシコ商業ビールコンクール (Competencia Profesional Cerveza México) でブルワリー・オブ・ザ・イヤーに選出され、大きな存在感を示した。

左：セルヴェサ・メヒコ (Cerveza México) はメキシコで最も重要なビールイベントである。

上：米国との国境の町ティファナはこれまでも米国からの観光客を魅了してきたが、今やもう一つの米国への輸出品、クラフトビールの拠点である。

エクスポ・セルヴェサ・メヒコ（EXPO CERVEZA MÉXICO：メキシコビール博覧会）

メキシコのクラフトビール醸造が初期の拠点からバハ・カリフォルニア州、グアダラハラ、そしてメキシコシティへと広がるにつれて、国中を旅してみないことにはこの国のクラフトビールの世界の動向をとらえがたくなってきた。しかし幸いなことに、年に一度のビアフェスティバルも見本市もビールの品評会も、エクスポ・セルヴェリ・メヒコの名の下に一挙に開催される。

このイベントは毎年秋になるとメキシコシティで3日にわたって開催される。メキシコ全土から醸造所が自社製品を試してもらおうと一堂に集まるため、同国のクラフトビールを幅広く味わうことのできる、またとない絶好の機会である。運営は実に合理的で、2日にわたってプロたちがビール醸造について会議を行い、フェスティバルとメキシコ商業ビールコンクール（Competencia Profesional Cerveza México）も同時に開催される。

しかし一番の見どころは何といってもフェスティバルで、2015年のときは100以上の醸造所が参加し、150種を優に超えるビールがテイスティング可能だった。ラテンアメリカで最も力強いクラフトビール産業のすう勢に真剣な関心を注いでいる人であれば、見逃すのはもったいない。

右：現在のメキシコで目覚ましい新設醸造所は、2015年の「メキシカンビール・オブザ・イヤー」に輝いた「テンプス・アルト・クラシカ（Tempus Alt Clásica）」をつくったプリムス醸造所と、バハ・カリフォルニア州にあるファウナ醸造所（Fauna）だ。

ブラジル

ブラジルは、中国、米国に次いで世界第3位の広さを持つビール生産国である。生産量と消費量ともに、この何十年の間増え続けてきた希少な国でもあり、2013年から2014年にかけて生産量は6億リットルも伸びた。

しかしこの生産量の大部分は低温で提供されるように想定され淡色で面白みのないラガーで、製造したのはこのスタイルを完成し、かつ市場の3分の2を握っているABインベブ社だ。念のため記しておくと、ブラジルの市場シェアの大半はブラジルキリン社とハイネケン傘下のカイザー社が支配していて〔訳注：キリンは2017年にブラジルキリンをハイネケンに売却した〕、残りのわずかなシェアを同国のクラフトビール醸造所が分け合っている。

とはいえ、たとえわずかなシェアでも、巨大な市場の一部を目指して奮闘することは十分に価値がある。約340あまりと推定されるブラジルのクラフトビール醸造所はまさにそのために努力している。これまでいくつかのクラフトビール醸造所が大手の会社に買収されるのを見てきた。アイゼンバーン醸造所（Eisenbahn）は早い頃に現在のブラジルキリン社に買収され、ヴァウス醸造所（Wals）と先駆者だったコロラード醸造所（Colorado）はABインベブ社に買収された。こうした状況でクラフトビール醸造所はおびえるどころかむしろ大胆になり、数だけでなく品質と安定性も急速に向上している。

もちろん難題は残っている。ブラジルは物流において常に冷蔵する方法が未熟なため、ビールは温かい温度どころか、夏期には醸造所から消費者に届くまでの間かなりの高温環境に置かれる。やや大ざっぱな低温殺菌技術を好む傾向も一部の醸造所に根強く残っているが、事情は変わりつつある。クラフトビール文化の初期段階によく見られるように、ビアスタイルと醸造技術に関しては、まだ歩き方すら覚えていないのに走り出そうとしがちである。

とはいえ楽観できる面もある。醸造学校や研究所が多くの生徒でにぎわっているし（サンパウロにあるInstituto da Cerveja〔インスティチュー

上：リオデジャネイロの海岸風景。成長中の中産階級に支えられて、クラフトビールの人気はブラジルの都市や町で上昇気運に乗ろうとしている。

左：ビールを楽しむブラジルの農民たち。彼らの祖先をたどるとドイツのバルト海沿岸に行きつくという。

ト・ダ・セルヴェージャ：ビール研究所〕は素晴らしい）、ほんの数年前に比べても、大都市でクラフトビールが格段に入手しやすくなってきたのだ。

ブラジルで最もよく見られるクラフトビールはいまだにピルスナーだ。「ブラーマ（Brahma）」や「アンタルチカ（Antarctica）」〔訳注：いずれもABインベブ社製のブラジルでなじみのビール〕から飲み手を引き離そうともくろんでいる穏やかなヘレス・スタイルのラガーもあるし、チェコやドイツの影響を受けた、ホップ香が強烈で爽快なタイプもある。ペールエールやIPAも人気があるが、ホップのコストと良質なホップ不足に悩んでいるようだ。さらにはベルジャンスタイルをさまざまに解釈したビールもあり、解釈がいい加減な商品もある。

ブラジルで最も希望が持てる傾向は、土地に固有の原材料を使っておおむね伝統的なスタイルに基づいたビールを生み出していることに違いない。こうしたビールをつくる醸造所に名を連ねるのは、地元産のコーヒーからラパドゥーラ（*rapadura*）と呼ばれるサトウキビの硬い砂糖まで使うコロラード醸造所、そして珍しいアマゾンの木でつくった樽で熟成させた「アンブラーナ・ラガー（Amburana Lager）」をつくっているウェイ醸造所（Way）である。ファルケ醸造所（Falke）が限定生産している「ヴィヴレ・ポワ・ヴィヴレ（Vivre pour Vivre）」はブラジル原産のジャボチ

カバという木の果汁が加えられている。ベレン醸造所（Belém）の「アマゾンビール」シリーズも要注目だ。

ブラジルがビール醸造大国として発展を続け、世界の舞台でその影響を確固としたものにしていく限り、高まるばかりの評判はこうした独創的なビールと醸造所に負うところが大きいと断言できるだろう。

下：ウェイ醸造所と小規模なファルケ醸造所のビールは、ブラジル固有のビアスタイルの発展を目指して先頭に立って奮闘している。

フランゴという名のバー

あらゆるビール文化に言えるが、文化の発祥地をはっきりと特定することは難しい。しかしブラジルの場合はかなり簡単だ。この国でクラフトビールが生まれた場所は、サンパウロにある「フランゴ（FrangÓ）」であると公言できる。

父親のバウデシーと息子のカッシオ、ノルベルトのピッコロー家が営むフランゴは、ブラジル全土で初めて風味豊かな珍しいビールを名物にした店だった。勇気ある第一歩だったが、成功の一歩だった。週末ごと、さらには平日の夜でも、常連客が雑然とした店内を埋めて地元のクラフトビールを飲んだり、輸入ビールの膨大な（しかもかなり高額な場合もある）リストから選んで味わったりする風景が見られる。そうした輸入ビールには何百ドルもする大型サイズの瓶詰めビールもある。

ブラジル初のクラフトビール醸造所コロラードを創設したマルセロ・カルネイロ・ダ・ホッシャは、カッシオを友人であり初期の支援者だと語る。無数の醸造家がフランゴを巡礼するほか、醸造家としてのキャリアの道を歩き出す決心を固めるためにやって来る志望者もいる。新たにビアバーを開いた者たちは、フランゴが彼らを奮起させてくれたと話す。

ビールを求めてブラジルに来るのなら、フランゴはぜひとも敬意を表して足を運ぶべき場所だ。料理

上：ビールを求めてサンパウロに来る旅人はぜひとも「フランゴ」に来て豊富なブラジルのクラフトビールとコシーニャ（coxinha）と呼ばれるおいしいフライドチキンを味わってほしい。

人がサンパウロの象徴かつ質素なレストラン「モコート（Mocotó）」に行くのと同じ、あるいはサッカーファンがリオの有名なマラカナン・スタジアムに行くのと同じである。

ブラジル ｜ ラテンアメリカ ｜ 南北アメリカ大陸 ｜ ビールの新興国を知る ｜ 205

上：サンパウロにあるInstituto da Cerveja（インスティチュート・ダ・セルヴェージャ：ビール研究所）は醸造家とビアバーのウェイター、そして熱心なクラフトビール愛好家たちを平等に教育する先駆け的な機関である。

アルゼンチンとその他の南米

1989年、アルゼンチンの経済が破綻し、貿易取引上で通貨ペソをアメリカドルに替える体制を取らざるを得なくなると、新政府は、企業家たちの自由な活動に任せる決意を固めた。すると小規模な醸造所が爆発的に増え、以来、目まぐるしい勢いで生まれては消えていった。そんななかで創業11年目を迎える醸造所もいくつかある。

上：ベルリーナ醸造所のパブにある庭園からは息を飲むようなアンデス山脈の景色を臨みながら、同社のIPAを楽しめる。輸入されたイーストケントゴールディングスを使って本格的にホップを効かせた逸品だ。

2002年以降、アルゼンチンには常に75から250カ所のクラフトビール醸造所があり、バリローチェ周辺、ホップの栽培地であるエル・ボルソン周辺、そしてパタゴニア北部の風光明媚なレイク・ディストリクトには、常に二十数カ所の醸造所がある。

ホップ栽培をさらに発展させれば、クラフトビール醸造所の未来にとって幸先がよいのだが、この国のホップ農場は元来、南米の大手醸造所への供給目的で生まれた。こうした大手醸造所はやがてアンベブブルーイングへとまとまっていき、そのアンベブは世界最大のビール会社ABインベブ・グループでも指導的立場にある。

従来栽培されていたホップの品種の数々は、北半球の醸造家の多くから、品質が劣っていて香りが全く不十分であると不評だ。例えばアルゼンチン・カスケードは爽快で柑橘らしさとスパイス感があるというより、草っぽくて特徴が希薄で、アメリカンスタイルのペールエールやIPAには適さない。しかし土壌と気候に合った新たなハイブリッド種のホップが栽培されるようになり、こうしたアメリカンスタイルや似たタイプのビールの発展を支えてくれるはずだ。

チリのホップ問題

チリのサンティアゴでは、それほど多くのビールを飲まなくても、異なるブランドどころか異なる醸造所のビールの間でさえ、共通する風味の特徴に気づく。古いホップに由来する風味である。

これはチリの醸造所にとって、もはや聞き飽きた問題だ。醸造家の多くが、米国産ホップが太平洋の北西岸から太平洋岸を南下して輸送される時間がかかりすぎると不満をもらしている。しかも傷みやすい植物であるにもかかわらず、輸送途中の扱いが不適切極まるというのだ。彼らが指摘しているのは、冷蔵されずに船で3週間かけて運ばれたあげく、好ましくない状態で貯蔵されるという劣悪な輸送条件である。

いずれはそうなるだろうと予想はしているが、もしアルゼンチンのホップ生産者がクラフトビールに適した上質なホップ品種を開発すれば、間違いなくチリのクラフトビールの品質向上に大いに役立つはずだ。さもなければ、醸造家たちはホップを冷蔵してもっと短期間で輸送するよう嘆願するしかない。もしくは鮮度の落ちたホップに慣れるしかないだろう。

右：ペレット状でもコーン状でも、高温に長くさらされるなど不適切な状態で輸送されると、ホップの風味は劣化してしまう。

右ページ上：近年、アルゼンチンが経済の悪化に直面しているにもかかわらず、アンタレス醸造所のブルーパブ・チェーンは多くの客を引き寄せており、店も増えている。

アルゼンチンとその他の南米 | ラテンアメリカ | 南北アメリカ大陸 | ビールの新興国を知る | 207

一方、浮き沈みの激しいアルゼンチン経済の影響で同国のクラフトビール醸造所は軌道に乗ったとは言えないが、アンタレス醸造所（Antares）が経営する25カ所のチェーン店のように、数々の困難にもかかわらず繁栄を築いている所もある。逆境を克服している醸造所は他にもある。ブエノスアイレスのブラー醸造所（Buller）、ブエナビッラ・ソシアルクラブ醸造所（Buena Birra Social Club）、西部にあるベルリーナ醸造所（Berlina）とヘロメ醸造所（Jerome）。そして「ビーグル」と「ケープ・ホーン」シリーズを造っているフエギアン飲料会社（Fuegian）はウシュアイアにあり、世界で最南端の醸造所だ。

アルゼンチンに次いで発展しているのはチリで、首都サンティアゴは同国のクラフトビール醸造コミュニティの中核としての地位を確立してきた。少数の聞き慣れた老舗醸造所が支配しているが、ソット（Szot）、クロス（Kross）、チュービンゲル（Tübinger）などチリの第二勢力の醸造所が、低品質なホップなど（p.208を参照）数々の障害を克服できれば、非常に有望だ。

ラテンアメリカのヒエラルキーでチリに続くのはペルー、エクアドル、コロンビアである。この地域でリーダー的存在だったボゴタビール会社（Bogota）はABインベブ社に買収され、ABインベブはその後まもなくSABミラー社も買収した。ボリビアとウルグアイは慎重に前進しており、その他の国々では未来に向けてこつこつと基盤づくりを進めている。自家醸造家は常に新たなクラフトビール文化の発展に不可欠だ。南米では全土にわたって自家醸造が盛んで、とりわけ首都の地域で活発だ。

乗りこえるべきハードルはまだ残っている。例えばいわゆる「低温流通体系」がないという問題がある。ビールは醸造所から消費者に届くまでずっと冷蔵しておく必要があり、天候が暑い場合は特に重要だが、このシステムがないために低温殺菌を過剰に行ってしまう。また、多くの醸造所が経験不足のため、技術的に欠陥のあるビールが大量に生まれてしまうのも問題だ。

競争は生産者と消費者のどちらにとってもビール教育を促進できるはずだ。ブエノスアイレスで行われる「グレート・サウス・ビール・カップ」と、チリで開催される「コンクルソ・インテルナシオナル・デ・セルヴェリス（Concurso Internacional de Cervezas）」はいずれも2011年から始まり、南米のプロ醸造家たちに、クラフトビールにおけるブラジルの覇権をくつがえすよう奮起させる場となっている。きっとそんな日も遠くないだろう。

消費者が一層、特徴的なビールを求めるようになるのであれば、それを提供するのが醸造家の務めだ。事実、消費者のそうした傾向はますます当たり前のこととなってきている。もし南米が北米の後を追っていけば、ごく近い将来には南米全体が大々的に追い上げてくる可能性がある。

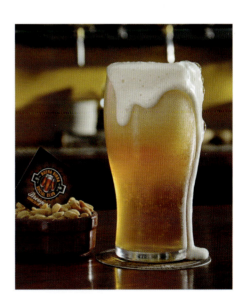

上：いわゆるもぐりのブルーパブとして開業したブエナビッラ・ソシアルクラブは、ブエノスアイレスでビールを楽しむなら必ず訪れるべき場所だ。

208-209ページ：クエルノス・デル・パイネの山々を遠景に馬を乗りこなすカウボーイたち。喉も乾いてくる頃だ。

オーストラリアとアジア

これまで約50年にわたって世界的に起こってきた風味豊かなビールの復興は、米国、イギリス、ベルギーを主とするひと握りの中核地帯を起源として、北へ、西へ、そしてヨーロッパ中央部、南北アメリカ大陸へとゆっくりと放射状に広まってきた。こうした西洋の中心地からはるか遠く離れた太平洋西岸は、他のもっと近接した地域に比べてビールの復興への取り組みが遅かった。

ニュージーランドと日本がいち早く改革を受け入れた。とはいえニュージーランドは最初の段階でつまずき、日本は法的な規制が緩和されたとたんに、限りなく情熱的にクラフトビールを迎え入れ、オーストラリアがこれに続いた。熱意は劣るものの、その他の地域でも改革が始まった。

しかし2010年頃から、東アジアとオセアニアでビール醸造が大いに関心を集め、世界から隔絶した北朝鮮でさえ、小規模醸造所が何カ所かあるという。とはいえ私たちは直接訪問したことはない。私たちがとりわけ注目しているのはオーストラリアとニュージーランドで起こった自由な発展と、分別のある進化を見せた日本市場、さらには急速に発展の可能性が現れてきたベトナムと韓国、そして不気味であると同時に好奇心をかき立てる中国だ。

オーストラリア

長年、オーストラリアが世界のビールに貢献したことといえば「フォスターズ・ラガー」だけだった。
もう少し内部事情に詳しい人であればカッスルメイン社の「フォーエックス(XXXX)」や、
VBで知られる「ヴィクトリアビター」を知っていただろうか。
熱狂的なビール愛好家は家族経営のクーパーズ醸造所が見せてきた驚くべき耐久力を称賛している。
最近ではリトル・クリーチャーズ醸造所が台頭してきた。しかしそれ以外にはほとんど変化がなかった。

本書の初版が出版されて以来、事態は劇的に変わってきた。まずはギャラクシーという品種のホップの登場だ。今やこのホップは、シラーズ品種のブドウがオーストラリアのワインを活気づかせたのと同じ現象を、ビールにもたらそうとしている。

世界的に展開したクラフトビールの活況にオーストラリアが参画したのは比較的遅く、現在日本のキリンビールとSABミラー社の傘下にあるカールトン＆ユナイテッド醸造会社が、この国で飲まれるビールの90％以上のシェアを分け合っている。従来この国では氷のように冷えたビール、なじみのあるブランド名、そして皮肉めいた宣伝広告が好まれてきた。

そんな国で異彩を放っているのはアデレードにあるクーパーズ醸造所で、家族経営によって何十年にもわたり、オーストラリアで唯一、型にはまらないビールをつくってきた。濁りやすくて酵母の味がする同社のエールは主流のビールの消費者からは冷笑を買ってきた。その一方で新たな醸造の世界の先頭に立つ世代を育み、副業として自家醸造用品の小さな供給会社を運営してきた。この「考えられる限り最小の醸造所」は2014年に8％という目覚ましい事業成長率を見せ、現在ではオーストラリアのビール市場で4.4％のシェアを占めている。これは他のクラフトビール醸造所を全て合わせた割合よりも多いのだ。

2015年現在、オーストラリアでは300から400の醸造会社が操業中と推定されているが、正確な数字はなかなか特定できない。というのも、既

存のビール醸造所から派生した下位ブランドが膨大にあるだけでなく、醸造所と名乗りながらも、実際に稼働している醸造所に製造を委託している会社の数がはっきりしないからである。こうした醸造所のなかには起業家や野心的なアマチュア醸造家が含まれ、利益になると判明するか、みじめな失敗に終わるまで、または飽きるまで、業界に片足をつっこんでいるという状態だ。

この国でビール醸造への参画をためらう原因となったのは（といってもまだそうだと証明されていないが）、ビール醸造にも手を出したワイン生産者だ。2012年から翌年にかけて数社のワイン会社が実際にビールづくりに挑戦したが、長続きしそうな気配を見せた会社はほとんどなかった。この傾向が将来、より大きな規模で再発するのではないかと、いまだに考えられているのだ。

現在のオーストラリアにおけるビール醸造の中核には、この国で開発されたギャラクシー・ホップがあり、近い将来、この国のシンボルになる可能性を秘めている。このホップはアルファ酸を多く含み、非常にフルーティーかつ刺激的な特徴を持っており、一部では「フレーバー・ホップ」という用語を生み出すきっかけになったと見なされている。世界中の冒険心あふれる醸造家の間で人気を呼んでいるが、隣国ニュージーランドの固有種植物と同じように、原産地の醸造家に使われるのが最良だ。最近、新たにヴィック・シークレットとエニグマという2種のホップがオーストラリアに

左ページ左側：オーストラリアで開発されたギャラクシー・ホップは、オーストラリアのクラフトビールを世界へと紹介する名刺代わりになる可能性を秘めている。

左ページ右側：1862年の創業以来、アデレードで家族経営を続けているクーパーズ醸造所は2001年から同市郊外のリージェンシー・パークに本拠地を置いている。

上：オーストラリアはときに強烈な暑さとなるため、よく冷えて渇きをいやしてくれるラガーを好む国民性に拍車がかかる。とはいえ他のビアスタイルもかなり浸透してきている。

誕生し、地元の醸造家たちにとって活用できる材料が増えた。

同国の醸造文化の特長はもう一つあり、イギリスの現代的な醸造文化が発展途上にあった頃に似ている。20世紀初頭のイギリスと同様に、オーストラリアのビール税はアルコール度数に応じて規定されていた。この制度は、アルコール度数7%以上のIPAなどアルコール度数が高く印象に残るビールの開発意欲をくじいてしまったことが欠点である。その反面、メリットもあり、オーストラリアの醸造家たちは3.8-4.4%ほどの低アルコールビールの製造技術に熟達するようになり、とりわけケルシュに似たゴールデン・エールや、いわゆるイングリッシュ・サマーエールをつくる技術に秀でている。

こうした低アルコールビールやオーストラリアのギャラクシー・ホップを効かせたペールエールやIPA、クラフトビールの定番である黒色、茶色、そして「白色」のビールだけでなく、さらにオーストラリアのビール醸造界で起こっていることがある。同国のビール・ライターの第一人者マット・キルケゴールは「若造たちの恐るべきビールづくり」と描写して、セゾン、ブレタノマイセス菌を使ったエールや木樽熟成したビール、その他にも特殊な組み合わせや奇抜なスタイルをつくっている醸造家たちを評している。こうした変わり種を試す者は多いが、しっかり習得した者はほとんどい

陽光あふれる島々のビール

楽園のような島でビールを楽しみたいのなら、西太平洋のオセアニア地域を訪れるべきだが、注意が必要だ。もし世界的なビール会社が反撃を目指して巧みな計画を立てているとしたら、最初の勝利を示すのはこの遠く離れた熱帯地域で起こった変化かもしれない。

フィジーの島々にある唯一のビール醸造所は、ラガーを造るアイランド醸造所だ。一方ソロモン諸島とトンガ王国では、クラフトビールをつくる規模の醸造所が産業用ビールもどきをつくっているというもったいない事態となっている。

太平洋という用語の範ちゅうからさほどかけ離れていないクック諸島のラロトンガ島にはマツツ醸造会社があり、数種のエールをつくっている。太平洋北部のアメリカ領グアムには老舗のブルーパブ「グレート・ディープ」と、新設のイシイブルーイングがある。ミクロネシアのヤップ島には趣味的に経営されているストーン・マネー醸造所があり、荒唐無稽さの度合いでは、小さな共和国パラオのレッド・ルースター醸造所といい勝負だ。

バヌアツにはグアムと同様にブルーパブと小規模醸造所が1カ所ずつあったが、2015年3月に、名前だけは親しみやすい凶暴な台風「サイクロン・パム」がこの国を襲うまでのことだった。インターネット上で同社の評価が見つかるのは2014年が最後で、それ以降何のニュースもきいていない。もしいずれかが復活し、より優れたビールをつくったら、まさに不屈のビールと称賛を贈りたい。

右：アイランド醸造所の「ヴォヌ・ピュア・ラガー（Vonu Pure Lager）」は、よく見かけるあまり苦くない「フィジー・ビター」に取って代わるビールだ。

ない。
　こうした若造たちが少し大人になれば、オーストラリアのクラフトビールには大いに期待できると私たちは確信している。ビール税制が改正され、地元産のホップへの理解を深めればなお良いだろう。

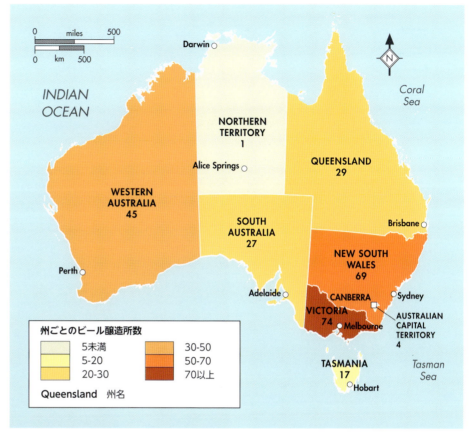

オーストラリアの醸造所 ▶
クラフトビール醸造は主にオーストラリア南部の小規模な醸造所からスタートし、全6州および本土の二つの特別地域に広がった。

旅のアドバイス

- 最も参考になるのはマット・キルケゴールのウェブサイト: Australian Brews News (www.brewsnews.com.au) だ。
- オーストラリアのビールはたいていの場合、味が分かる温度よりかなり低温で供される。
- 友人と一緒に飲むのなら2パイントサイズ（1.15ℓ）のジョッキで樽詰めビールを買えばグラス（ニューサウスウェールズ州では「midis（ミディス）」と呼ばれる）5杯分になる。
- 北へ行くほど暑くなり、グラスのサイズは小さくなる。これはビールがぬるくなるのを防ぐためである。

左ページ上：西オーストラリア州にあるリトル・クリーチャーズ醸造所は現在ライオンネイサン社の子会社だが、同国のクラフトビールの先駆者の一員だった。ちなみにライオンネイサン社はキリンホールディングス傘下である。

左：オーストラリアのホップは主にヴィクトリア州と、ここタスマニア島で栽培されている。

ニュージーランド

ほろ酔い加減の落伍者から希望の星へ、そして低迷市場から新世界のクラフトビール醸造の申し子へ、
最近までのニュージーランドにおけるビール醸造の歴史はまさに山あり谷ありだった。
しかしここ数年はひたすら上昇気流に乗っている。

1999年に発行された『Kerry Tyack's Guide to Breweries and Beer in New Zealand』には60以上の醸造所が紹介されていたが、その後わずか10年でほぼ半分が操業をやめてしまった。同国のビールづくりの内情を知る人々が言うには、これだけ多くの醸造所がつぶれたのは、初期の小規模醸造所の一部がやや平凡なビールしかつくれなかったこともあるが、この国の人口が少なく、地理的に他の国々と離れていることも原因だという。

南北約2000キロにわたって広がる二つの島にわずか450万人の人口が散らばって住んでいるニュージーランドは、最も近い大陸塊オーストラリアから2000キロ離れているだけでなく、北島と南島も互いにやや離れている。

しかしこの国の醸造家たちはこの難題に対応できることを証明してきた。2010年代に入って以降、クラフトビール醸造産業は活気づいており、2015年現在操業中のビール会社は120から140に上る。このうち、醸造家が実際にビールを造っている醸造所と製造委託している会社の比率はほぼ半々だ。さらにニュージーランドの醸造家たちは、散在する数少ない消費者に対応するための第3の取り組み方法を考え出した。それは醸造所の共生、つまり異なる二つの醸造会社が一つの醸造所設備を共同で使うというものだ。型破りだが機能的なやり方で、ここ数年盛んに行われている。

ホップは今もこの国のビール醸造の最重要課題であり、それも当然のことだ。ニュージーランドのホップ産業は外来種や病気の影響を受けることなく、近年活況を呈しており、特に有機品種が好調だが、フルーティでぴりっとした味のネルソン・ソーヴィンやパッションフルーツの味がするリワカ、そしてライムなど柑橘系の特徴を持つモトゥエカといった、国産品種のホップ栽培も盛んである。こうしたホップがあれば、同国のクラフトビール醸造の未来をこれからも肯定的に書けるに違いない。

ニュージーランドのピルスナーはチェコの手法を用いて国産のホップを加えてつくられた。つまり特定のビアスタイルをこの国独自の解釈でつくった初めてのビールであり、現在日本のキリンホールディングス傘下にあるエマーソンブルーイングが先陣を切った。この国の旗手となるのはニュージーランド・ペールエールのように思われ

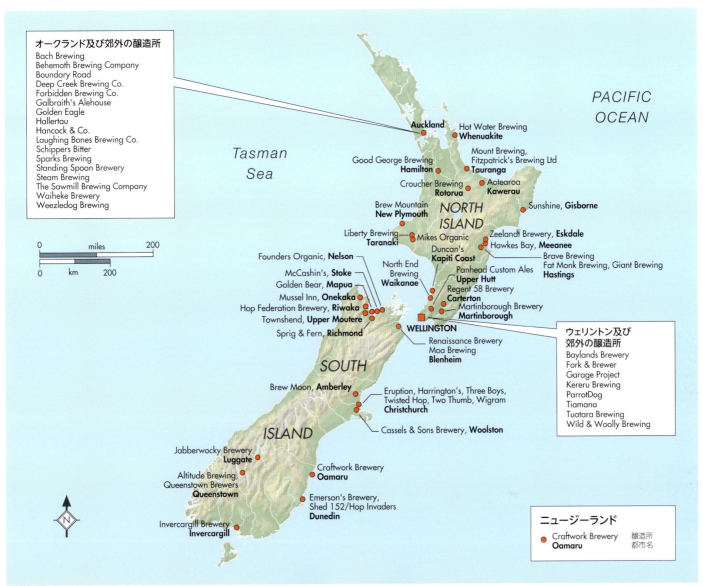

るが、ニュージーランドIPAも同様に代表格となり、両者は、ニュージーランド産ホップを使ったおなじみのアメリカンスタイルに取って代わろうとしている。この2種類をつくる優れた醸造所には、トゥアタラ醸造所（Tuatara）、エピック醸造会社、パンヘッド・カスタム・エールズ、マイクス・オーガニック醸造所、そしてリバティ醸造会社などがある。

　世界的にホップ需要が増加し、ホップの自給が不可能になる事態はときどき起こるが、ニュージーランドの醸造家たちはこうした状況にも対処できることを示してきた。ホップ頼みのブランドの製造を中止するのである。同国のビール・ライターであるニール・ミラーによれば、今では消費者もこうした措置を理解してくれているという。代わりの選択肢として、木樽熟成ビールやサワーエールなど、ホップを使わないスタイルを醸造する。ハラタウ醸造所（Hallertau）、8ウィ

ニュージーランドのビール醸造所
この国にクラフトビール醸造の文化が生まれて30年余りの間、醸造所が生まれては消えていったが、近年は順調な成長を続けている。

左ページ上：ニュージーランドのダニーデンにあるエマーソンブルーイングの社長兼醸造家であるリチャード・エマーソン。

左ページ下：デンマークから移住した醸造家ソーレン・エリクセンはニュージーランド産ホップだけを使ったビールづくりを最も早くから提唱した1人だ。

左：おそらく100％ニュージーランド産の麦芽とホップからつくられた初めての瓶詰めIPAは8ウィアード醸造所の「ホップウィアードIPA」だろう。左側のボトルは同醸造所のシャルドネ樽で熟成させた「セゾン」。

アード醸造所、フォーク＆ブルワー醸造所などがこうしたビールをつくっており、その多くが海外の訪問者から好意的な評価を受けている。

「少量生産」の国ニュージーランドでは、他の国々に比べてビールをそれほど遠くまで輸送する必要がない。そんな国の醸造所には、冒険的なビールをつくってもほとんど何もとがめられないという強みがある。ここ数年、この国の醸造家たちは大いにこのメリットを享受して活用してきた。将来的にも大きな希望が持てるのではないだろうか。

左：ニュージーランドの南島にあるゴールデンベイのポハラ・ビーチ。砂浜の波紋が夕日に照らされ美しい。

右：オークランドのハラタウ醸造所にて。ここでは持ち帰り用の瓶にビールを詰めてくれる。

下段左：イースティー・ボーイズはニュージーランドで早くから委託醸造を成功させた一例だ。彼らは今も自分たちのビールをマルボロにあるルネッサンス醸造所などに委託して製造してもらっている。

下右：ネルソン・ソーヴィンは、南島の北部にあるネルソン州で栽培され、白ブドウ品種のソーヴィニヨン・ブランに似た香味を持つためにこう呼ばれている。

旅のアドバイス

- ニュージーランドで優良な醸造所とビアバーの情報を得るにはwww.beertourist.co.nz.がお勧めだ。
- ニュージーランド国内であればwww.beerstore.co.nz.でビールを通信販売で購入できる。
- ビアバーでは、先客に割り込んで注文をするのは厳禁だ。楽しい雰囲気が凍りついてしまう。

東アジア

クラフトビールの推進者と世界的なビール企業の経営者たちにはほとんど共通点はないが、中国を筆頭とする東アジアがビールの未来にとって極めて重要だという認識は一致している。この地域の人々の現在の動向は問題ではなく、彼らが未来をどのように選んでいくのかが肝心だ。

ヨーロッパでは長年の習慣を通して、そして南北アメリカではヨーロッパ人による植民地化によって、ビールが文化的に日常品として定着してきた。しかし太平洋の北西岸と東南アジアでは事情が異なる。ここでは共通の祖先を持つさまざまな民族が、西洋の生活スタイルの付属品としてビールを取り入れてきたのだ。

西洋的な経済および社会的な成功と結び付いたブランドは憧れの対象ではあるが、これが通用するのは西洋世界が経済的に優位にある間だけだ。西洋ブランドに匹敵する要素は、この地域ならではの特徴的な食べ物や飲み物の持つ魅力である。人によっては味が微妙すぎて理解できなかったり、胃壁がはがれそうになったりするが、この地域の屋台の食べ物と比べたらハンバーガーショップが退屈に見えてくるほどだ。

20-30年前、世界的なビール会社は、自社ブランドが本国の西洋社会で急速に飽和状態に近づきつつあることに気づき、新たな市場を育てる戦略を練り始めた。このとき最大のターゲットとなったのは東アジアだった。

とはいえこの戦略には、アジアの人々があらゆる種類のビールを好むようになったら何が起こるのかということを適切に予測できていなかった。興味深い事実がある。短時間で製造され、しゃれたラベルを付けた金色のラガーを重視しつつも、世界最大手のビール会社でさえこの地域の市場には強烈な味のスタウトを供給し続けているのだ。そのビールのテロワールはいったいどこが起源となっているのだろうか。

上：アジアの一部の地域では、テーブル上にビールサーバーが設置され、お客が自分でビールを注ぐ光景がよく見られる。

さらに、東南アジアの文化圏の多くには、独自のアルコール飲料があり、人々の交流の潤滑油となっている。しかも過去200年間、こうした飲み物には大麦麦芽もホップもほとんど使われてこなかったのだ。日本には日本酒があり、インドネシアにはアラックが、そしてラオスにはラオと呼ばれる米焼酎がある。

私たちは、今のところこの地域のビールの未来は未知数であると考えている。その一方で、シンガポールのビール貿易商人たちには賞賛を贈る。彼らは、必要とされれば誰にでもビールを輸送するという、非常に現実的な方法でビールの可能性の認識を広めているのだ。

下：ベトナムのハロン湾を行く伝統的なジャンク船。

日本

ほんの数年前まで、輸入エールと各地の「地ビール」つまり「特別なビール」と総称されるビールは「すき間商品」で、日本のビール市場の0.5％足らずのシェアを埋めるにすぎなかった。しかし新しい独創的な味わいを求めて努力した結果、シェアは倍増した。大半が通常のビールの数倍の価格にもかかわらず、年ごとにシェアが増えている。

日本に2000年前から伝わるアルコール飲料である日本酒は、精米した米を蒸し、米麹と酵母を加えて発酵させてつくる。よく「ライスワイン」とも言われるのは、二酸化炭素を含まないアルコール飲料であるためだが、穀物を発酵させた飲料という点ではビールに近い。とはいえ19世紀より前の日本でビールは事実上知られていなかった。

1853年7月8日、米国海軍の経験豊富な司令官マシュー・C・ペリー代将（後に提督）が4隻の艦隊を率いて現在の東京湾の入り口にある浦賀港へ来航し、武力をちらつかせた後、日本側に開国と貿易を求めた。これは絶妙なタイミングの砲艦外交だった。もともとは大名家の一つであった徳川将軍家に支配されて世界から孤立していた「専制国家」から、つまずきながらも徐々に現代的な民主主義国家として国際社会の一員へと変化していくきっかけをつくったとして世界的には評価されているようだ。

すでに16世紀半ばから日本に暮らすヨーロッパ人はいたものの、文化交流は限られていた。アルコールという、世界共通の社交の潤滑剤をもってしても、両者の隔たりは埋められなかったと思われる。

日本で初めてビールについて記述されたのは1724年に書かれた初期のオランダ商人との取引の記録、『和蘭問答』である。著者は「オランダの酒は……麦にて作り申候……。ことのほか悪敷者にて何のあじはひも無御座候。名をびいると申候」と書いていて、幸先は良くなかった。

1853年以降、日本の政治と経済は急速に変化していき、同国で初めて商業的に成功したと言われているビール醸造所「スプリング・バレー」が1870年、横浜に開設された。これが後に倒産し、いったん更地となったところに建てられたビール醸造所をルーツとするのが、キリンビールである。この時期には大麦や小麦、ホップの栽培が北海道で始まり、1876年、政府は札幌に「開拓使麦酒醸造所」を設立した。

1886年に札幌の醸造所を民間に払い下げたことで生まれた資金を元に、大阪や京都などの関西地方で多数の小規模醸造所が建設された。その一つが1889年設立の大阪麦酒、後のアサヒビールである。

とはいえ政府の支援による醸造所拡大は長続きせず、19世紀の終盤になると政府は合併を促すようになった。やがて1908年には、免許取得後最初の年間見込み売上量が180kℓに満たない場合、新たな醸造免許を認可しないと法で定められた。これは到底、達成不可能な数値であった。当時の日本の大部分は農村社会で、ビールを飲むのは主に都会の中産階級と外国人に限られていたのだ。

1940年を迎える頃にはビール醸造会社はわずか2社に集約されていた。

日本の地ビールメーカー ▶
日本に約300カ所あるビール醸造所の約半分は、顧客の興味をかき立てるビールをつくろうと努めていて、主流のジャーマンスタイルから地域色のある独創的なビール、そして世界の多種多様なスタイルまでと幅広い種類のクラフトビールをつくっている。ここに挙げた醸造所はおおむね成功していると言えるだろう。

左：日出処の国にビールがやって来るのは遅かった。

日本 ｜ 東アジア ｜ オーストラリアとアジア ｜ ビールの新興国を知る ｜ 223

〔注：お気づきのように、位置が実際と異なってる点が多いのですが、原著者の事情により修正は不可能でした。〕

第二次世界大戦後の経済復興期、2社のうち1社は2社に分割されたが、ビール醸造所新設に関する法規定は非常に厳格化され、1970年までに新設されたビール醸造所は宝酒造、オリオンビール、サントリーによるわずか三つだった。サントリーは既存のワインと蒸留酒の製造に加えてビール醸造に参入し、オリオンは沖縄周辺の米軍基地にビールを提供するために新設された。

行政がようやくビール市場への新規参入を促す決定をしたのは1990年代初頭、日本の経済が危険なほどに収縮し始めてからのことで、1994年、ビール醸造免許を取得するのに必要な最低製造量が、それまでの年間2000klから年間60klにまで下がった(いわゆる「地ビール解禁」)。こうして進化への扉が開かれたのだ。

上：クラフトビール専門のバーは日本各地で市民権を得てきた。〔監注：写真は日本の大手ビールメーカーであるキリングループの醸造所レストラン。ほかの大手メーカーも「クラフトビール」を果敢に名乗ってこの「ビールの中での唯一の成長株」に乗り込もうとしている〕

麦芽への課税

とかく行政府というものは、共通の文化遺産の一部と見なされている事業や伝統習慣によって生計を立てている人々へは、優遇税制措置を与えることを好む。そのために日本では従来、ビールは他の穀物を発酵させてつくった飲料、とりわけ日本酒に比べて税が重かった。

そこで賢い醸造会社はこの税制の抜け穴を突いて、発泡酒と呼ばれる飲料に投資し始めた。これは、一般に大麦麦芽25％に対して米、トウモロコシ、モロコシ、大豆、糖類を混ぜて発酵させて造られる。さらに最近では麦芽が一切含まれない、第3のビールと呼ばれる飲み物も登場した。

発泡酒と第3のビールは税区分上の「ビール」とアルコール度数は同じだが、当然かなり安価である。

香料添加物によって穀物らしい味わいが加えられ、腐りかけた花瓶の水のような匂いがする。これらが当たり前のようにビールとして商品化され、スーパーマーケットは何の疑いもなく嬉々としてビールの棚にずらりと並べている。

日本以外では「フランケンビール」と呼ばれることもあるこうした怪物ビールは、2010年にはビール系飲料市場の3分の1のシェアを占めた。そうしたビールの大半を製造している大手ビール会社群は、あえてこの怪物ビールの人気が落ちるような方法を考えてでも、製造せざるを得ない状態に追いやられている。とはいえさすがに、税区分上のビールと同じ価格を付けて「類似品」というラベルを付ける手法はまだ試されていない。

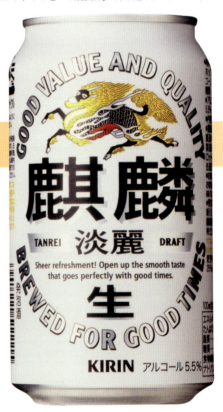

上：日本ではクラフトビールが発展しているが、市場シェアの95％は量産のラガーが占めている。

日本 | 東アジア | オーストラリアとアジア | ビールの新興国を知る | 225

地ビール解禁以来20年が経ち、日本には約300の醸造所があり、45の都道府県に少なくとも1カ所ずつ存在する。つくられるビアスタイルと目的は多種多様で、大手企業が経営するブルーパブもあれば、小売店向けに安っぽいビールをつくる非常に簡易的な醸造所、そして昨今の健康ブームに合うようなビールをつくる風変わりな醸造所もある。しかしこの一団から非常に優れたクラフトビール醸造所が着実に増えていて、なかには日本酒メーカーが10月後半から4月初めまでの酒造りの時期以外にも醸造設備を有効活用するために、ビールをつくっている例もいくつかある。

しかしながらさらに言うと、こうした新タイプのビールの総称として日本でよく使われる「地ビール」という用語は、「手づくり」や「小規模」といった言葉に由来したのではなく、「地酒」に由来し、地域でつくられた、地域色の強いビールという意味が込められている。興味深いことに、新設された小規模醸造所の全てがこの分類に該当する価値があると考えられているわけではない。個性的なスタイルというより安価なビールをつくる醸造所と見なされている。

日本という国を知っている人にとっては驚くに当たらないが、多くの生産者が製品の品質と経営技術を急速に向上させ、早い時期から環太平洋地域と北米で成長中のビール市場に輸出し始めた。最近ではヨーロッパも市場として視野に入っている。キリンビールは、こうした拡大基調に確信を持ち、地ビール解禁後にできたビール醸造所の中でも非常に活発な事業展開をしているヤッホーブルーイングの株式の一部を取得した。

これまでに気づいたのは、早い時期から日本の「地ビール」醸造所の数社が、既存のスタイルに地域固有のひねりを加えたビールを目指す現代の世界的な動向を取り入れてきたことだ。清酒酵母や米を実験的に使うほか、ほぼ絶滅してしまった固有種の大麦を栽培してみた例もある。こうした傾向が将来どのように進化していくのか、味わう日が待ち遠しい。

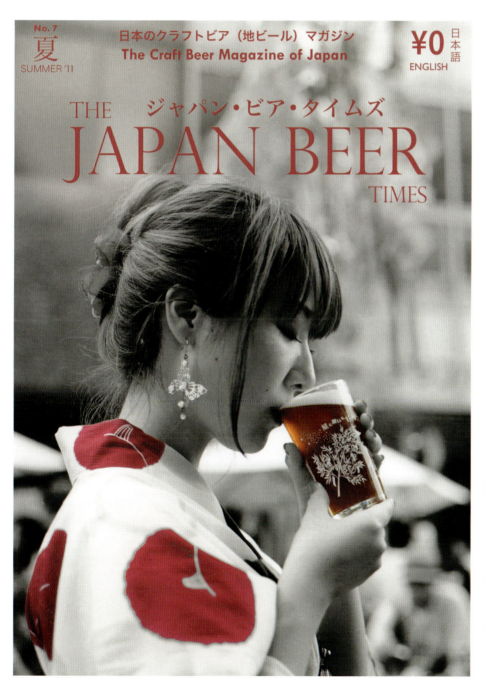

上：日本ではビール専門店よりも、この写真のような酒屋のほうがまだはるかに数が多い。

左：ビール専門誌『ジャパン・ビア・タイムズ』は日本に住む外国人や観光客にとって貴重な読み物だ。

旅のアドバイス

- 日本のクラフトビール醸造所の多くは敷地内でバーを運営している。
- 大半のバーではグラスが小ぶりなので、友人と分け合ってビールを飲もう。
- 地ビール醸造所のほとんどがネット上のストアを運営しているため、ビールを通信販売で購入できる。
- マーク・メリの著書『Craft Beer in Japan（邦題：日本のクラフトビールのすべて）』と、その出版元ブライトウェーブメディア社が発行する雑誌『ジャパン・ビア・タイムズ』はともに情報源として非常に貴重だ。

中国

ここ数年、世界の醸造産業の発酵室で誰もが見て見ぬふりをしている存在、それが中国である。遠からず、クラフトビール醸造の世界の領域でもその足音が聞かれるようになるかもしれない。

2010年以降、世界第2位から4位までの上位生産国の総生産量を加えた量を超えるビールを、中国は一国だけで生産してきた。この3カ国とは、2010年から2012年までは米国、ブラジル、ロシアで、翌年からはドイツがロシアと入れ替わっている。しかも2013年以降の中国の生産量は、2000年から2010年までの自国の総生産量の倍以上に達している。2014年と2015年は若干落ち込んだものの、まださらに大きく成長していく兆しを見せている。

約500億ℓにのぼる同国のビール生産量の大半は、1種類きりの味わいの特性しかなく、短時間で発酵されたラガーで、色、味わい、ボディのいずれも軽い。そして大部分が国内で消費される。輸出されるのは青島（チンタオ）ビールのようなごく少数の有名ブランドだけで、国内トップブランドの雪花ビールは世界一の売り上げにもかかわらず、国外ではほとんど無名である。同様に燕京ビールと金星ビールは売上高では世界の上位15位に入っているが、ほぼ知られていない。

世界的な影響の観点では、中国の現在までのビールの消費傾向からは、気が遠くなるような可能性が見つかりそうだ。世界的に考えると、中国の人口1人当たりの年間ビール消費量はわずか35ℓほどで、この値はスペインなど、従来あまりビールが飲まれてこなかった国の半分以下である。こうした実情と、過去25年間に8000万ℓからその6倍にまで増えた中国のビール市場を合わせて考えると、この国が世界にどれほど影響を及ぼす可能性があるか分かってくる。

簡単に言うと、中国人の年間ビール消費量が1人当たり2ℓ増えると、生産の伸び率自体はわずか4.4%にすぎないが、増加量は現在米国にある全クラフトビール醸造所の生産量を超えるのだ。

最近こそ生産量が横ばいだが、これはあり得そうにないシナリオで、むしろクラフトビールが急増する可能性の方がはるかに高い。

これまでのところ中国の小規模醸造所の大半は大都市とその周辺に新設されていて、特に上海、香港、そして北京に多く見られる。外国人醸造家の熱烈な要望によって創業した醸造所が大半を占め、なかでも米国人、例えばマイケル・ジョーダンは上海にボクシング・キャット醸造所を所有し、中国のクラフトビール界で精神的指導者となっている。

ジョーダンの示唆に富むリーダーシップから大いに恩恵を受け、上海は同国のクラフトビール界の最前線に君臨し続けているが、北京が遠からずその座をおびやかしそうな兆候がある。とりわけ頼もしく思われるのは、Nビール醸造所（NBeer：牛啤堂）やパンダ醸造所のように、中国人が北京で経営している醸造所だ。外国人が経営するジン・エー醸造所（京A）もある。パンダ醸造所とジン・エー醸造所は中国原産の材料を使ったビールづくりで大いに躍進した。前者はホップ代わりに中国原産の苦い香草である苦丁茶を使った「パンダ・苦丁茶ペールエール」を、そしてジン・エーは華北山椒とモクセイの花を使って花の香りの豊かな「フルムーン・ファームハウス・エール」をつくった。

中国のクラフトビール醸造の成長は間違いないように思われるが、ホップの入手可能性がかなりの難題となるかもしれない（下記を参照）。しかし苦丁茶のような香草や伝統医学で使われてきた材料をさらに活用していけば、ホップ問題がいくらか緩和されるだろう。

中国のホップ事情

他ページでも書いたように、21世紀が始まって以降、ホップ栽培産業は何度も難題に直面してきたが、中国でやがて起こり得る問題と比べたら、大した問題とは思われなくなるかもしれない。

中国のビールの大半はホップをごく軽く効かせてある程度だが、総生産量500億ℓに上るごく控えめな味のラガーでさえ、この基本原材料を大量に必要とする。そのため問題は深刻である。2002年に中国が初めて米国を抜いて世界最大のビール生産国になって以来、この国のホップ栽培面積と生産量、および世界全体への供給量は半分以下に落ち込んできた。

本書の出版前に入手できた最新のデータは2014年の数字だったが、実はこの年、中国のホップ栽培面積と生産量は新世紀を迎えてから最低となった。ホップ畑で収穫が可能となるまでに最低3年はかかることを考えると、中国の量産ビールが成長路線へ回復、あるいはそれほどではないにしても、中国のクラフトビール市場が突然爆発的な伸びを見せれば、世界のホップ産業にとっていくつもの深刻な問題が生じる恐れがある。

右：もし中国のクラフトビール醸造がホップ不足に直面したら、苦丁茶のような苦い香草が適当な代役となるかもしれない。

中国 | 東アジア | オーストラリアとアジア | ビールの新興国を知る | 227

上：世界第2位のビール生産国のほぼ2倍の生産量を誇りながらも人口1人当たりの消費量が低い中国は、今も新興のビール市場で最大の不確定要素であることに変わりない。

左：北京で最も活気のあるジン・エー醸造所を支えるのは北米から移住したアレックス・アッカーとクリスティアン・リーだ。

右：中国国外ではほぼ名前の聞かれない雪花ビールだが売上高は世界最大を誇る。

ベトナム

多くの人が驚くのだが、ビール愛好家がベトナムにどんなに興味を持ったとしても、
実のところここでは表面をなでる程度のことしか語れない。というのも、
素晴らしい歴史を示してくれるはずの証拠がすっかり抜け落ち、軽視されたために記録がないのだ。

ビール醸造をこの国に紹介したのは1870年代にこの地を植民支配していたフランスの入植者だとされている。最も信ぴょう性のある記録によれば1895年にホーメル醸造所（Hommel）が設立され、のちにフランス領インドシナがベトナムとなった1954年、ハノイ醸造所となった。

1995年の記録によれば、当時ベトナムには300以上の小規模醸造所があり、その大半は植民地時代から続く古い醸造所で、おそらくは伝統的なビアホイ（下記を参照）など、ラベルのないビールを地域のバーに出荷してかろうじて生き残ってきたのだろう。現在ではこうした醸造所はなかなか突き止められず、多くが、きっと政府から何らかの認可を受けて現代的な大規模醸造所に代わっていて、個性のない国際的なスタイルの金色のラガーを造っている。

さらに最近では、数十カ所のブルーパブが新しく生まれ、2015年の終盤時点で45カ所が営業している。たいていは中小のチェーン店で、空調の効いた小さなビアホールと舗装された広い庭があり、大勢の店員がいるバーの後ろには磨き抜かれた銅製のピッチャーが飾られている。ビールは同じ敷地で造られている場合もそうでない場合もある。原料はオーストラレーシア地域〔訳注：オーストラリア、ニュージーランド、ニューギニアを含む、南太平洋地域の総称〕から輸入し、よりによってチェコから学んだ専門技術に沿ったビールづくりをしている。

共産主義時代、ベトナムの人々は旧チェコスロバキアから貴重な外国人労働力として歓迎され、旧ソ連の崩壊後も多くが残っていた。しかし時代

ビアホイとは

最も本格的なベトナムらしい飲み物を味わうのなら、北部にある首都ハノイ周辺とハロン湾に向かう海岸沿いが最も一般的だ。ビアホイとは、麦芽と米、および砂糖からつくられる樽詰めの金色のビールで、アルコール度数は通常3％ほどだ。毎朝地元の醸造所から届く縦置きの金属製樽（ケグ）に詰められ、青みを帯びた非常に割れやすいグラスに、樽に直接つなげたタップから注がれる。

朝から夜まで、肉体労働者や会社員、学生や旅行客たちが数人ずつ固まって、掘っ立て小屋のような店でプラスチック製のビール箱をひっくり返して椅子代わりにして座っている。ちなみに店自体もビアホイと呼ばれる。こうした店の最大の魅力は、粗末な日よけの下、できたての新鮮なビールを数杯飲みながら、互いの出来事を伝え合ったり、暑さに文句を言ったりしながら過ごす時間にあるのかもしれない。このような10人余りしか座れないような簡素な場所で、一日に10樽以上のケグが空くのも珍しいことではない。

旅行者にとってさらにありがたいのは、わずか1ドルか1ユーロ、あるいは1ポンドあれば、この爽快な軽いビールを何杯も飲めることだ。

右：単純だが繊細な特徴を持つビアホイが注がれるグラスは、ビールと同じぐらい単純で繊細なので割らないよう要注意だ。

ベトナムの醸造所▶

ヨーロッパの多様な伝統に倣ったブルーパブは大都市から始まって徐々に国全体に広がっていき、ベトナムのビール文化にゆっくりと融合しようとしつつある。こうした現状で大手ビール会社はもっと人を引きつけるビールを造る必要性に迫られている。

の風潮への幻滅と母国の発展に後押しされて、多くの人々がベトナムに帰国し、尊敬するボヘミア流の醸造文化を持ち込んだ。その味には当惑することもあるが、つくりたての濁ったベトナム製スヴェトリ・レジャーク（p.136を参照）はウナギ料理やバナナフラワーの煮込みとの相性が抜群であるのは間違いない。

チェコの影響はハノイからホーチミン市までの30カ所のブルーパブにありありと見られ、ホーチミンにあるブルーパブ「ホアビエン（Hoa Vien）」本店に至ってはチェコの領事館を兼ねている。

チェコスタイルと並んで、少数ではあるがドイツスタイルのブルーパブも開業するようになり、最近ではエールの醸造所も数カ所生まれ、ニャチャンにあるルイジアナ醸造所（Louisiane）やホーチミンにあるパスツール・ストリート醸造所などが、未熟で自信なさげな小売り向けのクラフトビール醸造所の一員に加わった。

最近の情報を知りたいのなら、スウェーデンのジョナサン・ガービのウェブサイトwww.beervn.comが最高の情報源だ。彼は『Beer Guide to Vietnam and Neighbouring Countries』の著者でもある。奇抜ではあるが総合的に紹介されたガイドブックだ。

左ページ上段左：アジアのビールづくりでは豊富に収穫される米が大麦麦芽の代用品にされるのは言わずもがなだが、ビールのボディは軽めになる。

左ページ上段右：ベトナムの街角にある小売店では世界的なビールが高級蒸留酒と並んで売られている。

右：このビアホイ・バーはやや高級志向で、ビール箱の代わりに小ぶりな椅子で客をもてなしている。

その他の東南アジア

マレーシア南端の先にあるシンガポールは、おそらく世界でも最も革新的な貿易立国だろう。ここには他の地域と異なるタイプのビール専門輸出入商社があり、その運営スタイルはイギリス、アイルランド、ドイツ、そしてヨーロッパ中央部とも異なるし、米国西岸、オーストラリア、ニュージーランド、そしてもちろん日本とも違う。

　1990年代終盤に登場して以来、ブルーパブの文化はほとんど進化してこなかったが、ただしレベル33となると話は別だ。ドイツ銀行のビルの33階に世界で最上階のブルーパブが生まれたのである。しかし貿易の中心地という意味では、地域のクラフトビール流通においてシンガポールはまさに中枢に位置していて、同国の約50カ所のビール専門バーは膨大な種類の在庫から商品を選べるのだ。

　韓国では2013年、醸造所の新設を抑制していた法律が改正されたことによって、2015年の終盤には少なくとも25の小規模醸造所とブルーパブが生まれた。品質についての反応はおおむね良好だが、特定の醸造所や商品を推薦することは差し控えておく。同国の大手ブランドがコンクールに出品したビールが何とも味気なかった点を考えるとなおさらだ。名物のテンジャンチゲの味は良くなったと言っておこう。

　奇妙なことに、北朝鮮にも小規模醸造所の一団があるのだがほとんど内容が不明だ。首都ピョンヤンにはひと握りのブルーパブがあり、数カ所の醸造所で主にドイツやチェコスタイルのビールをつくっている。クラフトビール文化が発展することを祈ろう。

　台湾には2014年以降六つの小規模醸造所が新設されたことがわかっている。さらに米国からブルーパブの小規模チェーン「ゴードン・ビアシュ」もひそかに進出している。地元の情報によればこの国はこれからいっきに成長する兆しがあるという。

　評価が厳しすぎるとしたら申し訳ないが、フィリピンに18社ある醸造所と称する会社のうち、6社以上が2015年の終盤時点で実際に操業しているなどといわれたら、驚いてしまう。とはいえ、ヨーロッパや北米などの上質な輸入ビールの味に駆り立てられて、この国の消費者たちは誰もが知っている国産ビール「サン・ミゲル」よりも面白みのあるビールを飲みたいという欲望を募らせるようになってきた。

上：たいていの店でビール販売が許されているカンボジアの首都プノンペンでは、ビールの配達が混乱しているようだ。

その他の東南アジア ｜ 東アジア ｜ オーストラリアとアジア ｜ ビールの新興国を知る ｜ 231

　内戦による数年間の麻薬漬けのような時代が終わり、現在カンボジアでは、主に首都プノンペンで開業した六つのブルーパブから数カ所の小規模な商業醸造所が生まれている。さらに米国資本の新たなクラフトビール醸造所セレビシア（Cerevisia）が、長い歴史を持つ王国をより偉大な創造の世界へと押し上げている。

　隣国のラオスでは集権化された経済によって、国内各地の数カ所の醸造所で、ビアラオという、ほれぼれするようなライトラガーが生産されているが、それ以外には印象に残っているものはほとんどない。

　マレーシアやミャンマーには、今のところ興味を引かれる醸造所は見当たらないが、ミャンマーは要注目だろう。軍政下のため民主化はなかなか進まないかもしれないが、それでもハイネケンとキリンによる同国の2大醸造所の株の大半の買収は滞りなく実現した。一方インドネシアでは、観光中心地のバリ島にいまいち冴えないブルーパブが3-4カ所あるぐらいで、進歩が滞っている。

　東南アジア全体にわたって感じる疑問は、新たに地域固有のスタイルや傾向が生まれるだろうかという点だ。はたして気候に調和したビアスタイルを創造することができるだろうか。それとも「ギネス・フォーリン・エクストラ」やカールスバーグのマレーシアとカンボジア向け商品、あるいはハイネケンの「ABCエクストラ」4種など、ボディの強いスタウトが従来からこの地域で人気を博している実態から、ビールを味わうことには単純な事実以上に多くの意味があるという真理を示している、ととらえるべきだろうか。

上：タイを訪れる観光客の目当てはのどかな海辺にあるようだが、同国で最高の醸造所は首都バンコク周辺に広がる都市部に集中している。

下：台湾のビール広告はまだ中味よりイメージを強調しがちである。

世界の その他の地域

　世界に広がるクラフトビール醸造文化をたどる旅は、新たな種類のビールが開拓される過程を追跡するようなものである。アルコール度数が低めで冷たく泡立つ黄色い液体が一般的に求められる国々では、新たなビールが生まれる最初の兆候はブルーパブであることが多い。ブルーパブがさらに拡大して顧客を増やすか、あるいは新たな同業者を引き込んで、冒険心あふれる企業家の一団を形成していく。こうした意欲的な醸造家たちの登場によって、世界のクラフトビール未踏の地は残り少なくなっていく一方だ。

イスラエルと中東

「肥沃な三日月地帯」として知られる地中海東部は、ビール発祥の地である。
いまでは政治衝突の根強い土地となってしまっているが、そんななかでもビール革新の萌芽が見られる。

イスラエルに復活しつつあるビール醸造の芽は明らかに西洋世界の方を向いていて、海外旅行でビールの味を知った若いイスラエル人たちが国に帰り、初期の輸入ビール「サミュエル・アダムス」などに殺到するようになって以来、16の企業が動向をうかがっている。

同国で最も知られたクラフトビール醸造所であるダンシング・キャメル社は、地中海沿岸の港湾都市テルアビブにあり、この地は自ずとイスラエルの醸造文化の中心地となった。エルサレムは土地柄からしてあまりにも国際的な緊張状態にあり、ビールづくりのようなのんきな産業はとうてい定着できない。

数キロメートル北部にある、冒険心豊かなミブシュレット・ハアム醸造所（Mivshelet Ha'Am）は型破りすぎて成功しなかったが、同国南部には生き残った先駆者たちがいて、モシャブ・デケル〔訳注：モシャブはイスラエルの農村共同体〕にあるアイシス醸造所（Isis）、イエヒアムにあるマルカ醸造所（Malka）、そしてキルヤト・ガトにあるネゲブ醸造所（Negev）は表彰歴もある。

近隣諸国との交易関係が皆無という現状から、イスラエルのビールは文化的にこの地域から逸脱しているようにも見えるが、少数の新設醸造所が共通してつくっている穏やかでライトボディの南欧タイプのエールが、パレスチナとヨルダン、レバノンで飲まれるようになった（地図を参照）。

さらに、中東地域の醸造所が直面している問題は、政治的陣営に関係なく非常に共通点が多い。原材料の供給は複雑で、地元の飲み手の好みは控えめ、そして行政府は総じて非協力的である。片や宗教的な信念から、片や文化的偏見から、ビールにとんでもなく高い税率が課せられ、矛盾する規制が施行されている点も共通している。

こうした醸造所が中立的立場に立ち、同じ大義名分を難なく見いだすことができるようになるのだろうか。この地域でビアフェスティバルを開催するという手もあるが、今のところ実現はまだ先の話だ。

中東地域の醸造所 ▲
ビール発祥の地であるにもかかわらず、その後の慣習の影響で醸造所が成功を収めるには相当の努力が強いられる。この特別な地図には新たな愛好家たち向けにビールをつくっている小規模醸造所を紹介した。

地域の特異な存在

世俗主義といえどもイスラム圏の国にあって唯一の多国籍醸造会社は、トルコのアナドル・エフェス醸造所（Anadolu Efes）で、現在はSABミラー社の傘下にある。同社は成長中のトルコ市場で8割のシェアを占める生産量を誇り、そのなかには小麦ビールやコーヒーを使って醸造したビールもある。さらに同社はバルカン半島と旧ソビエト連邦にも拡大してきた。トルコにはブルーパブも五つあり、米国型のボスポラス醸造会社はその一つだ。

右：トルコのアナドル・エフェス醸造会社（Anadolu Efes）はモスクワ工場に先進技術を駆使したビールづくりを導入したが、はたして独創的な味わいも生まれてくるだろうか。

インドとスリランカ

インドの人々がビールを飲むようになるのを待つのは、ドイツ人がクリケットを愛好するのを望むようなものだ。そうならない理由はないし、もし飲むようになれば、間違いなく大いにビールを飲み、愛するようになるはずである。単に社会基盤が欠けているだけなのだ。

インドのビール市場は未熟だが、発展の兆しが芽生えつつある。バンガロールに本拠地のあるユナイテッド・ブルワーズ・グループの会長を務める現代の人物実業家、ビジェイ・マリヤ博士がカリフォルニアのメンドシーノ醸造所でのクラフトビールづくりに大金を投資した際は、実業家たちがインドでのビール文化の発展を毛嫌いしなければいいのだが、と願った。

新規の醸造免許は2010年まで禁止されたが、解禁されるとまずはバンガロール、続いてニューデリー、グルグラム、オリッサ州、プネーで大いに関心を表明する動きがあった。にもかかわらず、現在までにブルーパブは約65カ所、小規模醸造所はプネーのインディペンデンス醸造所とドゥーラリー醸造所（Doolally）、ムンバイのゲイトウェイ醸造所など、ひと握りしか生まれていない。ゲイトウェイ醸造所は輸入原材料に加えて、麦芽のほぼ100%をインド産でまかなうことによってコストを抑えている。

自家醸造は興隆の一途をたどっている。しかしインドの醸造家が直面する最大の難題は、昔からビールよりも蒸留酒が好まれてきたこの国の飲酒傾向を克服することだ。今こそ、この国固有のインディア・ペールエールやイースト・インディア・ポーターなどを生み出すべきかもしれない。

一方、スリランカはというと、1人当たりの年間ビール消費量が3ℓ未満で、三つある醸造所は大手国内企業の子会社にすぎない。同国でビールづくりが始まって以来、もっぱらボディのあるスタウトが好まれており、ビヤガマにあるライオン醸造所（カールスバーグが一部出資）ではアルコール度数8%の「ライオン・スタウト」がつくられ、これは輸出市場では「シンハ・スタウト（Sinha Stout）」として知られている。ランカ醸造所（ハイネケンが一部出資）にはやはりアルコール度数8%の「キングス・エクトラ・ストロング」があり、ミラーズ社が出資するカルギルス・セイロン社では8.8%の「サンド（Sando）」が造られている。全て規定サ

イズの0.63ℓの瓶で売られている。

こうしたビールは、アルコール度数の高いポーターとスタウトがロンドンから各地の港を経由してようやくオーストラリアへたどり着いていた当時の名残であると提唱したい気に駆られるが、ビール醸造がスリランカで始まったのは1881年のことで、ヨーロッパから来た茶農園主らの強い要請の結果だった。その当時までエクスポート・ストロング・ポーターは遠い思い出だったのだ。

上：インドでは有名ブランドのラガーが通常よく飲まれているが、都市部ではブルーパブが登場し、現状を打破しようとしている。

左：ムンバイにあるゲイトウェイ醸造所はインドに初めて生まれた小規模醸造所の一員で、クラフトビール志向が強い。

南アフリカ共和国

初版で私たちは、アフリカ大陸で最も興味深い新たなビール文化が生まれそうな国は南アフリカ共和国だと予想した。きっと今ごろは十数カ所の醸造所が登場しているだろうと考えていたのだ。しかし予想は外れ、その10倍もの醸造所が設立されたのだ。

同国の新たなビール醸造の物語は驚きに満ちている。10年前、サウス・アフリカン醸造所（SAB）とその後継会社（最近ではSABミラー社）が、アフリカ南部のビールの世界を動かしていた。今もサハラ砂漠以南のアフリカ市場を支配している。

新勢力はめったに現れなかった。西ケープ州クニスナに1983年に創設されたミッチェルズ醸造所はもっぱらイギリススタイルのエールをつくっていた。それから20年近く経ってようやく、二つ目の独立醸造所バーケンヘッドがスタンフォード近郊に設立され、その1年後、プレトリア近郊のマルデールスドリフトにギルロイ醸造所が続いた。

ケープタウンでは2005年、整った設備で控えめな自社ブランドビールをつくっていたボストン醸造所が、ビアウェルク（Bierwerk）、ジャック・ブラック、そしてダーリング醸造所などの新設会社への委託醸造に参入し、ボストン自体は独自のビールづくりに移行し、大成功を収めている。

現在、約130の会社が自前の醸造所を操業中あるいは運営を始めようとしているが、まだその約4分の1が自社設備を備えていないと思われる。残る4分の3のうち半分はブルーパブで、そのうちのさらに半分は、他社にもビールを販売している。つまり全国的に販売をしているクラフトビール醸造所はまだないのだ。とはいえ、今や地域醸造所は全国のほぼ至るところに見られる。

いまだにこの国で主に飲まれるスタイルはいまだに世界的に流通している金色のラガーだが、ジャーマンスタイルとイングリッシュスタイルに特化している醸造所も存在する。ポーターとスタウトが人気を博すようになり、特に冬期によく飲まれている。そして他の国々と同様に、土地固有の原材料を加える傾向が生まれつつあり、アフリカの果物や香辛料を入れたエールが登場している。

南アフリカ共和国の醸造所 ▼

南アフリカは地球上でも屈指の美しく魅惑的な国である。風光明媚な景色に加えて、この国で劇的に増えたクラフトビール醸造所やブルーパブを訪問すれば、この国への旅がさらに幅広い探検へと広がるだろう。ここにはタップハウスを運営する醸造所を含めて、信頼のおける醸造所を紹介した。

その他のアフリカ

ビールを取り巻く変化があまりに急ピッチで進んでいるため、面白みのあるビールは至るところにあると信じたくなってくるが、まだそうではない。アフリカ大陸の大半は、経済および農業上の理由や北部のイスラム圏などの宗教上の理由から、いまだにビール文化が浸透していない。

アフリカの大部分では自家醸造の慣習が21世紀に入っても続いており、モロコシを使ったアフリカ西部のシャクパロ（*shakparo*）やアフリカ南部のチブク（*chibuku*）、粟を使ったナミビアのオシクンドゥ（*oshikundu*）やオンタク（*ontaku*）がある。また、「アフリカの角」と呼ばれるソマリアなどのアフリカ大陸東部ではハチミツを使ったテッラ（*tella*）がつくられている。こうした原始的なビールをつくるのはたいてい女性の役目で、中世ヨーロッパのエールワイフの系譜が守られている。

ケニアには首都ナイロビにシエラ・プレミアム醸造所という小規模醸造所が一つあり、「ビッグファイブ」という大胆なブルーパブもある。

南アフリカ共和国以外で非常に冒険心豊かな醸造所というと、海を2000キロ隔てたインド洋上の島国モーリシャスにあるフライング・ドゥドゥ醸造所（Flying Dodo）だ。ここはオスカー・オルセンの独創性の賜物である。彼は首都ポートルイスに卓越したランビックを売るビール販売店やカフェ、レストランを開業した。醸造所では総ガラス製の設備を使ってドイツおよびアメリカンスタイルのビールをつくっている。隣のレユニオン島にも二つの独立した小規模醸造所であるピカロ醸造所（Picaro）とリレ醸造所（L'Ilet）があり、国際的なスタイルおよび地域色のあるスタイルのエールをつくっている。

ナミビアの首都ウィントフックには革新的なクラフトビール醸造所キャメル・ソーンがあったが2014年に倒産した。しかし大手のビール会社によって復活する可能性もある。

ジンバブエにはイギリススタイルのリアルエールをつくるブルーパブ「ハラレ・ビール・エンジン（Harare Beer Engine）」がある。ここの立案者たちはボツワナの首都ハバローネでも同様の計画をしている。一方、スワジランドのマルケーンス近郊にはサンダーボルト醸造所があり、慎重な体制でエールを醸造し始めている。

エチオピアの首都アジスアベバのすぐ近くでは、ビールガーデン・イン醸造所が傑出した品質の「ガーデン・ブロイ・ブロンディ」と「ガーデン・ブロイ・エボニー」をつくっている。同国の商業的な醸造所は他の国々に比べて、より地域に密着した特徴のビールを守っている。エリトリアにも同様のことが言える。

アラブ世界の変化により、アルコールに関する規制が徐々に緩やかになろうとなるまいと、アルコールに対してはコーランの教えをより忠実に守るべきだと主張する動きも、故郷を離れたイスラム教徒の間に根強く見られる。一方、興味深い地域的ビールの存在が確認できたムスリム国家は、ドイツスタイルのブルーパブが三つあるチュニジアと、トルコのみだが（p.234地域の特異な存在を参照）、モロッコにも安定した商業的醸造所が複数ある。

上：モーリシャスにあるオスカー・オルセンのブルーパブ「フライング・ドゥドゥ」では、客にビールの製造工程を見せるためにガラス製の糖化槽で糖化を行っている。

左：ナミビアの露天市でできたてのオシクンドゥを売る女性たち。

ビールの楽しみ方

　ビールを飲むのは簡単なことだ。バーカウンターで1杯注文しようと、瓶ビールや缶ビールを開けて、すすろうと豪快にいっきに飲み干そうと自由である。しかしビールの全てを味わうとなると話は別だ。外観の微妙な色合い、香り、そして風味を生み出すために、つくり手たちは全力を尽くしている。これらを感じ取るためには少し努力が必要だ。

　もちろん時には全てを味わおうなどと思わない場合もある。とにかくよく冷えた液体でのどを潤すことができれば満足、それはそれで結構だ。しかしそんな場合であっても、選んだビールとグラス、注ぎ方、さらには何の気なしにほおばっているつまみ類との相性具合さえ、ビールを飲む体験が単なる気晴らしになるか、記念すべき素晴らしいひとときになるか、大いに違いを生むことになる。それがビールという驚異的な飲み物の本質なのだ。

　あなたは幅広い種類のビールを集めている真っ最中かもしれないし、単にハンバーガーにどのビールが一番よく合うか考えているところかもしれない。いずれにせよ、この章を読めばきっといくつか答えが見つけられるだろう。そしてビールを一層楽しんで飲めるようになることを願う。

ビールを買う

あらゆるビールには敵がいる。なかでも光と熱、そして主流のビールの大半にとっては時間が大敵である。
そのため、まだあなたが買ってさえいない段階から、ビールがひどく劣化している可能性がある。
だからこそどんな売り手から購入するかが一層重要なのだ。

ビールを買う際は、在庫の回転率が高く、瓶が熱や蛍光灯の照明にさらされてほこりまみれになっていない店を選ぶ必要がある。最適な環境は、冷蔵設備を備えているか、ビールの貯蔵スペースがワインセラーに近い温度（14℃）に保たれている状態で、ビールをよく理解し、お客の質問に気持ちよく知識を伝授してくれるスタッフがいる店が良い。

理想的なのは、何度か店を利用し、店の経営者や店長、リーダー的な販売員と良好な関係を築くようになることだ。そうすれば彼らはまだ無名のお宝ビールを教えてくれる一方、過大評価され、時には法外に高い値段のついた熱烈な愛好者向けのビールや希少品まがいのビールに手を出さないよう導いてくれるだろう。

購入したビールが何らかの不良品だと判明したら、スムーズに返金あるいは別の商品と交換してもらえる店が望ましい。なぜなら一部のビール価格が、通常なら上質ワインが占めるような価格帯に近づいてきた以上、優良ワインショップと同じような、良心的な品質保証が受けられてしかるべきだからである。

自由に商品を選べるのであれば、陳列棚の手前より真ん中辺りにあるビールを選ぶのが良い。後ろに置かれた商品のほうが光やじかの熱源から遮断されやすいからだ。

ラベルを読む

ビールのラベルを理解するのに特別な教育や知識はほとんど必要ない。当然、原産地によっては複数の言語で表示されている場合もある。とはいえ、ほとんどとまで言わないまでも、たいていの場合どのビールでも標準的な情報が表示されている。しかも、多くの人が嘆くように、大半はたいしたことが書かれていない。とはいうものの、注意すべき項目もいくつかある。

アルコール度数

たいていのラベルにはアルコール度数が体積百分率で示され、一般的なピルスナー、ペールエール、ポーター、ブラウンエールなどのアルコール度数（ABV: alcohol by volume）は4-5.5%である。しかし一部には「15°」のように度数が表示されている場合があり、確かに%表示の代わりにはなるが、これは発酵前の麦汁の比重をプラートという単位で示した数値だ。この場合、数値は実際のアルコール度数よりずっと高い数値になり、例えば15°Pは、発酵するとだいたいアルコール度数6%近い数値になる。

IBU

国際苦味単位（International Bitterness Units）の略語で、ビールに含まれたホップ容量の一般的な指標である。しかしこの数値は研究所ではほとんど測定されず、大半は醸造所で理論的に計算された数値である。仮に正確な値であっても、数値が高いからといって必ずしも口に含んだときに強い苦味を感じるわけではない。というのは苦味が強くても麦芽の甘味で抑制されるからだ。そうはいっても50IBUを超えればかなりホップが効いたビールである。

比重

プラート単位の他に、醸造所は水の濃度と比較して測定したビールの比重を表示する場合がある（p.260用語集を参照）。1.050や1.065など低い数値が表示されている場合、下2桁の数字の間に小数点を入れた数字がほぼアルコール度数となる。つまり比重が1.050であればアルコール度数は5%となる。比重の数値が高くなると、この方法ではアルコール度数の精度が落ちる。

SRMまたはEBC

これらはビールの色の色度数であり、SRMは米国醸造化学者学会による標準参照法（Standard Reference Method）、EBCはヨーロッパ醸造所協議会（European Brewing Convention）による規格である。数字が大きいほうが色の濃いビールとなる。ゴールデンエールは5SRMまたは9.8EBC、真っ黒なスタウトは40SRMまたは79EBCにもなる。

不足している情報

多くのラベルに表示されていないことでかえって目立つのは、ビールがどこで誰によってつくられたかという情報である。普通ならこれはビールのおおよその品質を判断するうえで重大な要素となる。ビールの素性の証明を偽る世界的な醸造所がこの情報を表示することを回避しようとすればするほど、この情報を法定要件とする取り組みが高まるだろう。

上：醸造所は消費者に役立つ情報をラベルに表記する場合もあれば、事実をあいまいにするためにラベルを利用することもある。

上：ビール店の棚に並ぶブランドが増加の一途をたどる状況で、分かりやすくて役に立つラベル情報の必要性はかつてないほど高まっている。

一般的な瓶・缶のサイズ

瓶やグラスのサイズは多種多様だが、よく使われる標準的なサイズがいくつかある。世界のどこでビールを飲む場合でも、たいていのサイズは下記の表に載っている。

ML (ミリリットル)	CL (センチリットル)	米国 fl oz (オンス)	イギリス fl oz (オンス)	サイズごとのビール種別
250	25	8.6	8.8	ヨーロッパの少量ビール
284	28.4	9.6	10	イギリスのハーフパイント
300	30	10.1	10.6	オランダの瓶ビール
333	33	11.2	11.6	標準的な小型瓶
341	34.1	11.5	12	カナダの瓶ビール
375	37.5	12.7	13.2	ワインのハーフボトル、コルク栓が多い
400	40	13.5	14.1	北欧の樽詰めビール
473	47.3	16	16.6	米国の1パイント、樽詰めビール、缶ビール、一部の瓶ビール
500	50	16.9	17.6	ヨーロッパの樽詰めビール、ドイツおよびイギリスの瓶および缶ビール
568	56.8	19.2	20	イギリスの1パイント
600	60	20.3	21.2	ブラジルの瓶ビール
650	65	22	22.9	米国の「ボンバー」ボトル
750	75	25.4	26.4	ワインボトル
1,000	100	33.8	35.2	ドイツのマース(1リットル)
1,180	118	40	41.5	主に米国のモルト・リカー

ビールの保存および貯蔵方法

たいていの場合、ビールを購入すると家に持ち帰り、冷やしてから飲む。これが私たちが進んで推奨するビールの飲み方だ。ただし「冷やす」というのは「凍らせる」という意味ではない。しかし瓶内熟成ビールの場合は要注意で、瓶内の生酵母が落ちつくまで、少なくとも数日、あるいは種類によってはかなり長期間おいておかなければならない。また、こうしたビールは大半がエールで、ワインセラーの温度（14℃）で飲むようにつくられているので、氷温にしないよう気を付ける必要がある。

瓶ビールを長期間保存しておく場合、明るい光が当たる場所や過度に暑い所や冷たい所は劣化を招くので避ける必要がある。強い匂いにさらすのもいけない。

アルコール度数が高いビールの一部、特に色が濃く、あまり香りの強くない種類のホップを多めに効かせてあるタイプや、オード・グーズのように複数の野生酵母で発酵させたタイプは、遮光された冷暗所で震動させず、急激な温度変化にさらすことなく数カ月から数年間保存しておくと、際立った特徴が生まれる。冷涼だがときどき暑くなる場所よりは、温かいが温度変化がない場所の方が好ましい。理想的な環境は、自然のなかの厳寒な場所ではなく、やや冷たい温度で安定している場所だ。ビールを長期間保存するには8℃から14℃の温度帯が最適だが、1℃から24℃の環境でも、短期間であればたいていのビールは保存に耐える。

最後に、瓶ビールは栓との接触を避けるため上向きにして保存しておくのが最善策だ。コルク栓をした瓶もたいてい、同様にしておくのが好ましい。最近は合成コルクで栓をして、空気漏れを防ぐためにプラスチックやろうで密封してあるケースが多い。また、質の悪いコルクが使われる場合があり、コルクテイントと呼ばれる劣化を起こす恐れがある。

右：米ワシントン州シアトルにあるビアレストラン「ブラウワーズ・カフェ」とビール販売店「ボトルワークス」を運営するマット・ヴァンデンベルグは、自宅の地下室を改造して、膨大な量のビールコレクションを貯蔵するための整然とした空間に生まれ変わらせた。

右：たいていのビールは短期間であれば劣化せずに室温保存できるが、長期間にわたり保存するのならそれよりもずっと低温を保っておくことが必要だ。

下右：コルク栓をしたビールは上向きにして保存するのが最適だ。

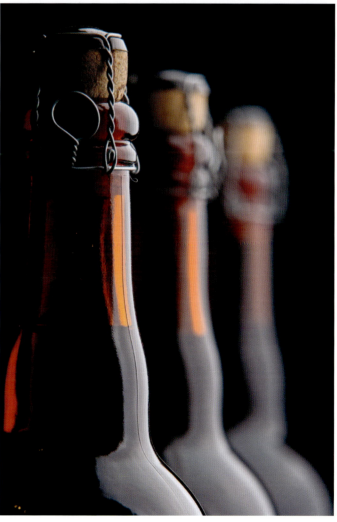

ビールのサービス方法

瓶ビールを開栓してサービスするのに特別な道具はほとんど不要で、
たいていの場合は栓抜きとグラスがあれば事足りる。
最も手のかかる場合でさえ、必要な装備はコルク抜きだけで、デキャンターも通気用のじょうごも要らない。

一方グラスに関しては専門の多種多様なグラスがデザインされ、過剰なほどである。ビールの種類別に味わいを一層高めるために、特定の形状と大きさのグラスがデザインされていて、例えばベルギービールの銘柄であるデュベル用の大ぶりなチューリップ型グラスは、おいしく味わうために肝心な泡立ちが良くなる。均整の取れた花瓶型のヴァイスビア用グラスはビール内に浮遊する粒子を均等に分布させ、ケルシュ用にデザインされた小さな円筒形のシュタンゲグラスはビアバーで手早くお客に出すまでの間、炭酸ガスが抜けないようにつくられている。ボディのある修道院ビールに使われる聖杯型グラスは、手のひらでビールを温めやすい形をしている。その他のグラスは主に伝統や美観を重視して使われており、イギリスのパイントグラスやドイツの陶製ジョッキ、あるいはスコッチエール用のアザミ型グラスなどがある。

最近は膨大な数の新型グラスが生まれており、その多くは特定のビールやビアスタイルの特徴を際立たせるために設計されている。そのなかでも早くから登場した最高のものはテクグラスだ。これはバラデン醸造所のテオ・ムッソと、ビール・ライターのロレンツォ・ダボーブが開発した、一般にテイスティング用に使われるグラスである。端正で、香りが立ちやすいよう、ビールグラスとしては口の部分が斬新な形状になっており、ステム（脚）部分が長く細い。このグラスに続いて驚くほど多くのグラスが生まれ、基本的な形は同じで、下部はステムの代わりに円筒形になっていて、上部はさまざまな深さの大きなボウル型になっている。こうしたグラスでテイスティングを行うとさまざまに異なる程度の感覚を感じ取ることができるが、見た目の効果はあまりない。

人間があらゆる感覚を駆使して食べ物や飲み物を味わっているということは旧知の事実で、とりわけ重要なのは視覚なので、こうした特別なグラスに美的要素があまり考慮されてこなかったように見える点は気にかかる。私たちの考えでは、中身の芳香化合物を完璧に表出させる醜い代物より、決められたとおりにビールの香りを通そうと通すまいと、見た目の魅力的なグラスの方が好ましい。

このことを踏まえると、究極の多目的グラスがまだ開発されていない現状、たいていの瓶詰めビールは、ステム付きのチューリップ型や聖杯型グラス、あるいは大きなバルーン型のワイン用グラスで見た目から楽しく味わえばよい。とはいえビールが表現する要素を最大限に楽しむには、最低限の種類のグラスをそろえることをお勧めする。アルコール度数が高く香りが豊かなエール用にさまざまなサイズのステム付きグラスを、セッションビールの持ち味を最大限に細かく味わうためのパイントグラスを、そしてヴァイスにはヴァイスビア用のグラスをに用意しておくとよいだろう。

上：現代のビール消費者には、まさにあり余るほど多くの形とサイズがそろったグラスの選択肢がある。

ビールのサービス方法 | ビールの楽しみ方 | 245

「ノニック」型のブリティッシュ・パイントグラスは積み重ねやすいよう、上部側面に膨らみがある。

大型ボウルの聖杯型グラスはボディのあるエールを手のひらで温めやすい形になっている。

ステム付きで上部がすぼまった「スニフター」グラスは、バーレイワインなどのボディのあるタイプに効果的だ。

チェコラガーは多くの小面が施され、厚みがある0.5ℓサイズの「ヌル」タイプに注ぐと素晴らしい輝きを見せてくれる。

ケルンのケルシュには口のせまい円筒型の「シュタンゲ」が使われる。

従来ピルスナーに使われてきたフルート型は側面がまっすぐになっている場合が多い。

ミュンヘン産のヘレスには究極の巨大ジョッキ「マース」が欠かせない。

外観の劣る「シェイカー」パイントはアメリカでは樽詰めビールと同義語だ。至るところで見られるグラスだが、幸い減少傾向にある。

バイエルン地方の濁った小麦ビールは膨らんだヴァイツェングラスに注がれて初めて華麗な姿が完成する。

ボウル部分が大きくステム付きのワイングラスは多くのビアスタイルの特徴を最も分かりやすく表現してくれる。

テクグラスは美しい外観で魅了すると同時に、ビールの香りを適切にグラス内に集める機能を備えている。

アメリカンIPA用のグラスは一般的な「上部がボウル型で下部が円筒型」タイプのグラスにうね模様が施されている。

ビールの注ぎ方

ベルギービールの注ぎ方
ボディのあるエール、特にベルギービールは瓶内発酵させてあるため沈殿物が生じる。こうした死んだ酵母は栄養分こそ豊かだが見た目は好ましいものではなく、ビールの味を変えてしまうため、ビールを静かにグラスに移す必要がある。(さまざまなビタミンが含まれる沈殿物は自己消化する。)

グラスを45度の角度に傾けて持ち、グラスの内壁に沿ってゆっくりとビールを注ぎ始める。

注ぎながらグラスを徐々に直立させていき、あまり泡が立たないよう注意する。

ヘーフェヴァイツェンの注ぎ方
ボディのあるエールとは逆に、小麦ビールは一般に濁った状態で味わうように造られ、瓶内発酵した酵母もグラスに注ぐのが基本だ。ドイツのヘーフェヴァイツェンのようなビアスタイルの場合、花瓶のような非常に特殊な形のグラスを使い、やや儀式めいた注ぎ方をする。

グラスをかなり傾けてゆっくりと注ぎ始める。さもないとすぐに異常な勢いで泡出ち始める。

注ぎながらグラスを慎重に直立させていき、表面を泡立たせる。泡が立ちすぎたらゆっくりと注ぎ、グラスをさらに傾けていく。ただし決して注ぐのを止めないこと。

標準的なビールの注ぎ方
ビールをグラスに注ぐ行為は飲食物の世界でも極めて単純な行動だろう。しかしたいてい無造作にさっさと注いでしまうため、泡だらけで台なしになるか、泡が立ちすぎるわりにヘッドができなかったりする。しかし細かい部分に少し気をつけるだけで、完璧なビールが簡単に手に入る。

清潔なグラスと安定した手元が完璧に注ぐための鍵だ。グラスをほぼ45度に傾けて持ち、ゆっくりと注ぎ始める。

ビールの液面の隅から注ぎ続ける。液面の中心に注がないよう要注意。もしいつまでも泡が立たなかったらグラスの角度をややまっすぐにする。

247　ビールの注ぎ方 | ビールの楽しみ方

動作を止めずに注ぎ続けること。さもないと酵母がビールと混ざってしまう。泡が立ちすぎたらグラスを斜めに傾け直すとよい。

注ぐのが終わりかけたら瓶口に沈殿物が上がってきていないか注意し、酵母がグラスに入る直前で注ぐのを止める。

うまく注ぐときらきらと輝き濁りのないビールの上にやや濃い色の泡が立つ。聖杯型グラスは修道院のビールづくりの伝統を思い起こさせるだけでなく、それ自体が優美な形をしている。

4分の3ほど注ぎ終えたら、一度注ぐのを止めて瓶に残ったビールをそっとかき混ぜて、瓶底に残った酵母をビールと混ぜる。あまり激しくかき混ぜると泡だらけになるので要注意。

酵母混じりの最後の数滴を注ぐとビールはさらに濁ってくる。この注ぎ方の目標は濁ったビールの上に厚い泡の層をつくることである。

うまく注がれたヘーフェヴァイツェンは見るからにおいしそうな姿となり、この上なく美しい。レモンなど添える必要は全くない。

手を止めずにゆっくりと注いでいく。ビールの楽しみの一つは何といってもあの最初のひと口に限るのだから、急ぐ必要はない。

グラスにビールが満ちてきたら静かにグラスを直立させて、適度な厚みの泡を立たせる。ここまで来たら液面の隅からではなく、中心に向かって注いでよい。

注ぎ終わると2.5-5cmほどの厚みの泡の層ができ、ビールの持つあらゆる芳香が立ち現れる。

ビールの味わい方

ビールを完全に味わうには常にグラスを使うべきである。瓶や缶のままがぶ飲みしてしまうと、
趣を添えてくれるはずの香りも美しい外観も、全て消え失せてしまうからだ。
上質なビールは、思慮深い味わい方こそがふさわしい。

1　観察する

　これは初歩的なことに思えるかもしれないが、醸造家は自分たちのつくるビールにふさわしい外観を生み出すために労をいとわないものだ。それに、細かく注意して観察すれば、ビールが何かを教えてくれる場合もある。濁っていたら意図的なものかどうか考えてみよう。過剰に泡立つ、あるいは予想外に泡が立っていたら雑菌への感染あるいは経年による劣化の印かもしれない。真ちゅうのような色合いになっていたら酸化が問題ということもあり得る。

2　匂いを嗅ぐ

　バーなどでビールの匂いをかいでいたら変な目で見られるかもしれないが、香りを鑑賞することは極めて重要だ。人間は何十万もの匂いを識別できるが、味についてはひと握りしか認識できない。そのため脳は匂いと味を合わせて味わいを生み出していて、このときに鋭い感受性を発揮するのは匂いのほうである。エールを飲む場合はフルーティな香りを、ラガーなら麦わらや干し草、あるいは切りたての草の香りを探してみよう。ボックなどの麦芽香の強いビールにはトフィーやカラメルの香りを、ホップが効いたビールならば香草やスパイス、柑橘類の香りが見つかるか試してみるといい。そしてランビックの場合は、カビや農場の庭の匂いを嗅ぎ取ってみよう。

3　味わう

　じっくり時間をかけて、グラスの中と口の中に何があるのかを考えながら、ビールに含まれる味を識別してみよう。ゆっくりとすすって舌の上と口蓋で転がしてみて、ビールの状態をしっかりと味わってから飲み込んだら、ふた口目を飲む前に後味について考えてみよう。苦いか麦芽の特徴があるか、鋭さがあるか、ぬくもりがあるか、キレがいいか、あるいは余韻があるか、考えてみるのだ。ビールから見つけた味わいを自分なりにまとめ上げるのは時間がかかるが、経験を積むにつれて簡単になってくる。何よりも、たったいま味わったビールを理解しようと努めることによって、飲み終わったビールだけでなく、今後飲むであろう全てのビールの理解につながっていく。

4　考える

　ビールの第一印象が、グラスが空くまで変わらずに続くことはめったにない。あるいは1回試飲しただけで記憶に刻まれることもない。例えばある楽曲を聴いて、最初は気に入らなかったのにそのうちにだんだん好きになっていくように、ビールによっては最初こそ印象に残らなくても、十分に考えをめぐらせてみると、自分の定番になるものもある。

ビールに合う食べ物

エールやラガーがより風味豊かになって世界的に定着してきたことを考えると、1990年代に多くのビール愛好家が、長年ワインの独壇場だった場所、つまりダイニングテーブルに注目するようになったのは当然の動きだったのだろう。これは歓迎すべきことでもある。なぜなら結局のところ、ビールこそ最も食べ物と合わせやすい、万能の飲み物だからである。

食中酒としてのビールの実用性は、それが表現する豊かな風味の可能性から始まる。麦芽化した穀物、ホップ、水、酵母、あらゆる種類のスパイス、果物と野菜、香草や食用花、チョコレート、コーヒー、さらには風味を高めるための特殊な糖類の数々など、ほぼ無限の原料や調味料が使われているゆえに、あらゆる食べ物と柔軟な相性を見せてくれるのだ。

しかし他の飲料にも言えることだが、ビールと食べ物をうまく調和させるには、両者の組み合わせを考える人の技量に多くがかかっている。幸いにしてすぐに役立つコツが2、3あり、基本は至って理解しやすい。あとは実践あるのみである。

右：ときおり忘れがちな事実だが、ビールは昔から世界中で食中酒として歓迎されてきた。

始めてみよう

最初に忘れるべき神話がある。1990年代から2000年代初頭にわたって無数の醸造所によって支えられていた、ビールと食事に関する作り話だ。なかでも、あるビールを使って料理をつくったら、食中酒にもそのビールを選ぶべきであるという説は一見もっともらしく聞こえ、使われたビールがその料理の主要な風味になるという前提になっているが、これはほとんど虚言である。

仮にブラウンエールを何本もチリコンカルネに入れても、ステーキをバルティック・ポーターに2日間漬け込んでおいても、ビールの味は調味料やスパイスに抑え込まれてしまうし、こんがりと焼き上がってカラメル化した牛肉の味にも負けてしまう。となると、完璧な組み合わせは（もしそんなものがあるとすればの話である。何しろ味覚は主観的なものだ）、全ての原料と出来上がった料理の特徴に魔法でもかけた結果次第になるだろう。

料理の重さを考える

少しでも料理と飲み物を真摯に考える人であれば、たいてい、軽い料理と重い料理の概念を理解しているはずだ。例えばサラダと煮込み料理、あるいはフエダイのグリルとローストビーフの比較である。この原則を、食事に合わせる飲み物に当てはめてみると、迫力がありまろやかでフルーティなボディのエールは、赤肉などの重い風味と相性が良いという結論になる。一方、一般に爽やかですっきりしたラガーや、スパイシーで渇きを癒してくれる小麦ビールは、シーフードや鶏、七面鳥の肉などと合わせたほうが良いということになる。つまり、求めるべき組み合わせは引き立て合う物同士という仮定に基づいている。

ただしこの理論がいつも当てはまるとは限らない。引き立て合う組み合わせよりも対照的な組み合わせをしたくなる場合もあるかもしれない。これはやや扱いにくい組み合わせで、表面的には矛盾するように思われる考え方をする必要がある。

対照的な組み合わせを考える場合、料理とビールの重さは（実際はたいていそうするべきである）正反対になる。ただし良好な関係を生み出す上で他の要素も有利に働くという条件が付く。例えばクリーミーなパスタ料理はさっぱりとして爽快なピルスナーと好対照である。これはホップの成分がビールの泡立ちと連携して脂肪分を断ち切り、食事中に口内をすっきりさせてくれるためである。一方、ピルスナーと同様なボディのケルシュではうまくいかない。ホップ成分が比較的少ないため、パスタの脂肪分と風味の猛攻撃に押し切られてしまう。ああ、そういえば心当たりがある……。

スパイスと塩、脂肪分に注意

ひりつくようなスパイスや強い塩辛さ、そしてクリームや揚げ物の脂肪質ほどに味覚を震わせる特徴を持つ食べ物はほとんどない。しかし偶然にもビールには、これらの要素の持つ有害な影響を団結して除去しようとする2つの因子、炭酸化作用とホップの成分が備わっている。その効果は、脂肪分や塩辛さやスパイスの余韻を拭い去り、すぐにもうひと口食べたくなる気分にさせてしまい、多様な風味を氷の層のように口中に積み重ねていくことができないのだ。そして最後には料理の本来の味をぼやけさせてしまう。

このことを検証するには塩辛いポテトチップを皿に盛り、ホップの効いたペールエールと麦芽の特徴豊かなデュベルという2種類のビールを用意すればよい。ポテトチップを食べながらデュベルを飲んでいると塩分が徐々に味わいをむしばんでいき、無味乾燥としたものになってしまう。麦芽の特徴が一種の酸っぱさを引き起こす場合もある。しかしビールをホップの効いたエールに変えると、ホップが塩気を抑えてくれる一方、ポテトチップの塩気と脂肪分がビールの味を活性化してくれる。

甘味について考える

　ワインとは異なり、ビールはデザートの時間となっても可能性の世界を広げることができる。ただしチョコレートの場合以外は、デザートよりも甘いビールを選ぶ必要がある。その理由は、甘いミント味のねり歯磨きで歯を磨いたあとに果物を食べると酸っぱい味になってしまうのと同じで、ビールより甘いデザートは、ビールの風味を平板に、あるいは酸っぱくしてしまうのだ。

　デザートがチョコレートの場合、似たカテゴリーの食べ物と飲み物という分類に入る。これは、ほぼ全てのチョコレートにはビールと同様に快い苦味がある程度備わっているためだ。このように味に共通の土壌があり、しかもどちらも発酵食品なのだから、あとは単純な風味の問題である。濃色麦芽を使ったビールには焙煎した味わいやリコリス、果物のコンポート、そしてもちろんチョコレートの味わいが備わっているので、甘味に関して過剰に心配する必要はない。

強烈な味の料理もお忘れなく

　食べ物とさまざまなビールの相性や、特定の食べ物と最高に相性が良いビールを考える際、ポーターとローストビーフ、エクストラスペシャルビター（ESB）とステーキ、あるいはフエダイのソテーとベルジャンスタイルの小麦ビールなど、ありきたりなアイデアが浮かびがちである。だが残念ながらものごとはそんなに簡単ではない。

　例えばESBとステーキの相性を考えてみよう。ミディアムレアに焼かれたステーキに塩コショウが振ってあれば、この組み合わせにはうなずける。しかしステーキに赤ワインソースやドミグラスソースがかかっている場合は組み合わせが大胆に変わり、スコッチエールのほうがはるかに相性は良くなる。ソースをかけずにスパイスをすりこんであれば、濃色麦芽でつくったIPAが賢い選択肢となるだろう。スパイスをすりこまずにステーキをいぶした場合は、ポーターかラオホメルツェンが優れた選択肢となる。

　フエダイについても同じ要素が当てはまる。魚にバターソースをかけた場合はケルシュを選ぶのが賢いが、味付けをして鉄製のフライパンで黒々と焼いた場合はややホップの効いたピルスナーかゴールデンエールをテーブルに置きたくなるはずだ。あるいは酸味のあるオード・グーズでもいいだろう。

　ここで言えるのは、組み合わせ例で挙げたステーキとフエダイのようにメイン料理の素材が不変であっても、ビールと相性のいい味わいは非常に多種多様だということだ。だからビールと料理の組み合わせを考えるときは、ステーキかソースか、基本の原材料か煮込むときの味付けかなど、組み合わせのベースとする味の要素について慎重に考える必要がある。そしてデザートの場合、例えばチョコレートかチョコミントのアイスクリームに入ったミントか、というように、主要な味わいと二次的なおまけのどちらとビールを合わせるかを考えなければならない。

でも楽しむための組み合わせが何よりも大切

　ビールと食べ物の理想的な組み合わせが食事の喜びを倍増させてくれるという信念に揺るぎはないが、偏屈な理想ばかり語る人とテーブルを囲むのはごめんだ。となると最高の組み合わせとは多くの場合、食べ物とビールの味を台なしにする組み合わせにしない限りは、単純に何を飲みたいかにかかってくる。

　肝心な点は、食事とビールを組み合わせる際、極端に間違った組み合わせはそう簡単にできるものではないということだ。したがってここで述べたことはあくまでも基本的な指針であり、絶対条件ではない。食事のひとときをさらに素晴らしい時間へと導くための指標ではあるが、風味豊かな上質エールやラガーをテーブルに並べれば、すでにある意味、そうした至福の時間を体験できたも同然だ。残りはおまけにすぎない。

　先に述べたように、一般化は難点をともなうものではあるが、この後に続く「ビールと相性の良い食べ物一覧」（p.252-3を参照）には大ざっぱな組み合わせパターンをまとめてあるので、ビールと食べ物の組み合わせを試す上での出発点として使ってほしい。

左：味の共通点があるビールとチョコレートは、非常に相性の良い組み合わせとなる。

右ページ：自宅であろうとパブ、屋外、あるいはミシュランの星付きレストランだろうと、慎重に選び抜かれたビールはどんなワインにも負けないほど料理によく合う。

ビールと相性の良い食べ物一覧

食べ物	主要な風味	相性の良いビール	効果的な要素
牡蠣	繊細、塩辛い	ドライスタウト、シャンパン製法のビール	スタウトの力強さが牡蠣の味わいを洗い流す シャンパン・スタイルのビールは泡が塩分を洗い流し、穏やかな風味をもたらす
シャルキュトリー [訳注：ハム、サラミなどの食肉加工品]	肉っぽい、スパイシー、脂肪分が多い	ベストビター、主張の強くないペールエール、木樽熟成されたフレミッシュ・エール、アルトビア	フルーティな風味が加工肉を引き立て、ホップらしさや酸味（木樽熟成エールに由来する）がスパイスと脂肪分に反発する
フォアグラ	こってりした口当たり、コクがある	ベルジャンスタイルのボディのあるゴールデンエール	活発な泡がフォアグラの脂肪分に切り込み、ビールの持つスパイシーな果実味がコクのある味わいを引き立てる
アーティチョーク	一緒に食べる料理の甘味を引き出す	ベストビター、ペールエール	甘味を引き立てるアーティチョークがホップらしさに吸収され、エールの麦芽由来の特徴が発揮される
クリームスープ	コクがありまろやか	ボヘミアあるいはジャーマンスタイルのピルスナー	ホップの持つ爽やかさが口中から油っぽさを取り除き、ひと口食べるごとに味蕾をリフレッシュさせる
オニオングラタンスープ	牛肉っぽい、甘タマネギ、脂肪分の多いチーズ	ホップの効いたブラウンエール、アルトビア、アルコール度数が低めのバーレイワイン	甘い麦芽とタマネギがよく調和し、焙煎したような素朴な風味と牛肉、ほどよいホップらしさとチーズの脂肪分もそれぞれバランスが取れている
グリーンサラダのフレンチドレッシングかけ	新鮮な青菜と酸味のあるドレッシング	ヘレス、ジャーマンスタイルのピルスナー、ランビック	新鮮な麦芽の風味が野菜を引き立て、ホップがドレッシングと反発し、酸味はドレッシングを引き立てる
フルーツ入りグリーンサラダ	タイプにかかわらず果物の甘味	ヘーフェヴァイツェン、ベルジャンスタイルの小麦ビール	いずれの小麦ビールも果実の甘味をよく引き立て、ライトボディのため野菜の風味を圧倒しない
セビーチェ [訳注：白身魚をマリネにしたメキシコ料理]	酸味、魚をマリネする際に使う柑橘類の果汁、塩味	セゾン、ドライなヘレス	酸味のある料理にはランビックのような酸味のあるビールを合わせたくなるが、しっかりとした麦芽の味わいに支えられたホップで引き立てた方が良い
サーモン、イワシの油漬け、ニシンなど油分の多い魚	はっきりした魚の味わいと油っぽさの結合	スタウト、さっぱりしたブラウンエール、さっぱりしたドゥンケル、ドゥンケルヴァイス	素朴な風味が魚を引き立て、ほどよいホップらしさやスパイス感（ドゥンケルヴァイスに由来する）が油分に反発する
フエダイ、ギンダラ、カレイなど繊細な風味の魚	コクのある油分の邪魔にならない軽い味の魚	ヘレス、ケルシュ、ヴァイスビア、ベルジャンスタイルの小麦ビール	柔らかく穏やかな風味が魚の味わいを圧倒せずにうまく調和する
フィッシュアンドチップス	揚げ衣、ジャガイモ	ピルスナー、ホップ感の穏やかなゴールデンエール、ベストビター	爽やかなホップが油っぽい揚げ衣とすんなりと調和し、ビールの味が圧倒しない
ハンバーガー	脂肪分の多い牛肉とさまざまなつけ合わせ	主張の強いピルスナー、ペールエール、IPA	強い風味と脂肪分には同様に存在感のあるビールが必要とされ、ある程度のホップらしさも求められる
ピザ	トマトソース、各種のトッピング	ヴィエナーラガー、ボック	ヴィエナーラガーやボックの軽い甘味がピザソースの甘味とよく合い、苦くないドライな後味が口中をすっきりさせてくれる
ミディアムレアのローストビーフ	肉の外側をローストしてカラメル化したことにより強調された牛肉の甘味	ブラウンエール、ベストビター、修道院スタイルのデュベル	麦芽由来の甘くフルーティな味わいと苦味の控えめなホップの味わいがこの組み合わせの要。賢く選べばいずれのビールもこうした要素をもたらしてくれる
狩猟肉（ジビエ）	ほのかな獣肉くさい風味、牛肉ほど油っぽくない	ブレタノマイセスで発酵させたブラウンエール、木樽熟成されたフレミッシュエール	獣肉の穏やかなジビエらしい味わいがブレタノマイセス由来の酸っぱさとうまくバランスが取れる

食べ物	主要な風味	相性の良いビール	効果的な要素
フライドチキン	揚げ衣	ホップの効いたメルツェン、金色のビター	揚げ物にはある程度のホップらしさが望ましいが、安定感のある穏やかな甘味の麦芽の味わいが鶏肉と相性が良い
ローストまたは焼いた鶏肉(鶏、七面鳥など)	コクのある鶏肉、グレービーソース	淡色のボック、フルーツビール	さまざまな味わいが含まれる料理を引き立てるにはどちらかというと単純な甘味が望ましい
カマンベールやブリーなどフランス産のソフトチーズ	豊かなまろやかさとチーズの外皮がもたらすほのかな酸味	オートミールスタウト、ポーター、力強いブラウンエール	酸味とローストの味わいがよく合い、チーズのまろやかさがビールのコクを引き立てる
チェダーやマンチェゴなど熟成したハードチーズ	刺激的かつフルーティでナッティ	ブリティッシュ・ペールエール、ベストビター、ドライなブラウンエール	フルーティな麦芽とナッティあるいはスパイシーなホップが、チーズの持つ同様な味わいを引き立てる
カカオを豊富に含んだダークチョコレート(カカオ70%以上)	強烈でたいていフルーティあるいはナッティな味。ほどよい苦味	濃色でコクがあるビールなら何でも可:インペリアルスタウト、バーレイワイン、ボディのあるトラピストビール、修道院スタイルのエール	ビールと食べ物が同様に、力強く元気づけてくれる風味を持つ。ビールの控えめな、あるいは穏やかな苦味がチョコレートの持つ同じ特徴とよく合う

上:ソムリエでさえ、選ぶチーズの種類によってはワインよりもビールの方がはるかに相性が良いと認めることだろう。

上:よく「液体のパン」と呼ばれるポーターは、バターをたっぷり塗った厚切りの新鮮なパンと相性が良い。

品質の悪いビールを見抜く

世界には酸っぱかったりカビの匂いがしたりと奇妙なビアスタイルにすっぽりとはまりこんでいる所もある。
かなり濁ったヘーフェヴァイツェンよりもはるかに濁っているIPAがときおり見つかり、
高名な醸造所が製造期間わずか2週間のエールや3週間足らずのラガーを量産している現状では、
劣化したビールや低品質ビールの特徴を包括的にルール化してまとめあげるのは、なかなか手ごわい仕事である。

ビールの香りや味は昔ながらの一連の規則に準拠すべきだという考えは、熱狂的なクラフトビール愛好家にとって呪いのようなものだ。とはいえ確かに一理あるかもしれない。

濁りを例に挙げてみよう。小麦ビールの多くのスタイルでは慣習的に受け入れられているが、他のスタイルではたいてい、良しとされない。とはいえあらゆる種類の小規模生産のビールについては、当然のように濁ったタイプが増えつつあり、これを歓迎する人もそうでない人もいる。こうした醸造所の多くは、本来の模範的なつくり方とは別に、外観を濁らせる手法を取っている。

次にサービスするときの温度について考えてみよう。米国でブルワーズ・アソシエーションが発行した入門書『Draught Beer Basics（樽詰めビールの基本）』には、ケグ詰めビールの理想的な提供温度は3.3℃と書かれている。一方ベルギーでは、常識的なエールの温度は8-12℃とされている。イギリスでCAMRAが発行した著名な手引書『Cellarmanship（酒類管理の心得）』には、ビール貯蔵庫は13℃に保ち、サービスする前に冷やさないこと、と書かれている。

酸っぱさ（酸味と書くべきだろうか）のような、さらに複雑な領域に話を広げてみよう。唇をすぼめさせるような刺激は正統派グーズの素晴らしさを示す特徴だが、こうした特徴がペールエールに見られたら、雑菌に感染している可能性が考えられる。若干の酸味が望ましい場合でも、その定義はあまりにも広く、乳酸の穏やかな刺激から酢酸に由来するバルサミコ酢のような強烈なものまであるのだ。

ジアセチル（右ページを参照）も同様な見方をされており、ある種のイギリスのカスクエールとチェコラガーを飲んだ場合にはにっこりほほ笑みたくなるが、他種のビールにこの特徴が見られたらとても飲めたものではない。こうした違いの鍵は、ビアスタイルとの相性と含まれる割合である。バタースコッチを液状にしたようなペールエールなんて好き好んで飲む人はいないだろう。

実際のところどんなビールであろうと、粗悪な着想や貧弱な製法、粗雑な輸送、不十分な貯蔵設備の犠牲になりうるし、単なる不運に見舞われる場合もある。味は確かに極めて主観的なものではあるが、明らかな欠陥となると個人の主観とは言えないので、そんな場合は良品と交換してもらうか返金してもらうべきである。次ページに最善を尽くして、現代の一般的な飲み手向けに、よくあるビールの重大な欠陥をリストアップしてみた。

左：クリーク・ランビックは酸味が魅力的で、酸っぱさは斬新さの表れであり、果実味は不可欠だが、甘味は欠陥であり、泡が貧弱な場合は品質が疑わしい。

発泡とは

ビールに溶け込んでいる炭酸ガス（二酸化炭素）の量は味わいと特徴にとって重要である。この量に「正解」はなく、単に慣習と個人的な好みがひと通りあるだけだ。人によっては個人的な好みの強さがほとんど宗教的な信念の域に達している場合もある。炭酸ガスが多いと胃中で膨れてやっかいになる一方、不十分だとビールの味が弱まってしまう。

伝統的にイギリスの樽熟成エールは、液体1ℓに対して炭酸ガスが約1.1ℓ相当溶け込んでいる状態が最適である。これはドイツとヨーロッパ中央部でつくられるビールを澱引きして、その日のうちに飲む場合とほぼ同じ値だ。

ボディのあるバーレイワインも炭酸ガス量を少なめにする傾向がある。これはアルコール度数が高いと酵母が不活発になるためだ。数社の醸造所の実験ではアルコール度数が高くてもほとんど炭酸ガスが含まれないビールができた例がある。

ろ過された瓶詰めビールと樽詰めビールにガス圧を加えると、たいてい液体1ℓ当たり約2-4ℓの炭酸ガスを吸収し、口当たりはごく軽いあるいはシューシューとした発泡感まで幅がある。一方、瓶内熟成されたビールは炭酸ガス含有量がさらに高くなる場合があり、最も発泡が激しくなるのは、シャンパン製法にヒントを得た工程を使う下位スタイルのビールだ。

主な風味の劣化

	味と匂い	原因	要注意事項
アセトアルデヒド	野菜や傷んだリンゴ、有機溶媒	ビールが若すぎる、部分的な酸化、まれに雑菌への感染	この状態が正常とは考えられない。二日酔いの主原因
酢酸	酢	過度の酸化、樽詰めビールのライン中の汚染	一部の樽熟成エールの場合、少量なら耐えられる
酪酸	腐ったバターあるいは吐しゃ物	貯蔵庫内や貯蔵容器内の不快な微生物	「野性的な」あるいは「酸っぱい」味のビールであっても無益
カプロン酸および3-メチルブタン酸	チーズ臭、汗の匂い、山羊の匂い、かすかな酸味、気が抜けたようになることもある	鮮度の低下	まれに利点となる
ダンボール臭	びしょぬれの紙やダンボールの匂いや味	酸化、温かすぎる場所での保管、ドライイーストの使用	無益
ジメチルスルフィド(DMS)	ゆでたトウモロコシや野菜、凝縮した海の波しぶきの匂い	早すぎる醸造、過度の低温殺菌、まれに雑菌への感染によっても起こる	室温の量産ラガーを飲んでみると分かる
タマネギ	タマネギ、チャイブ(ネギやニラに似る)、またはニンニクの匂いが味に影響する	シムコなど特定のホップの酸化	異常なしと考える人もいる
スグリ臭	猫の尿の匂い、トマト、グーズベリーの味、または黒スグリの葉	酸化による意図しない熟成	無益
スカンク臭(硫黄臭)	硫黄臭または硫化水素の匂いが鼻をつく	光りによる劣化:太陽光や蛍光灯にさらされるとホップに含まれる酸が硫黄化合物に反応する	正常ではない。ただし一部の樽熟成されたビールに一時的に感じられる場合もある

捨てるべきか飲むべきか

	味と匂い	原因	要注意事項
ジアセチル	バタースコッチまたは強いバター香	発酵されず残った糖分、特に酸素に触れると起こる	イギリスのカスクエールとチェコラガーでは普通のこと
乳酸	酸っぱい、匂いはない	ラクトバチルス、ペディオコッカスなどの微生物	ランビック、ベルリナーヴァイセ、多くの木樽熟成エールでは好ましいとされ、故意に感染させるが、それ以外では欠陥とされる
フェノール香	香りのよいプラスチック、絆創膏、消毒薬	質の悪い酵母(特にドライタイプ)、塩素の入った醸造用水	多少のフェノール香はスモーキー、スパイシー、あるいはフルーティな後味を加えてくれる
シェリー化	バーボンの後味、カラメル、トフィー、ハチミツ、シェリー、マデイラ酒	完璧な状態で貯蔵しても経年劣化が起こる	一部のボディのあるエールでは素晴らしい効果とされているが、金色のラガーなどの軽いビールでは欠陥とみなされる

世界のビアフェスティバル

ビール醸造の世界では全てがそうであるように、ビールフェスティバルもビールの発祥地や目的、伝統によってさまざまに異なる。素面の人間が酔っぱらった人間からお金儲けをするようなイベントはいただけないが、ここにはビールについて学びながら大いに楽しむことのできる、選りすぐりのフェスティバルを紹介した。国ごとのページの「旅のアドバイス」にもさらに紹介しているので参照されたい。

1月

ビアフェスト・サンティアゴ（BIERFEST SANTIAGO）

チリで1月の第2週の週末に開催される。料理やライブ音楽などの大イベントの一環として開催され、ほぼチリにある30以上の醸造所が参加し、その数はにぎやかな国民的イベント「オクトーバーフェスト・フィエスタ・デ・ラ・セルヴェサ（Fiesta de la Cerveza（www.fiestadelacerveza.cl））」を上回る。詳しくはwww.bierfest-santiago.clを参照。

グレート・アラスカ・ビール＆バーレイワイン・フェスティバル（GREAT ALASKA BEER & BARLEY WINE FESTIVAL）

米国のアラスカ州アンカレッジで1月の第3週に悪天候に耐えて開催される究極のビールイベント。同州に30ある醸造所の大半が外気温マイナス10度の下に結集する。詳しくはwww.akbeerweek.comを参照。

2月

ビールアトラクション（BEERATTRACTION）

イタリアのリミニで2月半ばに開催される。イタリア中のあらゆる地域から多種多様な醸造所が集まるので、真冬のさなか海辺で行われるイベントにわざわざ出向いていく熱心なあるいは物好きな観光客はきっと報われるはずだ。詳しくはwww.beerattraction.itを参照。

クラフトビール・ライジング（CRAFT BEER RISING）

2月最終週にイギリスのロンドンで開催される。イギリスの新たなビール界に君臨するトップクラスが集結し、生活用品その他の種々雑多な店が並ぶなか、同国で最も注目を集めるビールが登場する。9月にグラスゴーで同様のイベントが行われる。詳しくはwww.craftbeerrising.co.ukを参照。

3月

バルセロナ・ビアフェスティバル（BARCELONA BEER FESTIVAL）

スペインのバルセロナで3月最初の週末に開催される。ヨーロッパで最も洗練されて教育的なフェスティバル。国内の最新ビール界を紹介するほか、輸入ビールも登場する。詳しくはwww.barcelonabeerfestival.comを参照。

フェスティバル・ブラジレイロ・ダ・セルヴェージャ（FESTIVAL BRASILEIRO DA CERVEJA）

ブラジルのサンタカタリーナ州ブルメナウで3月第2週の週末に開催される。刺激的で成長著しい同国のビール市場を反映し、開催年数こそ浅いが規模が年を追って拡大中のイベントである。前もって宿泊先を予約しておくことをお勧めする。詳しくはwww.festivaldacerveja.comを参照。

4月

サロン・ド・ブラッスール（SALON DU BRASSEUR）

フランスのロレーヌ地方サン＝ニコラ＝ド＝ポールで4月の第2週の週末に開催される。国立ビール博物館で行われる村の祭りと新進気鋭のフランスの醸造所の見本市が同時開催される。いわば仲間内の集会だ。詳しくはwww.salondubrasseur.comを参照。

グレート・ジャパン・ビア・フェスティバル（GREAT JAPAN BEER FESTIVAL）

国内各都市で4月の初頭から9月下旬まで開催される。日本で最も権威あるビールイベントで、10回にわたって開催され、最終回の横浜では最大の規模で行われる。約200銘柄の日本のクラフトビールが登場し、入場料は高いがビールは無料。詳しくはwww.beertaster.orgを参照。

上：ドイツのシュツットガルトで行われるフォルクスフェスト（Volksfest）は、ビールの選択肢こそ少ないが量はたっぷりだ。

上：中国の上海で行われる青島ビールフェスティバルでビールの味を覚えるのもいいだろう。

クラフト・ビア・フェスト（CRAFT BIER FEST）
オーストリアのリンツとウィーンで4月の第2、第4週の週末に開催される。倉庫内で行われる一風変わった楽しいイベント。あらゆる経歴からビールづくりを始めた醸造家たちが集まる。醸造家本人もしばしば顔を出し、大半はオーストリア出身だが近隣の国々の出身者も数人いる。詳しくはwww.craftbierfest.atを参照。

ジトス・ビア・フェスティバル（ZBF : ZYTHOS BEER FESTIVAL）
ベルギーのルーヴェンで4月の最終週に開催される。ベルギーの醸造家たちが管理し、消費者たちが運営する国家的なフェスティバル。国産ビールだけを扱い、土曜の午後には醸造家本人も多く登場する。最寄り駅からシャトルバスの送迎サービスあり。詳しくはwww.zythos.beを参照。

ゾロトゥルン・ビアステージ（SOLOTHURNER BIERTAGE）
スイスのゾロトゥルンで4月の最終週に開催される。スイスの国民的規模のビールフェスティバルを挙げるとしたら現在このイベントが最も近いだろう。ベルンからバーゼル間のドイツ語圏で開催されるが、参加する40の醸造所の中にはフランス語圏の醸造所もいくつかある。詳しくはwww.biertage.chを参照。

5月
ウル・フェスティバル（ØL FESTIVAL）
デンマークのコペンハーゲンで5月の第3週に行われる。非常によく組織化されたイベントで、消費者が運営し、醸造家たちもスタッフとして働く。700銘柄以上ものクラフトビールがスニフターグラス相当の量で提供される。詳しくは；www.beerfestival.dkを参照。最近ではコペンハーゲン・ビア・セレブレーションが先行して行われる。これはヨーロッパで無類の優れたクラフトビールを集め、独自の高級ビールを中心として試飲できるイベントである。

ネーデルランド・ビアプロフェスティバル（NEDERLANDS BIERPROEFFESTIVAL）
オランダのデン・ハーグで5月の第3週に開催され、ダッチ・ビア・ウィークの中核をなるイベント。オランダに数十カ所ある醸造所の多くを試飲できる大きなイベントであり、元教会で開催されることから洗練された魅力にあふれている。詳しくはwww.weekvanhetnederlandsebier.nlを参照。

ウィークエンド・オブ・スポンテイナス・ファーメンテイション（WEEKEND OF SPONTANEOUS FERMENTATION）
ベルギーのオプスタルで5月の最終週に開催。フランダース地方の小さな村の公会堂でランビックを祝って行う簡素で洗練されたイベント。市販されている本格的なビールのほとんどが登場し、伝統的な製品もある。ブヘンハウトの鉄道駅で乗るタクシーを前もって予約しておくか、ハイザイデから25分ほど歩いても行ける。詳しくはwww.bierpallieters.beを参照。

6月
ヴロツワフスキー・フェスティバル・ドブレゴ・ピワ（WROCŁAWSKI FESTIWAL DOBREGO PIWA）
ポーランドのヴロツワフで6月の第2週の週末に開催される。小規模醸造所のイベントとしては最も国民的なイベントであり、開催地ヴロツワフは同国で最もビール文化の盛んな土地である。詳しくはwww.festiwaldobregopiwa.plを参照。

フェスティバル・ミニピヴォヴァル（FESTIVAL MINIPIVOVAR°）
チェコのプラハで6月第2週の週末に開催される。美しいプラハ城を会場にして、最高レベルの小規模醸造所を集めて開催される。このフェスティバルに先立って5月中ずっと、より商業的な公式イベントが行われる。詳しくはwww.pivonahrad.czを参照。

7月
アナフェスト（ANNAFEST）
ドイツのフォルヒハイムで7月第2週に開催される。20以上の臨時のビアホールを設営してアッパー・フランコニア地方で2週間にわたって盛大に行われる。これはビールに基づいた祝祭の発祥地であることを示すためのイベントの一環である。詳しくはwww.alladooch-annafest.deを参照。

スウレト・オルエト（SUURET OLUET）
フィンランドのヘルシンキで7月最終週にヘルシンキ中央駅の隣にあるラウテティエントリ広場で行われる素朴な屋外イベント。フィンランド屈指のクラフトビール醸造家とサハティの醸造家の大半が結集する。同国で開催される同様の四つのイベントのうち最大規模である。詳しくはwww.suuretoluet.fiを参照。

オレゴン・ブルワーズ・フェスティバル（OREGON BREWERS FESTIVAL）
米国のオレゴン州ポートランドで7月最後の1週間にわたって開催され、入場料無料。参加する80以上の醸造所はそれぞれ1種類のビールのみ出品が許されている。近年は海外から選ばれた醸造所も招待されている。

8月
インターナショナル・ベルリナー・ビアフェスティバル（INTERNATIONALES BERLINER BIERFESTIVAL）
8月の第1週の週末に開催され、カール・マルクス通りのシュトラウスベルガー広場からフランクフルト塔までの2km余りを、300以上の屋台が2列にわたって埋め尽くす。地元の人々はあまりの数の多さに当惑しながらも、あらゆる種類と国々のビールを試そうと群がってくる。さあ参加してグラスを手に取ろう。詳しくはwww.bierfestival-berlin.deを参照。

上：イギリスでは毎年無数のビアフェスティバルが開催され、出品されるビールはどれも納得の味わいだ。

グレート・ブリティッシュ・ビア・フェスティバル（GREAT BRITISH BEER FESTIVAL）

イギリスのロンドンで8月の第2週に開催される同国最大の木樽熟成ビールの祭典。最近では海外の生産者を招待し、世界の面白いビールを出展している。幅広い種類のビールを200mℓずつ試飲してみることをお勧めする。

ビアバナ（BEERVANA）

ニュージーランドのウェリントンで8月半ばに開催される上質ビールのイベント。登場するのはほぼニュージーランドとオーストラリアの醸造所だが、海外から数カ所の優良醸造所も招待される。呼び物は1時間のビールセミナーだ。飲料水は無料。詳しくはwww.beervana.co.nzを参照。

9月
ヴィラッジオ・デラ・ビッラ（VILLAGGIO DELLA BIRRA）

9月の第1週にトスカーナの田園地帯の農場コミュニティでヨーロッパ屈指のクラフトビールを集めて開催される熱心な愛好家向けのイベント。優良な醸造家と目はしが利くビール観光客からの注目度が上昇中。詳しくはwww.villaggiodellabirra.comを参照。

アイリッシュ・クラフトビール・フェスティバル（IRISH CRAFT BEER FESTIVAL）

9月の第2週にアイルランドのダブリンで開催され、現代のアイルランド屈指のビールが出展される。昼間のうちは楽しい会話の場だが、夜には騒々しい酒飲みの狂騒へとなだれ込む。詳しくはwww.irishcraftbeerfestival.ieを参照。

グレート・カナディアン・ビアフェスティバル

カナダのブリティッシュ・コロンビア州ヴィクトリアでレイバー・デイに当たる9月の第1月曜日直後の週末に2日間にわたり開催される、非常に人気のある野外イベント。木樽熟成ビールがメインだがケグビールや缶ビールも登場する。元々はカナダ西部の醸造所に限定していたが現在は米国の太平洋岸北西部の醸造所も出展している。詳しくはwww.gcbf.comを参照。

グレート・ジャパン・ビア・フェスティバル（GREAT JAPAN BEER FESTIVAL）

横浜で開催される。（4月を参照。www.beertaster.org）

オクトーバーフェスト（OKTOBERFEST）

ドイツのミュンヘンで10月最初の週末まで17日間にわたって開催され、ビールを味わうイベントというよりはバイエルンの民俗的な祭典という色合いが濃い。200年の歴史があり、9月から始まり10月の第1週に終了する。ミュンヘンの「ビッグ・シックス」と呼ばれる六つの大手ビール会社のビールが出展され、ビールを味わうためというより、イベント自体を体験する目的で訪れた方が良い。詳しくはwww.oktoberfest.deを参照。

ボーレフト・ビアフェスティバル（BOREFTS BIERFESTIVAL）

オランダのボーデグラヴェンで9月の最終週の週末に開催され、自己肯定コンテストと美人コンテストも同時開催されるという風変わりなイベント。ヨーロッパ屈指の独創的な醸造所で訓練中の成長株たちが自分のつくったビールを出展する。詳しくはwww.brouwerijdemolen.nlを参照。

ストックホルム・ビール＆ウイスキー・フェスティバル（STOCKHOLM BEER & WHISKY FESTIVAL）

スウェーデンのストックホルムで9月最終週と10月の第1週に2週連続して開催され、同国屈指のビールと輸入ビール、ウイスキーが登場する豪華な祭典。売れ行きトップから創業間もない醸造所の製品まで、あらゆる種類のビールが登場するほか、他の飲み物と高級食品も出品される。詳しくはwww.stockholmbeer.seを参照。

10月
グレート・アメリカン・ビールフェスティバル

米国のコロラド州デンバーで10月初めに開催され、米国中の大小さまざまな規模の醸造所から2500種という無類の数のビールが登場する。試飲できる量は30mℓ。チケット発売開始後すぐに売り切れるので要注意。詳しくはwww.greatamericanbeerfestival.comを参照。

ビアトピア（BEERTOPIA）

中国の香港で10月第2週の週末に開発が進む湾岸地域で開催される、ビールと食べ物、音楽の祭典。世界各地から120を超える醸造所および地元香港のクラフト醸造所が出展する。詳しくはwww.beertopiahk.comを参照。

カスク・デイズ（CASK DAYS）

カナダのトロントで10月下旬に開催され、おそらく樽熟成ビールに特化した祭典としてはイギリス以外では最大規模。カナダ全土、米国、そしてイギリスから130以上の醸造所の樽熟成エールが出展される。試飲用容器はジャムの瓶が使われる。詳しくはwww.caskdays.comを参照。

11月
セルヴェサ・メヒコ（CERVEZA MÉXICO）

11月第1週の週末に開催。詳しくはwww.tradex.mx/cerveza/およびp.201を参照。

ケープタウン・フェスティバル・オブ・ビール（CAPE TOWN FESTIVAL OF BEER）

南アフリカ共和国のケープタウンで11月の最終週に開催され、近年同国で行われるようになった多くのビアフェスティバル中で最大規模かつ最良のイベント。詳しくはwww.capetownfestivalofbeer.co.zaを参照。

ピッグズ・イア（PIG'S EAR）

イギリスのロンドンで12月第1週に開催され、ロンドン市民を対象とした地域的なフェスティバルだが、この都市を象徴する国際観を持つ人なら誰でも歓迎される。詳しくはwww.pigsear.org.ukを参照。

ケルストビアフェスティバル（KERSTBIERFESTIVAL）

ベルギーのエッセンで12月の第3週に開催。熱心なビールファンが多く集まる、年に一度の象徴的かつ人気の祭典でベルギーの冬期用ビールが全て出展される。さびれた鉄道駅から徒歩20分のところにある小さな町で行われ、周囲にはホテルもない。詳しくはwww.kerstbierfestival.beを参照。

用語集

アビイ・エール ベルギーでは修道院の資金集めのために認可された特殊なビールを意味し、ベルギー国外では修道院醸造所と関連のある、甘く重みのあるエールのスタイルを示す。トラピスト・ビールも参照のこと。

アルト、アルトビア エールの温度で発酵され低温貯蔵されたビアスタイルの一つで、ドイツの都市デュッセルドルフが発祥地。

α酸 ホップに含まれる化合物で、煮沸中にイソアルファ酸に異性化し、ビールの苦味をもたらす主要素となる。

イギリス産ホップ イギリスのホップ品種は苦味も香りも穏やか、あるいはほどよいのが特徴である。おそらく最も有名なものはイーストケントあるいはケント・ゴールディングスで、スティリアン・ゴールディング、ファグル、ターゲット、チャレンジャー、ノーザン・ブルワーなどもある。

委託醸造 醸造所が別の醸造所から委託されてビールを製造し、委託した企業がそれを自社ブランドとして販売すること。

インペリアル 元来はボディが豊かで強烈な味わいのスタウトを指したが、今では元のスタイルが何であれ、異様なほどボディを加えたものを示す用語として、むやみに使われるようになった。ダブルも参照のこと。

小麦ビールまたは小麦エール 使用麦芽の内訳の中で、大麦に適量の小麦を加えてつくられたビールを示す用語。

ウィーンラガーまたはヴィエナ 琥珀色を帯びた赤か中程度の茶色のラガー。かつてはウィーン発祥のビールをこう呼んだが、現在はウィーンモルトとして知られる特殊な麦芽を使ったビールの方が直接的な関連性が強い。

エール サッカロミセス・セルビシエ種の酵母を使って常温で発酵させたビール。上面発酵ビールとも呼ばれる。

オクトーバーフェストビア メルツェンを参照のこと。

一次発酵 発酵の第一段階で大量の発酵可能な糖分が二酸化炭素とアルコールに変わる。最長で14日間続くこともあるが、通常は3日から7日間で終わる。

カリフォルニア・コモン 元来はサンフランシスコで貧しい人が仕事中（仕事以外でも）に飲むビールで、代替原料とラガー酵母を使い、冷やさずに発酵させてつくられた。現在はアンカー・スチーム・ビールを手本として、はるかに質が向上したビ

アスタイルを示す用語。

ガロン 醸造する量とビールの樽のサイズの両方に使われる伝統的な容量単位。1インペリアル・ガロン（イギリス）は4.55ℓ、米国の1ガロンは3.79ℓ。

木樽熟成ビール 1970年代、醸造所ではなくパブの貯蔵庫で発酵を完了するビールを示す用語としてつくられた用語。リアルエールも参照のこと。

クアドルペル 1990年、オランダのトラピスト醸造所ラ・トラップが、当時新たにつくったバーレイワインの名称として考案した用語。その後ボディのあるアビイ・エールを示す用語としてクラフト醸造家が使う例が増えていった。

グーズ ランビックで造られた瓶詰めビール。オードやヴィエールと規定されたタイプは100%ランビックだけがブレンドされていなければならない。

クラフト醸造あるいはクラフトビール 大規模醸造や量産ビールの逆。p.29-30を参照のこと。

クリーク オードやヴィエールと規定されたランビックを、チェリーを漬けて樽で再発酵させたあとに瓶内熟成させたビール。しかし果汁や果実エキスを加えて甘くしたチェリー風味のビールの名称としての方がよく使われている。

グルート ホップが使われるようになる以前の過去の時代に、乾燥させたハーブとスパイスを組み合わせたグルートと呼ばれる物がビールの風味付けに使われた。現在この用語はホップを使わずにつくったビールを示す場合がある。

グレイン・ビル ビールの素となるマッシュに使われる麦芽と他の穀物の混合割合。

クロイゼニング すでに発酵済みのビールに、激しく発酵している麦汁を少量加える工程。二次発酵を促して自然に炭酸ガスを発生させるために、よくラガーに使われる。

グロドジスツあるいはグロジスキエ オークでいぶした小麦麦芽を使ってつくられた軽めのビール。ポーランドが発祥地だがドイツ北部でもグラッツァーという名称で存在する。

クワス 軽く発酵させたパンと穀物の残留物を液状にした飲み物。東ヨーロッパで人気がある。

ケルシュ 上面発酵させて低温熟成させた軽めで金色のスタイルのビール。欧州連合により、この名称を使う権利はドイツのケルンとその周辺地域でつくられたビールに限定されたが、今も他の地域で偽造されている。

高濃度醸造 産業ビールによく使われる製法。

ビールを高アルコールで醸造して水で希釈し、瓶詰めや缶詰めなどの段階で望ましいアルコール度数にすること。

酵母 微細な単細胞微生物。アルコールの製造およびビール醸造の他の工程に不可欠である。

ゴーゼ 酸っぱいタイプの小麦ビールで、塩とコリアンダーで味付けされ、ドイツの町ゴスラーが発祥地だがライプツィヒで人気を呼んだため、ライプツィガーゴーゼと呼ばれることもある。

ゴールデン・エール ブロンド・エールを参照のこと。

ザイソロジスト ビールとビール醸造について学ぶ人。

サハティ フィンランドの伝統的なビアスタイル。大麦とライ麦を使って醸造し、パン酵母で発酵させ、セイヨウネズの枝でろ過させてつくる。

下面発酵 ラガーを参照のこと。

二次発酵 発酵の2段階目の工程でゆっくり行われる。熟成とも言われ、残糖成分が発酵を続けることにより風味が溶け込む。1週間から数カ月間続く場合もある。

熟成 二次発酵を参照のこと。

シュタインビア 非常に熱い石を麦汁に投入して温度を上げた古来の慣習に従ってつくられたビール。オーストリアとドイツ、フェロー諸島に今もその習慣が残っている。

シュヴァルツビア 黒っぽい色合いで麦芽の特徴が豊かなラガー。かつてはドイツ東部特有のビールだった。

上面発酵 エールを参照のこと。

スコッチエールまたはウィーヘビー イギリス以外で使われる用語。甘く麦芽の特徴とボディのあるエールで、元来スコットランドで盛んに醸造され、当地でウィーヘビーと呼ばれた。現代ではあらゆる地域で造られ、ベルギー産と北米産が非常に有名。

スタウト 黒あるいはほぼ黒色のエールで、元来はポーターから派生した。オートミール、ミルク、オイスター、アイリッシュ、ドライ、スウィート、インペリアルなど、ボディの軽重、甘味の程度、ホップの特徴など幅広いタイプがあるが、ある程度のロースト的な特徴が常に共通している。

スヴェトリ・レジャーク チェコの金色のボヘミア・ラガーでも最も卓越したビアスタイルの名称。

260 用語集

清澄剤 木樽熟成ビールの酵母やタンパク質を澱として沈殿させる物質。無ろ過も参照のこと。

清澄剤無添加 ビールの透明度を増すための清澄剤を加えていない樽熟成エール。

セゾン ベルジャンスタイルの金色のエール。当初は春に醸造されて貯蔵され、ビールがつくられない夏に飲むためのビールだったが、現代では解釈の幅が広がり、誤解されている。

大規模醸造または量産ビール 特に多国籍企業あるいは世界的な企業によるビールの大量生産をいう。高濃度醸造など、あらゆるコスト削減策を使ってビールをつくっている。P.28を参照のこと。

代替原料 穀物や糖類、果実、シロップなど、大麦麦芽の代わりにマッシュに入れられる原料。

ダブル さまざまな言語で長年、ボディのあるブラウンエールを示す用語として使われていたが、その後あらゆる既存のスタイルに対してアルコール度数が高く、フルボディ寄りのタイプを示す用語として使われる場合が増えてきた。インペリアルも参照のこと。

樽熟成 ビールをオーク樽で熟成させることで、使う樽は何世代もエールを熟成させてきた樽のほか、最近は蒸留酒の樽、時にはワインの熟成に使われた樽を用いることもある。オークの棒や小片を加えて、同様の効果をさまざまな度合いで再現しようとする醸造家もいる。

チェコ産ホップ チェコの伝統的なホップはザーツ、あるいは元来このホップが栽培された町の名前であるジャテツとしても知られる。花の香りが強く、スヴェトリ・レジャークなどに使われる。現在では多くの国で栽培されている。

直接ディスペンス 木樽熟成ビールやその他のビールを樽から直接タップにつないで注ぐ手法。

ツォイグル ドイツのバイエルン州東部でつくられる無ろ過ラガー。ボヘミア地方とバイエルン地方の商業醸造所の伝統が21世紀に残した遺物ともいえるビール。

ツヴィッケルビアー 一次発酵の直後に樽詰めされたビール。通常は濁っていて、長い貯蔵期間に耐えるためホップを追加する場合もある。

低温熟成 0-3℃に保たれた冷蔵タンクで最高3カ月までじっくり熟成させること。ラガーも参照のこと。

低温殺菌 ビールから(あるいは他の消耗品から)微生物を除くために短時間加熱する手法。短時間行うのは完全殺菌の寸前で止めるため。

デュベル ベルギーの修道院醸造所に関連する用語で、元来は標準的なビールの2倍量の麦芽を使用することを示す用語だった。倍加することにより、たいてい濃色で穏やかなボディで麦芽らしさが顕著なエールとなった。

ドゥンケル かつてはミュンヘンとその周辺でつくられる濃色ラガーのスタイルを示した。ミュンヒナーとも呼ばれる。

ドイツ産ホップ ドイツのホップはハラタウ、ヘルスブルッカー、テトナンガー、シュパルトの4種がノーブルホップという名で総称され、最も有名だ。

ドッペルボック ボックを参照のこと。

ドライ・ホッピング ホップを発酵中のビールあるいは熟成中に加える手法。

トラピスト・ビール 修道僧の直接管理の下、トラピスト修道院内で醸造される栄誉あるビール。アビイ・エールも参照のこと。

トリペル 修道院醸造所とその模倣者によって造られる、非常にボディの強いタイプのビール。元来は濃色で通常ビールの3倍もの麦芽を入れてつくられていたが、現代では金色が普通だ。ベルギーのアントワープ近郊にあるトラピスト修道院でつくられるウエストマール・トリペルに由来する。

ドルトムンダー ドイツの金色のラガーを真似た下位スタイルで、本国では認められていない。

ニュージーランド産ホップ 強烈な芳香と南国の果物の香りが有名で、ネルソン・ソーヴィン、リカワ、モトゥエカなどの新種が登場した。

ヴァイスビア(またはヴァイツェンビア、ヘーフェヴァイツェン) ドイツ南部特有の小麦ビールのスタイルの呼称。小麦麦芽を大量に使い、バナナ香とクローブ香を生む酵母を使って発酵させている。ろ過したタイプはクリスタルと呼ばれる。

ヴァイツェンボック ボディがあるヴァイツェンビール。通常は非常に濃色。

パイント イギリスで樽詰めビールを注ぐときの伝統的な体積の単位で、イギリスでは20オンス、これは米国では19.2オンスに当たり、イギリスの1パイントは約0.563ℓに相当する。米国とカナダの一部では1パイントは16オンス(米国の単位)、あるいはほぼどんな量にもなり得る。

麦芽 通常、大麦などの穀物が発芽した後に焙燥され、成長が止まったもの。

バーレイワイン 歴史的には、一つの醸造所の商品群の中で最もアルコール度数が高いビールを示す用語で、炭酸ガス量が少ない、あるいは平板なビールもあり、ライトボディのワイン並みのアルコール度数がある。現在では特定スタイルのストロングエールを示すことが多く、米国ではホップがより強く効いたビールとなる。

ハンドポンプまたはハンドプル 正確にはビアエンジンとして知られている装置の口語表現。カスク熟成エールをパブの貯蔵室からバーカウンターに機械的に汲み上げてグラスに注ぐための装置として最も普及している。

ビエール・ド・ギャルド フランス北部のスタイルで、「貯蔵された」あるいは醸造所で熟成されたビール。カレーからストラスブールまでの地域でつくられる。

比重 麦汁に含まれる発酵可能な糖分の濃度と標準物質である水の濃度と比較して測定した数値。標準数値は1.000。通常は小数点を除いた4桁の数値で表記され、例えば比重1.050は1050と表記される。

ビター 主にイギリスではカスク熟成されて提供される場合が多いが、他の地域でも同様にサービスされる。現在イギリスのパブで出される標準的なエールで、色は淡く、ホップは控えめあるいは穏やかに効かせてある。ボディとアルコール度数は「オーディナリー」、「ベスト」、そして「エクストラ・スペシャルビター(ESB)」の順に強くなっていく。

ビール純粋令 1516年にバイエルンで公布された、ビールの原料を大麦、ホップ、水(のちに酵母も加わる)のみと規定する法律。最終的に1919年にはドイツ全土に施行され、1988年欧州連合の貿易規定により貿易に関しては公式に撤廃された。

ピルスナー 現在のチェコのボヘミア地方の都市プルゼニュ(ピルゼン)で初めて醸造されたペール・ラガー。1899年にミュンヘンの法廷で品質の劣るビールに対してこの名称を独占使用する権利が与えられたため、スタイルとしては無意味となった。

瓶内熟成ビール 瓶詰めしてからさらに発酵されるビール。

副原料 ビールの製造、保存、あるいは人工的な風味をもたらすために加えられる原料の総称。

ブラウンエール 濃色エールのスタイルの一つでアルコール度数はさまざま。イングランド発祥で今もよくつくられているが他の地域や国々でも幅広く

つくられている。

プラートまたはプラート単位 比重を示す他の単位。糖度計（サッカロメーター）と呼ばれる器具で測定され、度プラート（°P）と表記される。国によってはビールのラベルにスタイルとアルコール度数を示す数値として表示されている。

フルーツビール 広範囲に使われる用語。果物を入れて発酵、熟成させたビール、あるいは果汁や果実の抽出物、シロップで風味を加えたビールの総称。

ブロンドエール 明るい色のエールで、1990年代にさまざまなビール文化圏に登場した。とりわけエールでもラガーっぽい外観なら試してみようというラガー愛飲者がいる地域でよくつくられるようになった。ゴールデンエールと見分けがつけにくい。起源は地味だがときに素晴らしい個性と品位のあるタイプが見られる。

米国産ホップ 米国のホップ品種は通常、ビールに強烈で柑橘類のような苦味をもたらす。「Cホップ」と総称されるカスケード、センテニアル、チヌーク、シトラ、コロンバスと、「C以外」のアマリロ、マグナム、シムコなどがある。

ヘクトリットル 商業醸造所の生産量を計るために使われる最も一般的な単位。1ヘクトリットルは100ℓに相当する。

ヘクトリットル樽（BBL） ビール製造で最も一般的に使われる容量単位。一つの樽の容量はイギリスでは163.65ℓ、米国では117.34ℓ。

ペールエール 17世紀にイギリスに初登場したホップの効いたエールビールで、イギリス産ホップを使うのが正統派。現在はホップ風味の強いアメリカンスタイルが見られる。イギリスではビターと同意語として使われる場合がある。最近の派生種にはニュージーランドペールエールとオーストラリアンペールエールがあり、地域産のホップが使われる。

ベルリナーヴァイセ アルコール度数が低く、酸っぱいスタイルの小麦ビール。発祥はベルリンだが現在は世界各地で醸造されている。

ヘレス ミュンヘンとその周辺を発祥とする淡色ラガー。ミュンヒナーヘレスと呼ばれる場合もある。

ポーター イギリスのロンドンで18世紀に生まれたスタイルで、穏やかな苦味があり濃い茶色または黒色のビール。現代ではスタウトに似たビールを意味する用語。「ロバスト」や「バルティック」という用語とつなげて表記される場合があり、ボディがある、または甘いタイプを示す。

ボック（1）（BOCK） ストロング・ラガーのドイツスタイルで、同国の都市アインベックが発祥地とされる。ボディがあり力強いタイプはドッペルボックと呼ばれ、ドッペルはダブルの意。色合いが淡いタイプはマイボックと呼ばれ、春に飲まれるビールである。

ボック（2）（BOK） オランダで秋に出回る濃色のビールを意味する用語。ドイツのボックとも一部由来につながりがあり、やはり淡色で甘いレンテボックや春のメイボックがある。

ホップ フムルス・ルプルスという植物の花や球果部。中世の頃に初めて大々的に醸造に導入され、現在ではほぼあらゆるビールづくりに不可欠な原料とされている。

ホワイトビール（またはヴィット、ビエール・ブランシェ） 大麦麦芽と未発芽小麦を使ってつくるベルギー特有のビアスタイル。最近では乾燥オレンジの皮とコリアンダーで風味付けされ、他のスパイスが使われる場合もある。

マイルドあるいはマイルドエール 伝統的なイギリスのビール用語で元来は未熟なビールを意味したが、現在はアルコール度数が低く、通常は濃色で麦芽風味が強いビールのスタイルを示す。

マッシュまたはマッシング 粉砕した麦芽を温水と混ぜると穀物中のデンプンが発酵可能な糖分に変化し、麦汁ができる。

ミュンヒナー ヘレスとドゥンケルを参照すること。

三次発酵 動きの遅い酵母を使って長期間熟成させる手法。オード・ランビックと木樽熟成エールでよく使われ、最長で3年間続く場合もある。

麦汁 マッシュからつくられる、糖分の豊富な液体。

無ろ過 残留酵母や穀物によって濁ったままにしてあるビール。必ずしも瓶内発酵しているわけではない（ラガーを参照）。

メルツェン 穏やかなボディのドイツのラガー。過去には3月に醸造されて貯蔵され、ビールがつくられない夏期に消費された。ミュンヘンのオクトーバーフェストなど、秋のビールフェスティバルと大いに関連性がある。

ライセンス醸造 委託醸造を参照のこと。

ライ麦ビール 大麦麦芽の代わりに麦芽化されたライ麦あるいは麦芽化されないライ麦が使われたビールの総称。

ラオホビア 薪の上でいぶした麦芽を一部使ってつくられたジャーマンスタイルのラガー。バンベルグとその周辺でよくつくられる。

ラガー カールスベルゲンシスなど、サッカロミセス・パストリアヌ種の酵母を低温発酵させてつくったビール。過去には長期間、低温熟成させていた。下面発酵ビールとも呼ばれる。ドイツでは「ラガー」という言葉の使用は、さらに熟成期間を経たビールだけに限定されている。

ランビック 野生酵母によって発酵されたビールの総称。こうしたビールをブレンドさせずに樽詰めしたビールの名称でもある。

リアルエール イギリスの消費者団体CAMRAがカスク熟成されたエールと瓶内熟成されたエールを表す用語として考案した。しばしばカスク熟成エールだけを示す用語と誤解される。

ろ過 ビールから酵母その他の粒子状物質を何らかの手段で取り除くこと。

ABV（アルコール度数） 特定のアルコール飲料に含まれるアルコールの体積を、飲料の体積に対する割合で示した濃度。

ESB エクストラスペシャルビターの略語。ボディがあり、ホップと麦芽らしさが強いビターを示す。アルコール度数はたいてい5％以上。

IPA（インディア・ペールエール） ペールエールのスタイルの一種で、名称はイギリスがインドを統治していた時代にインドで人気のあったことに由来する。元来はイギリス発祥で、アメリカンIPA（ホップが強く効かせてあり適度なボディ）、ブリティッシュIPA（ホップはやや控えめでライトボディ寄り）、ダブルIPA（ボディが強くホップが効いている）、セッションIPA（アルコール度数が低い）、ライIPA（マッシュにライ麦が使われスパイシー）、そしてブラックIPA（濃い茶色だがローストの味わいではない）などのタイプがある。

UR（ウア） 「起源」を意味するドイツ語の接頭辞。「ウアテュープ・ピルスナー（Ur-Typ Pilsner）」のように使われる。

次ページ：ビール醸造は地道な手作業でもあり科学でもある。そのしくみを健全に理解するに越したことはない。

索引

あ

アイシス醸造所　234
アイスビール　28
アイスボック　97
アイスランド　112, 125
アイランド醸造会社　214
アイランド・ホッピンIPA　189
アイゼンバーン醸造所　202
IPA　13, 32, 44-47
　アメリカン　164, 167, 168
　アメリカンIPA用グラス　245
　ダブルIPA　168
　食べ物との相性　252
　ニュージーランド　217（→ペール
　　エールも参照）
　ブラジル　203
アイルランド　57-59
　アイリッシュ・スタウト　57, 59
　課税　58
　クラフトビア・フェスティバル　258
　ビアスタイル　35
　ポーター　57
　レッドエール　57, 59
アインベック　93
アウデナールデ　66
アグロテック社　116
アーサー・トム　168
アサヒビール　222
アジスアベバ　237
味わい方　248
アセトアルデヒド　255
アゼルバイジャン　148
アッカー・アレックス　227
アッシュビル　186-187
アップライト醸造所　172
アドナムズ　49
アトランタ　188
アナドル・エフェス醸造所　234
アナフェスト　257
アーバン・チェスナット醸造会社　176
アビィ・ピルスナー　80
アビタ　188
アピナイス醸造所　131
アブラ醸造所　130
アフリカ　237
アフリカの角　237
アフリカン　237
アブロ社　121
甘い食べ物　250
アマゾン・ビール　204
アメリカンIPA　164, 167, 168
アメリカンIPA用グラス　245
アメリカン・ホームブルワーズ・アソシエー
　ション（米国自家醸造家協会）　174
アラガッシュ醸造所　185
アラスカ　173
　グレート・アラスカ・ビール＆バーレイ
　　ワイン・フェスティバル　256
アラスカン醸造所　95, 173
アラスカン・スモークト・ポーター　95,
　173
アラック　221
アリアンシー・ヴァン・ビア・トラッペレイエ
　（ABT）カフェ　80
アリー・カット醸造所　197

アルケミスト醸造所　185
アルコ　126
ABV（→アルコール度数も参照）
アルコール度数（ABV）　12, 13, 18,
　28
　イギリス　44, 46-47, 50-51
　低アルコールビール　120
　比重　240
　ベルギー　62
　ラベル　240
アルザス　106
アルゼンチン　206-207
　ホップ　20
アルトビア　98-99
　食べ物との相性　252
アルバータ州　196-197
アルバニア　161
アルファ酸　20, 24
アルファ醸造所　80
　スーパー・ドルト　98
アルヴィンヌ醸造所　66
アルメニア　148
アレクサンダー・キース　192
アレンドネスト　84
粟　237
アンカー醸造所　166, 167
アンカレッジ　173
アンダーソン・バレー醸造所　168,
　169
アンタレス醸造所　207
アンドラ　160
アントワープ　76
アンハイザー・ブッシュ・インベブ社　5,
　28, 176, 198, 202
アンベブ社　198
イエヒアム　234
イエムトランド醸造所　121
燕京　226
硫黄のような匂い　255
イギリス　42-56
　アルコール度数（ABV）　44, 46-
　　47, 50-51
　ウィーヘビー　52-53
　　（→スコットランドも参照）
　グレート・ブリティッシュ・ビア・
　　フェスティバル　48, 258
　スタウト　20, 48-49
　ダークマイルド　50-51
　伝統的なビール　42
　バーレイワイン　52-53
　ビター　20, 44-47
　ビアスタイル　35
　ブラウンエール　48, 50-51
　ペールエール　44-47
　ポーター　15, 48-49
　ホップ　44-47
　ボディーのあるブリティッシュ・エール
　　52-53
イシイ醸造会社　214
石のビール　102-103
イースティー・ボーイズ　219
イスラエル　234
イスラム圏諸国　234, 237
イタリア　8, 150, 152-157
　トスカーナ　153
　ビールアトラクション　256

ヴィラッジオ・デラ・ビッラ　258
　ホップの効いたビール　155-156
　ミラノ　154
　ローマ　154
イーヴィル・ツイン醸造所　118
色度数　240
イングリング醸造所　185
インターナショナル・ベルリナー・ビアフェ
　スティバル　257
インディペンデンス醸造所　235
インド　235
インドネシア　221, 231
インバリッド・スタウト　48, 49
インフュージョン・マッシング　24
インペリアル・レッド・エール　59
インペリアル・ロシアン・スタウト　49,
　52, 86
ヴァルトビア　102
ウィークエンド・オブ・スポンテイナス・
　ファーメンテイション　257
ウィーヘビー　52-53
ウィンクープ醸造会社　174
ウィンターロング醸造所　197
ウィントフック　237
ウィーン麦芽　18
ヴィエナラガー　252
ウェイズ・アンブラーナ・ラガー　203
ウエスト・インディーズ・ポーター　58
ウエストフレテレン　64
ウエストマール　65
ウエストミンスター・エール＆ポーター醸
　造所　49
ウェンドランド醸造所　200
ウクライナ　148
ウシュアイア　207
ウス・ハイト醸造所　84
ウーニェチツェ醸造所　137
ウーニェチツェ・ピヴォ　137
ウニセール醸造所　159
ウ・フレクー醸造所　138
浦賀　222
ウルグアイ　207
ウルピナ醸造所　132
ウル・フェスティバル　257
ウンゲシュプンデット　94
8ウィアード醸造所　217, 219
エイト・ディグリーズ醸造所　58
エクアドル　207
エクストラ・スペシャル・ビター（ESB）
　250
　国際苦味単位（IBU）　20, 240
　食べ物との相性　250, 252, 253
エジプト　15
SABミラー社　5, 176, 236
エストニア　114, 129
エチオピア　237
エッティンガー社　88
エトカー社　96
エトワール・ド・ノール　110
エニグマ　214
Nビール醸造所　226
ABCエクストラ　231
エピック醸造会社　217
エヒト・シュレンケルラ　94
エボニー　237
エマーソン醸造所　217

エメラルド・エール　59
エリトリア　237
エール　22, 128
エルサレム　234
エールスミス　168
エル・ボルソン　206
塩化物の割合　18
エンマー小麦　18
オイスタースタウト　48-49
オイディプス醸造所　85
欧州連合　16
オウ・タアコ醸造所　129
大阪　222
大麦　15, 16, 18, 166
　種類　18（→穀物も参照）
　製麦　13, 18
　代替材料の米　229
オーガニック醸造所　217
オキーフ　191
オクトーバーフェスト　88, 258
オクトーバーフェストビア　93
オシクンドゥ　237
オース　123
オスカー・ブルース醸造所　186
オーストラリア　8, 212-215
　課税　214
　ホップ　20, 212-213
オーストリア　102-103
　クラフトビア・フェスト　257
　トラピスト醸造所　103
　ビアスタイル　35
雄のホップ　20
オセアニア　214
オータム・メープル　169
オッカラ醸造所　118
オッタークリンガー醸造所　102
オッピガールズ醸造所　121
オーツ麦　18
オードグーズ　68, 71, 242, 250
オードクリーク　68, 71, 77
オードヒューガルデン？　74
オードベールセル有限会社　70
オートミール・スタウト　168, 253
オフ・カラー醸造所　164
オランダ　80-87
　トラピスト醸造所　80, 84
　ビアスタイル　35
　ビアプロフェスティバル　257
　ボーレフト・ビアフェスティバル　258
オリオンビール　224
オリヴィエ・メノ　80
オルセン・オスカー　237
オルソップ・サミュエル　44
オールドエール　50
オールド・フォグホーン　166
オールドブラウンエール　67
オールドレッドエール　67
オルヴィ醸造所　126
オルヴィスホルト醸造所　125
オレゴン州　170-173
　ブルワーズ・フェスティバル　257
オレナウト醸造所　129
オンタク　237
オンタリオ州　12, 191, 194-195
温度
　サービス　254

マッシュ　24

か

カイザー社　202
開拓使醸造所　222
カイミスカス　114, 131
殻皮　18
カコヴ醸造所　137
カスク・デイズ　258
カスケード・ホップ　167
カズー醸造所　72
ビールへの課税　12, 51, 57
　アイルランド　58
　オーストラリア　214
　日本　12, 224
　ノルウェー　12, 112
　フランス　12
　北欧　112
型破りなビール　34
カッスルメイン　フォーエックス　212
カッセル　110
ガーデン・ブロイ・ブロンディ　237
カナダ　12, 190-197
　アルバータ州　196-197
　オンタリオ州　12, 191, 194-195
　カスク・デイズ　258
　グレート・カナディアン・ビア・
　　フェスティバル　258
　ケベック州　190-193
　サスカチュワン州　191, 194
　醸造所の集中度　191
　大西洋岸の州　190
　ノバスコシア州　190, 191, 192
　ブリティッシュ・コロンビア州　191,
　　196-197
　プレーリー地帯　191, 194-195
　文化的な影響　190-191
カーネギー醸造会社　121
カビネット　161
カプロン酸　255
カムデンタウン　30
カラベラ醸造所　200
カラマズー　179
カリ　129
ガリソン醸造会社　192
カリブ　189
カリフォルニア州　166-169
カリブ海周辺　189
カルシウム　18
カールスバーグ社　112, 116, 159,
　231
カールトン&ユナイテッド醸造会社
　212
カレッジ・ロシアン・インペリアル・
　スタウト　52
カーロウ醸造所　58
柑橘類の風味　20
韓国　211, 230
関西　222
カンザスシティ・ビール会社　176
カンザス州　178, 179
関税　（→課税を参照）
カンティヨン醸造所　69
カンバ・バヴァリア醸造所　101
カンボジア　231

北朝鮮　211, 230
木樽熟成　25, 66-67, 156, 164,
　168
木樽熟成エール　66-67, 156, 164,
　168
キヌア　18
ギニア・ピッグス醸造所　158
ギネス　28, 29, 57, 58, 231
キーピング・エール　50, 52
キーピング・レッド・エール　59
キプロス　160
キャピタル・シティ醸造所　160
キャピタル醸造所　176
キャプテン・ローレンス醸造所　185
キャメル・ソーン醸造所　237
ギャラクシー・ホップ　212-213
キャレイグ・ドゥブ　59
キャンペーン・フォー・リアルエール
　29, 42, 47, 56
牛乳のようなタンパク質の濁り　18,
　254
京都　222
ギリシャ　160-161
キリンビール　222, 235
キルヤト・ガト　234
ギルロイ醸造所　236
キングス・エクストラ・ストロング　235
禁酒主義社会　49
禁酒法　15
　ノルウェー　123
　フィンランド　126
金星ビール　226
クアーズ　174
グアム　214
グース・アイランド醸造所　30
クック諸島　212
苦丁茶　226
苦丁茶ペールエール　226
グートマン醸造所　101
クヌード・オード・ブライン醸造所　66
クーパーズ　212, 213
クーパーズ醸造所　212
グラシング　114
グラス　244-245
クラフトビール醸造　29-30
クラフトビア・フェスト　257
クラフトビール・ライジング　256
グラルス醸造所　160
グランクリュ　69
グラント・バート　166, 170
グランヴィル・アイランド　30
クリスタル　96
クリスタルモルト　18
グリーズディック・ブラザーズ醸造所
　176
グリスト　24
グリズリー・パー醸造所　197
クリーブランド　179
クリーム・スタウト　48, 49
グリーンキング醸造所　53
グルート　15, 62, 74
クールナ　114
グルペナー醸造所　80
クルー・リパブリック社　101
グレイン・ビル　24
グレート・アメリカン・ビア・

フェスティバル　174, 258
グレート・カナディアン・ビア・
　フェスティバル　258
グレート・ジャパン・ビア・
　フェスティバル　256, 258
グレート・ディバイド醸造会社　174
グレート・ディープ醸造所　214
グレート・ブリティッシュ・ビア・
　フェスティバル　48, 258
グレート・レイクス醸造会社　176
クレプティニス　114
クロアチア　160
クロイゼニング　137
グロジスク　114
グロスマン・ケン　167
クロンバッハ社　88
クワス　114, 129, 148
ゲイトウェイ醸造所　235
ケイマン諸島　189
結晶糖　18
ケニア　237
KBSインペリアル・スタウト　179
ケープタウン　236
　フェスティバル・オブ・ビール　258
ケープ・ホーン・ビール　207
ケベック州　190-193
ケラービア　121
ケルシュ　100
　ケルシュ用グラス　249, 250, 252
　食べ物との相性　249, 250, 252
ケルストビアフェスティバル　258
ケルト人　15
ケルン　100
ケンブリッジ　56
酵素　18
コウツキー醸造所　137
コウト　86
酵母　15, 22-23, 77
　酵母ビール　137
　ドライ酵母　23
　野生酵母　71
氷冷蔵庫　15
コーカサス地方　148
国際苦味単位(IBU)　20, 240
コークス炉　15
穀物　12, 13, 15, 18
コスタリカ　200
ゴーゼ　96, 114
コソボ　161
五大湖周辺　176-179
コック・ジム　185
ゴットランズドリッカ　114
ゴードン・ビアシュ　230
コペンハーゲン　116, 118
コミュニティ・ビール醸造所　188
小麦　18
小麦ビール　96-97, 114, 116, 140
　小麦ビール用グラス　245
　スパイシーな　74
　食べ物との相性　252
　濁り　254
米　18
コモン・ビール　50, 51
コラボレーション・ビール　184

ゴールウェイ・フッカー醸造所　58
ゴールウェイ・ベイ醸造所　58
コルク　242
ゴールディングス・ホップ　46
コロラド醸造所　30, 202, 203
コロンビア　207
コロンビア渓谷　170

さ

細菌感染　20
再発酵　47
サウスウォールド　49
ザ・カーネル醸造所　51
サキシュキュ醸造所　131
酢酸　255
サスカチュワン州　191, 194
サッカロマイセス　22, 71
ザーツ・ホップ　134
サッポロビール　222
サハティ　114, 126
サバハ醸造所　161
サービスのしかた
　温度　254
　グラス　244-245
　サイズ　241
　注ぎ方　246-247
サフォーク・ストロング　53
ザ・ブルーリー醸造所　169
サラ・ヒューズ社　51
サロン・ド・ブラッスール　256
酸化　15, 20
酸化防止剤　15
サン・シルヴェストル醸造所　110
酸性化　15, 66
　アルファ酸　20, 24
　カプロン酸　255
　3-メチルブタン酸　255
　乳酸　66, 71, 255
　酪酸　255
サンダーボルト醸造所　237
サンティアゴ　207, 256
サンディエゴ　168
サンド　235
サントリ　224
サンフランシスコ　166-167
サンマリノ共和国　160
酸味　254
サン・ミゲル　230
3-メチルブタン酸　255
サン=レミ修道院　65
ジアセチル　254
シアトル　170-171
シェイカーパイントグラス　245
ジェスター・キング醸造所　188
シエラネバダ醸造会社　166, 167,
　186
シエラ・プレミアム醸造所　237
シェリー化　255
シェーンラム醸造所　101
塩辛い食べ物　245-246
シカゴ　178, 179
シガー・シティ醸造所　188
自家醸造　16
地酒　225
システムボラーゲット　120

ジップ社　146
シッラマエ醸造所　129
ジトス・ビール・フェスティバル　257
シトー派　147
シドル・ラリー　183
シネブリチョフ醸造所　126
地ビール　222-223, 225
ジブラルタル　160
シメイ　65
ジメチルスルフィド　255
ジャイプル　47
ジャクソン・マイケル　32
シャクパロ　237
ジャック・ブラック醸造所　236
煮沸　20, 24, 114
煮沸釜　24
ジャボチカバ　204
ジャマイカ　189
ジャンドラン・ジャンドゥルヌイユ醸造所　72
上海　226
ジャンラン・ビール　110
重炭酸塩　18
修道院でのビール醸造
　オーストリア　103
　オランダ　80, 84
　シトー派　147
　フランス　64, 106
　ベルギー　64-65, 76
雪花ビール　226, 227
熟成　25, 50, 102, 156, 164, 168
シュタインビア　102-103
シュタンゲ　244, 245
シュトゥルテベーカー醸造所　101
シュナイダー・ゲオルク　96, 97
ジュノー　173
シュヴァルツァー・ヴァイス　97
シュヴァルツビア　93
シュラフリー醸造所　179
シュリュッセル　99
醸造所の増加　8
醸造用水　（→水を参照）
ジョージア（グルジア）148
ジョージ・ゲール醸造所　52
ジョーダン・マイケル　226
ショプロニ醸造所　147
ジョナサン・ガービ　229
ジョリー・パンプキン醸造所　77
ジョンソン・ジョージ・モー　74-75
ジラルダン醸造所　70
シリス醸造所　160
シリングという名のビール　51
シルーゾ・ヴィニー　168
シロップ　17
ジン・エー醸造所　226, 227
シンガポール　221, 230
シンシナティー　176
シンハ・スタウト　235
ジンバブエ　237
新芽　18
スイス　104
　ゾロトゥルン・ビアステージ　257
水分の蒸発　18
スウィートウォーター醸造会社　188
スウィートスタウト　48, 49
スウェーデン　112, 120-122

ストックホルム・ビール＆ウイスキー・フェスティバル　258
スカールベーク・オード・クリーク　68
スカンク臭　255
スグリ臭　255
スクワッターズ醸造所　174
スコットランド
　ウィーヘビー　52-53（→イギリスも参照）
　シリングという名の　51
　ビアスタイル　35
スジェリカ醸造所　158
スタイル　32-35, 40
スタウツ醸造会社　176
スタウト　20, 48-49
　インペリアルロシアンスタウト　49, 52, 86
　オートミール・スタウト　168, 253
　クリーム・スタウト　48, 49
　食べ物との相性　252, 253
　ドラゴン・スタウト　189
スタディン醸造所　126
スチュアート・ピーター・マクスウェル　52
酸っぱいビール　20, 23, 168
酸っぱさ　254
スティルウォーター・アルティザナル醸造所　184
ステーキとビール　250
ストック・エール　52-53, 66
ストックホルム・ビール＆ウイスキー・フェスティバル　258
ストーム＆アンカー醸造所　104
ストライセ醸造所　66
ストーン醸造所　168
ストーン・マネー醸造所　214
スニフター　245
スパイシーな食べ物　245
スパイシーなビール　74, 155-156
スパージング　24
スヴァゲル　120
スヴァドリッカ　120
スヴァールバル醸造所　124
スヴェトリ・レジャーク　134, 136-137
スプリング・バレー　222
スプレッカー醸造所　176
スペイン　158-159
　バルセロナ・ビアフェスティバル　256
スペツィアル　75, 76
スペルト小麦　18
スペンドラップス醸造所　121
スポケーン　170
スマッティーノーズ醸造所　185
ズマヤスカ醸造所　160
スモークドビール　94-95, 144
スリーピング・レディ醸造所　173
スリランカ　235
スロベニア　160
スワジランド　237
ズンデルト　84
聖杯　244, 245
製麦　13, 18
　濃度の単位　134
セゾン　32, 72-73
　食べ物との相性　252

セプテム醸造所　160
セリス・ピエール　74
セルビア　161
セルヴェサ・メヒコ　200-201, 258
セレビシア醸造所　231
戦時国土防衛法　44, 50
セント・アーノルド醸造所　188
セント・ジョセフ修道院　65
セントジョン醸造所　189
セント・ペテルスブルグ　132
セント・ベルナルデュス醸造所　76
セントポール　176
セントラル・シティ醸造所　197
セントルイス　176-177, 179
ソシエテ醸造所　183
注ぎ方　246-247
ソット醸造所　199
そばの実　18
ソヴィーナ醸造所　159
ソーホー　185
ソリ醸造所　129
ソルトレイクシティ　174
ゾロトゥルン・ビアステージ　257
ソロモン諸島　214
ソーンブリッジ・ジャイプル　47

た

タイ　231
大規模なビール醸造　12, 28
第5のセゾン　72
第3のビール（3C）　224
タイタイ　86
代替材料の米　229
太平洋岸北西部　173
代理原料禁止法　90
台湾　230
タクティカル・ニュークリア・ペンギン　54
ダーク・マイルド　50-51
ダーク・ルビー・マイルド　51
ダゲラード醸造所　197
ダッチブラウンエール　80
タップハウス　135
デ・ブラバンデレ醸造所　66
ダブリン・ポーター　58
ダブルIPA　168
ダブルブラウンエール　51
　食べ物との相性　249-253
ダボーヴ・ロレンツォ　244
タマネギ臭　255
ダーラム　186-187
ダーリング醸造所　236
タンカー醸造所　129
ダンガーバン醸造所　59
炭酸塩　18
炭酸化　254
淡色ラガー
　ドイツ　90
　ボヘミアン136-137
ダンシング・キャメル社　234
ダンダリス醸造所　131
ダンボール臭　255
チェコ　134-141
　グラス　245
　小麦ビール　140

タップハウス　135
淡色ラガー　136-137
濃色ラガー　138-139
ハナ大麦　18
ビアスタイル　35
ビールの名称　134
ボヘミア地方　134, 136-137
ミニピヴォヴァル　257
チブク　237
チャペル・ヒル　186-187
チャールズ・ウェルズ社　49
中央アメリカ　200-201
中央ヨーロッパ　132
中国　15, 211, 226-227
　ホップ　20, 226
中東　234
チュニジア　237
チョコレート　250
チョコレート麦芽　18
貯蔵　242
チリ　199, 207
　ビアフェスト・サンティアゴ　256
青島ビール　226
ツー・ブラザーズ醸造所　98
ツム・シュリュッセル　99
低アルコールビール　120
低温殺菌　34, 108
　ブラジルにおける　202
低温流通体系　25, 207
コロラド州　174-175
デイジー・カッター　179
ディースト　76
ディッキー・マーティン　54
ティファナ　201
ティリエス醸造所　110
ティルカン　71
デ・カム醸造所　69
デ・キーヴィエット醸造所　84
テクグラス　244, 245
テクトニック醸造所　160
デコクション・マッシング　134
デザート　250
デ・ジアン醸造所　73
デスノエス＆ゲデス醸造所　189
テセル醸造所　84
デッド・ポニー・クラブ　54
テッラ　237
デトロイト　176
デ・トロフ醸造所　69
デポートル　72
デ・モーレン醸造所　86
デュイック醸造所　110
デュッセルドルフ　98-99
デュベル　64, 76, 84, 250, 252
デュベル・モルトガット社　84
デュベル用グラス　244
デュポン・スタイルのビール　72, 73
テラピンビール会社　188
テルアビブ　234
デンバー　174-175
デンプン　18
デンマーク　112, 116-119
　ウル・フェスティバル　257
ドイツ　88-101
　アナフェスト　257
　アルトビア　98-99

インターナショナル・ベルリナー・ビアフェスティアル　257
オクトーバーフェスト　88, 258
ケルシュ　100, 244, 245, 249, 250
小麦ビール　96-97
新興勢力　101
食べ物との相性　252
淡色ラガー　90
ドイツビールの分類　93
濃色ビール　93
ノルトラインヴェストファーレン地方　98-99
バイエルン地方　96-97
発芽　18
ビール純粋令　8, 13, 88, 90, 96
ビアスタイル　35, 40
フランコニア地方　94-95
ヘレス　90
ボック　32, 93, 248
マルツ大麦　18
トゥアタラ醸造所　217
12・ギニア・エール　52
ドゥシャス・デ・ブルゴーニュ　66
トゥー・ハーテッド・エールIPA　179
トウモロコシ　18
ドゥーラリー醸造所　235
ドゥ・リヴィエール醸造所　106
ドゥリー・フォンティネン醸造所　68
糖分豊富な麦汁　24
糖類　18
ドゥンクレス　93
ドゥンケル
　食べ物との相性　252
　ヴァイス　96
トスカーナ　153
ドッグデイズ　98
ドッグフィッシュ・ヘッド醸造所　185
ドッピオ・モルト　154
ドッペル醸造所　104
ドッペルボック　93, 191
トマス・ハーディー　52
トマス・ハーディーズ・エール　52
トマヴェ　138
トムシン醸造所　74
ドムス醸造所　158
ドライ酵母　23
トラクエア・ハウス　52
ドラゴン・スタウト　189
ドラゴンズ・ミルク・バーボン・バレル・スタウト　179
トラピスト醸造所
　オーストリア　103
　オランダ　80, 84
　ベルギー　64-65, 76
トラブル醸造所　58
トリティカ　18
トリペル　64, 76, 84, 260
トールグラス醸造会社　178
トルコ　234, 237
ドルトムンダー　98
ドレハー・アントン　102, 147
トロワ・ダム醸造所　104
トロワ・モン　110
トロント194-195
トンガ　214

ドンキー醸造所　160

な
ナイトロIPA　29
ナイ・ノルディック　116
ナイロビ　237
ナトリウムの濃度　18
ナミビア　237
ナラガンセット醸造所　182
ニウヤールビア　82
匂い　248
ニカラグア　200
煮込む工程　24
濁り　18, 254
日本　8, 211, 222-225
　課税　12, 224
　グレート・ジャパン・ビア・フェスティバル　256, 258
　日本酒　12, 221, 222
ニャチャン　229
ニュー・アルビオン醸造会社　164
乳酸　66, 71, 255
ニュー・グララス醸造所　178
ニュージーランド　8, 211, 216-219
　ビアバナ　258
　ホップ　20, 216
ニュネスハムンズ醸造所　121
ニューブラウンズウィック州　190, 192
ニュー・ベルジャン醸造会社　174
ニューポート　170
ニュー・ホランド醸造所　179
ニューマン醸造会社　182
ニューメキシコ州　174
光による劣化　240, 242
ニルス・オスカー醸造所　120
ネゲブ醸造所　234
熱による劣化　240, 242
ネブラスカ州　178
ネルケ醸造所　121
ネルソン・ソーヴィン・ホップ　216, 219
農業補助金　16
農場醸造所　108
濃色ビール　48, 57
濃色ラガー　138-139
濃度の単位　134
ノースコースト醸造会社　168
ノニック型のブリティッシュ・パイントグラス　245
ノバスコシア州　190, 191, 192
ノヴァ・ルンダ醸造所　160
ノルウェー　112, 114, 122-124
　課税　12, 112
ノルトラインヴェストファーレン地方　98-99

は
バイエルン　96-97
バイエルンの醸造所　84
焙煎　18 (→麦芽も参照)
焙燥　18
ハイネケン　28, 159, 231
ハイネケン・フレディ　80, 82
パイント　80, 82

パイントグラス　245
ハウ・サウンズ醸造所　197
ハウスブロイエライ　88
バガボンド醸造所　89
麦汁　25
バーケンヘッド醸造所　236
パシフィック醸造所　173
バス醸造所　°44
パスツール・ストリート醸造所　229
パスツール・ルイ　15
裸の島　123-124
パタゴニア　206
発芽　18
発酵　18, 25
　樽発酵　15
　ユニオン・システム　47
　　(→酵母も参照)
　ランビックビール　68, 71
発泡酒　224
パドック・ウッド醸造会社　194
バートン・アポン・トレント　44
バートン・エール　46, 52
ハナ大麦　18
花の香り　20
パナマ　200
バヌアツ　214
ハノイ醸造所　228
パパジャン・チャーリー　174
ハバローネ　237
ハーフ・エイカー・ビール会社　179
ハーブの香り　20
ハーブの混合物(グルート)　15, 62, 74
パブスト醸造所　176
ハフナー醸造所　101
パーマーズ醸造所　47
バーモント州　185
パヨッテンラント　71
パウラナー　88
パラオ共和国　214
バラストポイント醸造所　30, 168
ハラータウ醸造所　219
バラデン醸造所　152
ハラレ・ビール・エンジン　237
バランタイン　167, 182
バリ島　231
ハリファックス　192
バリローチェ　206
バルセロナ・ビア・フェスティバル　256
バルティック・ポーター　48, 144
バルト海沿岸諸国　112, 114, 128-131
バーレイワイン　52-53
　スニフター　245
　炭酸化　254
　食べ物との相性　252
パレスチナ　234
ハワイ　173
ハンガリー　146-147
　課税　12
パンク　47, 54
バンクス　189
バンクーバー　196-197
バンコク　231
ハンザ同盟　62
ハンザ・ボルグ社　123

ハーン醸造所　114
バンスカー・ビストリツァ　132
ハンセンス・アルティザナル　70
ハンター・サンディ　52
パンダ醸造所　226
バン・ビエール　77
パンヘッド・カスタム・エール　217
バンベルク　94
ビアウェルク醸造所　236
ビアセール・グループ社　159
ビア・ファクトリー　104
ビアフェスト・サンティアゴ　256
ビアプロフェスティバル　257
ビアベラ　156
ビアホイ　228
ビアラオ　231
ビエール・アルティザナル(クラフトビール)　110
ビエール・ド・ギャルド　76, 108
ビエール・ド・ノエル　110
ビエール・ド・ブレ・ノワール　110
ビエール・ド・マース　108
東アジア　220-221
東ヨーロッパ　132, 148
ピカロ醸造所　237
ビーグル　207
比重　240
比重の重いビール醸造　28, 29
ビター　20, 44-47
ピッグス・イア　258
ビッグ・スプルース醸造会社　192
ビッグ・ロック醸造所　196
ヒッケンルーパー・ジョン　174
ピッコロ家　204
ピッツァ・ポート醸造所　168
ビットブルガー醸造所　88
ビッラ・デル・アンノ　156
ビーバータウン醸造所　49
ピヴォ・グロジスキエ　114
ピペ　73
ビーミッシュ&クロフォード醸造所　57
ヒューガルデン醸造所　74
ビュデルズ醸造所　80
ヒューマンフィッシュ醸造所　160
ヒュンメル・メルケンドルフ醸造所　101
標準参照法(SRM)　240
ピョンヤン　230
ビールアトラクション　256
ビールガーデン・イン醸造所　237
ビール純粋令　8, 13, 88, 90, 96
ビール醸造事業　12, 16, 28
ピルスナー　90, 103, 134
　食べ物との相性　252
　ニュージーランド　217
　麦芽　18
　ブラジリアン　203
ピルスナー・ウルケル　136
ヒルデン醸造所　58
ビールの起源　15
ビールの定義　12, 13
ビールの歴史　15
ビールバー　56
ビール・ハンター醸造所　126
ヒル・ファームステッド醸造所　185
ビア・フェスティバル
　(→フェスティバルを参照)

ビールを買う　240
ビールを買う　240-241
瓶内熟成　25
ヴィエンシュテファン醸造所　184
ヴァイスビア　33, 88, 96, 97, 114
　　食べ物との相性　252
　　ヴァイスビア用グラス　244
ヴァイツェンボック　97
ヴァイツェングラス　245
5AMセイント　54
5バルチャー　179
5ラビット・セルベセリア醸造所　179
ヴァウス醸造所　30, 202
ファウナ醸造所　200
ファウラー醸造所　52
ファウンダーズ醸造会社　179
ファグル・ホップ　46
ファースネイビア　66, 75
ファット・タイア・アンバー・エール　174
ファームハウス・エール　108
ファルケ醸造所　203
ファルコン・ブランド　121
ファルスタッフ醸造所　176
ヴェルゼット醸造所　66
ファロ　71
ヴィクトリア・ビター　212
ヴィクトリー醸造会社　185
フィジー　214
ヴィジー醸造所　160
ヴィック・シークレット　214
ヴィヒテ　66
ヴィヒテナール　66
ヴィヴレ・ポワ・ヴィヴレ　203-204
ヴィラッジオ・デラ・ビッラ　258
フィラデルフィア　182-183
フィリピン　230
ヴィレ=ドゥヴァン=オルヴァル　64
ヴィンテージ・オード・グーズ　68
ヴィンモノポーレ　123
フィンランド　112, 114, 126-127
　　スウレト・オルエト　257
　　ビアスタイル　35
フエギアン飲料会社　207
フェスティバル　34, 56, 82, 256-258
　　アッシュビル　186-187
　　オクトーバーフェスト　88, 258
　　オレゴン州　172
　　グレート・アメリカン・ビア・
　　　フェスティバル　174, 258
　　グレート・ブリティッシュ・ビア・
　　　フェスティバル　48, 258
　　セルヴェサ・メヒコ　200-201, 258
　　サンクトペテルスブルグ　132
　　ビッラ・デル・アンノ　156
ブエナビッラ　207
フェノール　255
フェムサ社　198, 200
フェルゼナウ醸造所　104
フェルトシュレスヒェン醸造所　104
ヴェルハーゲ醸造所　66
フェルヘルスト・グレゴリー　77
フェロー諸島　118
ヴォアザン　73
フォー・ウィンズ醸造所　179
フォーク＆ブルワー醸造所　219
ヴォヌ・ピュア・ラガー　214

フォラヤ・ビール　118
フォーリン・エクストラ　231
フォルビア　94
副原料穀物　18
ブドヴァイゼル・ブドヴァル　134, 136
プネー　235
プノンペン　231
プハステ醸造所　129
フヴィラ醸造所　126
プヤラ醸造所　129
冬のビール　82
フライガイスト社　101
プライズ・オールド・エール　52
フライング・ドゥドゥ醸造所　237
ブラインド・ピッグ醸造会社　168
プラコウニア・ピヴァ醸造所　144
プラウダ・ビール・シアター　148
ブラウンエール　48, 50-51
　　オランダ　80
　　食べ物との相性　252, 253
　　フランダース地方　62
ブラー醸造所　207
ブラジル　198, 202-205
　　フェスティバル・ブラジレイロ・ダ・
　　　セルヴェージャ　256
ブラジルキリン社　202
ブラジレイロ・ダ・セルヴェージャ　256
ブラック・オーク醸造所　194
ブラックス醸造所　58
ブラドール　192
ブラバント州　75
フランゴ　204
フランコニア地方　94-95
ブランシェ・ド・シャンブリ　193
フランシスカン・ウェル醸造所　30, 58
フランス　8, 106-111
　　課税　12
　　クラフトビール醸造所　110
　　サロン・ド・ブラッスール　256
　　修道院のビール醸造　64, 106
　　醸造の歴史　106
　　ビアスタイル　35
フランダース地方　63
ブランド・ビール　12, 28
ブリッツ・ワインハード醸造所　170,
　　173
プリップス　121
ブリティッシュ・コロンビア州　191,
　　196-197
プリムス醸造所　200
プリモ・ビール　173
フルセイル醸造所　166, 167, 176
プルタイプのグラス　245
ブルターニュ半島　110
ブルックリン醸造所　167, 176, 185
フルーツビール　77, 253
フルートグラス　245
ブルードッグ醸造所　47, 54
ブールバード醸造所　77
ブルーフ醸造所　78, 118
ブルームーン　29
フルムーン・ファームハウス・エール226
ブルワーズ・アソシエーション　174,
　　175
ブレークサイド醸造所　171
ブレタノマイセス酵母　23, 71, 252

ブレッケンリッジ醸造所　167
プレヴナン醸造所　126
フレミッシュ・ブラウン・エール　62
ブレーメン　80
ブロイ・クルトゥア　102
ブロイ・ウニオン社　102
ヴロツワフスキー・フェスティバル・
　　ドブレゴ・ピワ　257
プロペラー醸造所　192
フロリダ州　188
ブロンド・ビール　40, 90
粉砕　24
ブーン醸造所　68
米国　8, 163, 164-188
　　アラスカ州　173
　　オレゴン・ブルワーズ・フェスティバル
　　　257
　　カリフォルニア州　166-169
　　クラフトビール醸造の成長　164
　　グレート・アメリカン・ビア・
　　　フェスティバル　174, 258
　　五大湖周辺　176-179
　　醸造所の数　8, 163, 164-165
　　太平洋岸北西部　173
　　中西部　176-179
　　南部　186-188
　　ハワイ　173
　　ビアスタイル　35
　　ヴァージン諸島　189
　　北東部　182-185
　　ホップ　20, 170
　　ロッキー山脈　174-175
米国領ヴァージン諸島　189
ペイ・フラマン醸造所　110
北京　226
ヘスリン・エイドリアン　59
ベックス　88
ベッドフォード　49
ペディオコッカス菌　66, 71
ベトナム　211, 229
ヘーフェヴァイツェンの酵母　22
ヘーフェヴァイツェンの注ぎ方　246
ヘラー・トゥルム醸造所　94
ベラルーシ　148
ペリー・マシュー・C　222
ベリンハム　170
ペルー　207
ペールエール　15, 20, 30, 32, 44-
　　47
　　スペシアル　75, 76
　　食べ物との相性　252, 253
　　トラピスト　64　（→IPAも参照）
　　ニュージーランド　217
　　麦芽　18
　　ブラジリアン　203
ベルギー　8, 62-79
　　新たな潮流　77-79
　　アルコール含有量　62
　　木樽熟成エール　66-67
　　ケルストビアフェスティバル　258
　　スパイシーな小麦ビール　74
　　セゾン　32, 72-73
　　地域的なエール　74-76
　　トラピスト醸造所　64-65, 76
　　ビアスタイル　35, 62
　　食べ物との相性　252

ホップ　20
ランビック・ビール　68-71
ベルギービールの注ぎ方　246-247
ベルズ醸造所　179
ヘルスレヴ醸造所　116
ヘルツェゴビナ　161
ヘルフスト・ボック　82
ベルリナー　207
ベルリナー・ビアフェスティバル　257
ベルリナー・ヴァイセ　33, 88, 96,
　　114
ヘレス　90
　　食べ物との相性　252
　　ヘレス用グラス　245
ベレン醸造所　204
ヘロメ醸造所　207
ペンシルベニア州　182-183
ベンド　170
ヘンドリッヒ醸造所　137
ヘンプ・ビール　196
ホアビエン醸造所　229
防腐剤　15
保管
　　貯蔵　242
　　店舗　240
ボクシング・キャット醸造所　226
ボゴタビール会社　207
補助金　16
ポスト・スクリプトゥム醸造所　159
ボストン醸造所　236
ボストンビール会社　176, 182, 185
ボスニア　161
ボスポラス醸造会社　234
ポーター　15, 48-49, 95
　　アイルランド　57, 58
　　ウエスト・インディーズ　58
　　燻製　49.95
　　ダブリン　58
　　食べ物との相性　253
　　バルティック　48, 144
ポーターハウス醸造所　58
ホーチミン市　229
ポール・カムージ　167
ボック(Bok)　32, 80, 82
ボック(Bock)　32, 93, 248
　　食べ物との相性　252, 253
ホップ　13, 15, 20-21, 114
　　アルゼンチン　206-207
　　イギリス　44-47
　　オーストラリア　20, 212-213
　　ギャラクシー・ホップ　212-213
　　国際苦味成分単位(IBU)　20,
　　　240
　　ザーツ・ホップ　134
　　煮沸　20, 24, 114
　　中国　20, 206
　　チリ　206
　　ニュージーランド　20, 216
　　ネルソン・ソーヴィン・ホップ　216,
　　　219
　　米国　20, 170
ホップウィアードIPA　217
ホップの効いたビール　155-156
ホップバック　25
ボツワナ　237
ボディーのあるブリティッシュ・エール

52-53
ポート醸造所 168
ポートランド・オレゴン州 170-173
ポートランド・メイン州 182
ボヘミア 134, 136-137
ホーメル醸造所 228
ポーランド 144-146
　ビアスタイル 35
　ヴロツワフスキー・フェスティバル・ドブ
　　レゴ・ピワ 257
ボリビア 207
ボルグ醸造所 125
ボルショディ醸造所 147
ボルダー・ビール 174
ボルチモア醸造会社 176
ポルトガル 158-159
ボルムシ醸造所 129
ボーレフト・ビアフェスティバル 258
ホワイト・ジプシー醸造所 59
ホワイト・ハグ醸造所 59
ホワイト・ビール 74
香港 226
　ビアトピア 258

ま

マイボック 82, 93
マウイ島 173
マク醸造所 126
マグネシウム 18
マクメナミン兄弟 172, 173
マーケット・ストリート醸造所 186
マケドニア 161
マコーリフ・ジャック 164
マ・シェ・シェーテ 154
マーストン社 51
マック 123, 124
マッシング 24
　デコクション・マッシング 134
マツツ醸造所 214
マニトバ州 194
マーフィーズ社 57
マヨルカ島 158
マリアージュ・パルフェ 68
マリ・グラッド醸造所 160
マリス・オッター大麦 18
マリヤ・ビジェイ 235
マルカ醸造所 234
マルタ共和国 160
マルツ大麦 18
マルディータ 159
マルドゥガンズ醸造所 130
マレーシア 231
マンゴード醸造所 126
ミシガン州 178, 179
ミシュコルツ 146
ミスター・ハードロックス 144
水 18, 24, 44, 169
水で戻す工程 18
水のミネラル分 18
ミズーラ醸造会社 174
ミズーリ州 179
ミッケラー 116, 118
ミッチェルズ醸造所 236
ミッドナイト・サン醸造所 173
ミドルトン 176

南アフリカ共和国 236
　ケープタウン・フェスティバル・オブ・
　　ビール 258
南ヨーロッパ 150
ミニピヴォヴァル 257
ミネソタ州 179
ミブシュレット・ハアム醸造所 234
ミャンマー 231
ミュンヘン麦芽 18
ミラノ 154
ミルクスタウト 48, 49
ミル・ストリート醸造所 30
民俗的なビール 34, 86, 114
ミーンタイム醸造所 30
ムースヘッド醸造所 192
ムッソ・テオ 152, 244
ムーディト 193
無ろ過醸造 192
ムンバイ 235
メイタグ・フリッツ 166, 167
メキシコ 198, 200-201
　セルヴェサ・メヒコ 200-201, 258
雌のホップ 20
メソポタミア 15
メヘレン 76
メリー・モンク 51
メルツェン
　オーストリア 103
　食べ物との相性 253
　ドイツ 88, 93
メンドシーノ醸造所 235
モシャブ・デケル 234
モデロ社 198, 200
モトゥエカ・ホップ 216
モナコ 160
モーリシャス 237
モルソンクアーズ社 28, 29, 176
モルドバ 148
モロコシ 18, 237
モロッコ 237
モンタナ州 174
モンテネグロ 161
モントリオール 193

や

ヤキマ醸造所 166, 170
ヤコブセン・ヤコブ 112, 116
野生酵母 71
野性味のあるビール 20, 23
ヤップ島 214
ヤッホーブルーイング 225
ユーコン醸造会社 197
輸送 25, 207
ユタ州 174
ユナイテッド・ブルワーズ・グループ
　235
ユニオン・システム 47
ユニブロー醸造所 193
ヨーペン 84
ヨルダン 234
ヨーロッパ醸造所協議会（EBC）240
ヨング・ピエット・デ 80

ら

ライオン・スタウト 235
ライオンネイサン社 212
ライスワイン（日本酒） 12, 221, 222
ライブ・オーク醸造会社 188
ライプツィガーゴーゼ 88
ライ麦 18
ライ・リバー醸造所 59
ラインゴールド醸造所 182
ラウナス 130
ラオス 221, 231
ラオホビア 94
ラオホビア・メルツェン 250
ラガー 12, 22, 116
　ヴィエナラガー 102
　起源 102
　熟成 25
　醸造方法 137
　食べ物との相性 252
　ドイツのペール・ラガー 90
　濃色チェコ・ラガー 138-139
　米国中西部 176-177
　ボヘミアン淡色ラガー 136-137
酪酸 255
ラグニタス醸造所 30
ラッキング 25
ラーデルベルガー社 88
ラテンアメリカ 163, 198-199
ラトビア 130
ラ・ネブリュー醸造所 104
ラバット社 192
ラパドゥーラ 203
ラベル 240
ラベル表示 240
ラ・ムンミア醸造所 156
ラ・ルル醸造所 77
ラ・ロマンディエ 104
ランカ醸造所 235
ラントピア 94
ランビック 68-71
　食べ物との相性 252
リオデジャネイロ 202
リカー 18, 24
リー・クリスティアン 227
リトアニア 114, 131
リトル・クリーチャーズ醸造所 30,
　212, 213
リバティ・エール 166, 167
リバティ醸造会社 217
リヒテンシュタイン 160
リヒテンハイナー 114
リーフマンス・グーデンバンド醸造所
　66
リボルバー醸造所 188
硫酸塩 18
リレ醸造所 237
リワカ・ホップ 216
リングネス社 123
リンデ・カール・フォン 34
リンデブーム醸造所 80
リンデマンス醸造所 70
リンブルフ州 75
ルイジアナ醸造所 229
ルクセンブルク 160
ル・コック・アルベルト 144

ルター・マルティン 93
ルーヴェン 80
ルペペ 69
ルーマニア 148
冷蔵 15, 102, 137
冷蔵 15, 34
　低温流通体系 25, 207
レッド・エール 57, 59
レッド・ストライプ 189
レッド・フック醸造所 170
レッド・ルースター醸造所 214
レッド・レイザー・ペールエール 197
レバノン 234
レヘ醸造所 129
レベル33 230
レムケ・ブロイハウス 89
レユニオン島 237
レンテボック 82
ロイド゠ジョージ、デヴィッド 44
ろ過 25
ろ過槽 24
ロシア 48, 148
　インペリアルロシアンスタウト 49,
　　52, 86
ロシアン・リヴァー醸造所 168
ロスト・アビイ醸造所 168, 169
ローソン卿、ウィルフレッド 49
ロッキー山脈 174-175
ロッシャー醸造所 104
ローデンバッハ・グランクリュ 66
ローデンバッハ醸造所 66
ロード・シャンブレー醸造所 160
ローベルビア醸造所 156
ローマ 154
ローリー 186-187
ロング・ストレンジ・トリペル 77
ロンドン 42, 48
　クラフトビア・ライジング 256
　ピッグズ・イア 258

わ

ワイルド・ローズ醸造所 197
ワイン 13, 16
ワイングラス 245
ワイン・ビール 156
ワシントン州 170-173
ワージントン醸造所 44
ワシントンD.C. 184-185
ワタッチ醸造所 174
ワット・ジェームズ 54
The World Guide to Beer（世界の
　ビール案内） 32
ワールプール 25

KK/KKK エール 52
XX/XXX 品質保証マーク 64

おすすめの書籍と参考ウェブサイト

世界的な情報

Pocket Beer Book, 2nd edition (Mitchell Beazley) by Stephen Beaumont and Tim Webb; www.ratebeer.com; www.beeradvocate.com; www.beerme.com; www.beerfestivals.org; www.booksaboutbeer.com; untapped

総合的な情報

The Beer & Food Companion (Jacqui Small) by Stephen Beaumont; *The Oxford Companion to Beer* (Oxford Press) edited by Garrett Oliver; *The Handbook of Porters & Stouts* (Cider Mill Press) by Josh Christie & Chad Polenz; *Beer Pairing* (Voyageur Press) by Julia Herz & Gwen Conley; *Tasting Beer* (Storey Publishing) by Randy Mosher; *Boutique Beer* (Jacqui Small) by Ben McFarland; *For the Love of Hops* (Brewers Publications) by Stan Hieronymus; *Vintage Beer* (Storey) by Patrick Dawson

アルゼンチン

GoBeer, www.revistagobeer.com：スペイン語版のオンラインマガジン

オーストラリア

www.brewsnews.com.au; www.craftypint.com

オーストリア

Bier Guide (Medianet) by Conrad Seidl; www.bierig.org; www.bierguide.net

ベルギー

Good Beer Guide Belgium (CAMRA Books) by Tim Webb & Joe Stange; *LambicLand* (Cogan & Mater) by Tim Webb, Chris Pollard & Siobhan McGinn; www.zythos.be; www.bierebel.com

ブラジル

www.brejas.com.br

カナダ

www.canadianbeernews.com; regional guides like *Good Beer Revolution* (Douglas & McIntyre) by Joe Wiebe; *The Ontario Craft Beer Guide* (Dundurn) by Robin LeBlanc & Jordan St. John; www.momandhops.ca; www.acbeerblog.ca; *Original Gravity* magazine

チリ

Cerveteca (スペイン語の雑誌。ウェブサイトは www.cerveteca.cl)

チェコ

www.pratelepiva.cz; www.pivni.info

デンマーク

www.ale.dk

フィンランド

Suomalaiset Pienpanimot (Kirjakaari) by Santtu Korpinen & Hannu Nikulainen; www.olutliitto.fi

フランス

Le Guide Hachette des Bières (Hachette) by Elisabeth Pierre; www.brasseries-france.info; www.jimsfrenchflanders.com

ドイツ

www.german-breweries.com; www.bier.by; *The Beer Drinker's Guide to Munich* (Freizeit Publishers) by Larry Hawthorne; *Around Berlin in 80 Beers* (Cogan & Mater) by Peter Sutcliff

ギリシャ

www.beer-pedia.com

ハンガリー

www.budapestcraftbeer.com

アイルランド

Sláinte (New Island Books) by Caroline Hennessey & Kirsten Jensen; beoir.org

イスラエル

www.beers.co.il; www.beerometer.co.il (どちらもヘブライ語のみだが後者は英語化の予定あり)

イタリア

Guida alle Birre d'Italia (Slow Food) by Luca Giaccone & Eugenio Signoroni; *Italy Beer Country* (Dog Ear Publishing) by Paul Vismara & Bryan Jansing; www.microbirrifici.org

日本

Craft Beer in Japan; The essential guide by Mark Meli (Bright Wave media刊) www.japanbeertimes.com

リトアニア

Lithuanian Beer: A Rough Guide by Lars Marius Grashol; www.garshol.priv.no

オランダ

Beer in the Netherlands (Homewood Press) by Tim Skelton; pint.nl; www.cambrinus.nl; www.pinkgron.nl

ニュージーランド

www.beertourist.co.nz; www.brewersguild.org.nz

ノルウェー

www.knutalbert.wordpress.com

ポーランド

www.bractwopiwni.pl; beerguide.pl

南アフリカ共和国

Beer Safari (Lifestyle) by Lucy Corne; www.craftbru.com; www.brewmistress.co.za

スペイン

Guia de Cerveses de Catalunya (Editorial Base) by Jordi Expósito Perez & Joan Villar-i-Marti (カタロニア語)

スウェーデン

www.svenskaolframjandet.se

スイス

www.bov.ch

イギリス

www.camra.org.uk; *Britain's Beer Revolution* (CAMRA Books) by Roger Protz & Adrian Tierney-Jones; *Good Beer Guide* (CAMRA Books) edited by Roger Protz; *London's Best Beer, Pubs & Bars* (CAMRA Books) by Des de Moor; *Original Gravity* magazine

米国

州ごとの協会リスト：www.brewersassociation.org/guild;

雑誌：*DRAFT, Celebrator, All About Beer, Ale Street News, Imbibe*;

地域ごとのガイド本：*Wisconsin's Best Beer Guide: A Travel Companion* (Thunder Bay Press) by Kevin Revolinski; *The San Diego Brewery Guide* (Georgian Bay Books) by Bruce Glassman; Craft *Beers of the Pacific Northwest* (Timber Press) by Lisa Morrison; *California Breweries North* (Stackpole Books) by Jay Brooks, and many others

ベトナム

Beer Guide to Vietnam & Neighbouring Countries by Jonathan Gharbi; www.beervn.com

Acknowledgements

The authors wish to acknowledge the leadership and indispensible contributions of Michael Jackson (1942–2007),
beer writing pioneer and friend, without whom much of what we have been able to describe in this book may never have existed.

We also wish to thank the following for their insights and generously offered advice, counsel, and knowledge while compiling this edition.

Rodolfo Andreu	Des De Moor	Pekka Kääriäinen	Garrett Oliver	Conrad Seidl
Miguel Antoniucci	Horst Dornbusch	Heikki Kähkönen	Menno Olivier	Hugh Shipman & Marlies Boink
Luis Arce	John Duffy	Carl Kins	Darin Oman	Tim & Amanda Skelton
Jason & Julie Radcliffe Atallah	Tim Eustace	Matt Kirkegaard	Charlie Papazian	Joe Stange
Max Bahnson	Jeff Evans	Fernanda Lazzari	Edu Passarelli	Jan Šuráň
Uno Bergmanis	Andreas Fält	Robin LeBlanc	Ron Pattinson	Dr Bill Sysak
Matt Bod	Alfredo Luis Barcelos Ferreira	Jan Lichota	Clare Pelino	Péter Takács
Matt Bonney	Christoph Flaskamp	Phil Lowry	Tom Peters	Martin Thibault
Frank Boon	Per Forsgren	Maurizio Maestrelli	Cassio Piccolo	Steve Thomas
Jay Brooks	Ludmil Fotev	Marduk	Elisabeth Pierre	David Thornhill
Willard Brooks	Fran Gabarró	Catherine Maxwell-Stuart	Rob Pingatore	Adrian Tierney-Jones
Pete Brown & Liz Vater	Alain Geoffroy	Chris McDonald	Chris Pollard & Siobhan McGinn	Rojita Tiwari
André Brunnsberg	Jonathan Gharbi	Jennifer McLucas	Roger Protz	Joe Tucker
Lew Bryson	Reuben Gray	Chris McNamara	Evan Rail	Peter van der Arend
Phil Carmody & Anna Shefl	Geoff Griggs	Mark Meli	Andris Rasiņš	Willem Verboom
Annie Caya	Simonas Gutautas	Juliano Borges Mendes	Henri Reuchlin	Eduardo Villegas
Pierre Clermont	John Hansell & Amy Westlake	Anna-Mette Meyer Pedersen	Tom Rierson	Fred Waltman
Greg Clow	Brandon Hernández	Neil Miller	Luis Enrique Huaroto Riojas	Michelle Wang
Melissa Cole	Shachar Hertz	Navin Mittal	Scott Robertson	Paul Peng Wang
Lucy Corne	Stan Hieronymus	Ralph Morana	Jose Ruiz	Tracy Chenxi Wang
Martyn Cornell	Gerry Hieter	Lisa Morrison	Roger Ryman	Polly Watts
Jim Cornish	Natasha Hong	Laurent Mousson	Jordan St. John	Joe Wiebe
Lorenzo Dabove	Red Hunt	Matthias Neidhart	Lucy Saunders	Pete Wiffin
Erik Dahl	Bo Jensen	Luke Nicholas	Martynas Savickis	Kathia Zanatta
Tom Dalldorf	Julie Johnson	German Orrantia	Keith Schlabs	
Yvan De Baets	Andre Junqueira	Josh Oakes & Sunshine Kessler	Ignacio Schwalb	

Picture Credits

8 Wired 216 b, 217 l, 217 r. **Abbaye Rochefort** 65 a. **Adnams Brewery** 49 b. **Agrotech** 116. **Alamy** Adam Burton 218–219; Aurora Photos 102 a; Chris Frederiksson 235 r; Clement Philippe/Arterra Picture Library 75; Cultura RM 80 r; Danita Delimont 186 a, 227 a; Darren Baker 93 a; David Jones 111 a; Eddie Gerald 138 a, 140; F1online 132–133; filmfoto 40; Gareth Dobson 90 a; Hemis 7; Howard Sayer 158; ilpo musto 78 a; incamerastock 145 a; ITAR-TASS Photo Agency 146 a; Johan De Meester/Arterra Picture Library 21 a, 63 b; Jonny Cochrane 127 a; Kari Niemeläinen 127 bl; Kat Kallou 229; Kuttig-Travel-2 112–113; Lonely Planet Images 189 b, 245 ar; LOOK Die Bildagentur der Fotografen GmbH 213; Lordprice Collection 156 a; M&N 45 bc; Marc Anderson 215; Marty Windle 228 b; Michael Juno 130; MIXA 9; Neil McAllister 44 right; NiceProspects 230; Oliver Knight 62; Om Images 160 a; Peter Adams Photography 121; Peter Righteous 219 br; Prisma Archivo 14; Prisma Bildagentur AG 180–181; Robert Harding World Imagery 45, 108, 119 b, 137; Sean Pavone 162–163; Steven Morris/Bon Appetit 21 b; Stephen Roberts Photography 64; Travel Collection 103; Universal Images Group, Lake County Discovery Museum 201 a; Werner Dieterich 100 a; Yadid Levy 106. **Alesmith Brewing Company** StudioSchulz.com 26. **Alfa Brewery**, Schinnen, Netherlands 98 b. **Alley Kat Brewing Company** 197. **Ana-Marieke Hana** 84 b. **Anderson Valley Brewing Company** 169 a. **Anchor Brewery** 166 r. **Axel Kiesbye** 84 b. **Bar Volo** 194 b. **Bayerischer Bahnhof Gasthaus & Gosebrauerei** 16. **Beeradvocate** 34. **Beer City Festival** Matthieu Rodriguez (2015) 187 l. **Beergenie.co.uk** Warminster Maltings 19. **Beer Lens** 55 a. **Birra Almond** '22 157 a. **Birrificio Italiano** 155. **Boulevard Brewing Company** 77 bl. **Brasserie de la Senne** 77 a. **Brasserie de Silly** SA 76 a. **Brauerei Gutmann** 97. **Brauerei Kuerzer** 99 r. **Brauerei Lemke**, Berlin 89 b. **Brauerei Locher AG**, Appenzell 104 bl, 104 br, 105. **Brouwerij der Trappisten van Westmalle** 65 bl. **Breakside Brewery** Emma Browne 171 b. **Brewbaker, Berlin** 96 b. **BrewDog** 30 b, 47 br, 54, 55 b. **Brewery Zum Schlüssel** 98 a. **Bridgeman**

Images Hermitage, St. Petersburg/Peter Willi 70. **Brouwerij Boon** 68 a. **Brouwerij de Molen** 86 a, 87 a, 87 b. **Brouwerij Verhaeghe Vichte** 66 b. **Budelse Brouwerij BV** 82 a. **Budweiser Budvar, N.C.** 135 r. **Buena Birra Social Club** 207 b. **Camden Town Brewery** 13. **Capital Brewery** 177 cl. **Carlsberg** www.carlsberggroup.com 15, 117 r. **Carlton & United Breweries Archives** 49 ac. **Cephas Picture Library** Joris Luyten 67. **CERVESA ALPHA ANDORRA** 160–161 b. **Cerveza Berlina** 206 a. **Cerveza Fauna** 202 r. **Cervazas Domus S.L.** 159 b. **Charles D. Cook** 78 b. **Christine Cellis** 74 b. **Coopers Brewery** 212 r. **Corbis** Atlantide Phototravel 150–151, 192; Chris Sattlberger 159 a; C J Blanchard/National Geographic Society 170; David Yoder/National Geographic Society 38–39; Gaetan Bally/Keystone 104 a; Image Source 232–233; Imaginechina 256 r; Larry Mulvehill 91; Monty Rakusen/cultura 22; Moodboard 210–211; Pecanic, Maja Danica/the food passionate 253 r; Philip Gould 188 a; Robert Simoni/Robert Harding World Imagery 208–209; Secen-Pupeter/vertical/Lumi Images 251; Stephanie Maze 202; Steve Raymer 228 ar; Swim Ink 2/LLC 109; Wayne Barrett & Anne MacKay/All Canada Photos 195. **CREW Republic** 101 a, 101 b. **Crux Fermentation Project** 182 b, 183 l, 183 r. **Dark Star Brewery** 56 a. **D.G. Yuengling & Son, Inc.** 185 br. **Dreamstime.com** Beaumon 145 b; Janmiko1 60–61; Joshua Rainey 33; Maigi 129; Pavel Dospiva 134; Sergey Popov 123. **Dungarven** 59 b. **Duvel Moortgat** 79a. **Eight Degrees**, Mitchelltown 58 a, 59 a. **Emelisse** ISZO Visueel 86 cl. **Emerson's** 216 b. **Falke Bier** 204 c. **Flickr** Bhaskar Rao 214 b; Flicka-Pang 227 br; Iuliia Sokolovska 231 a; Jorge Gobbi 207 a; Jose Gabriel Marcelino 220 l; NewBrewThursday.com 242–243; rambler2004 214 a; Ronale W Kenyon 111 b; Rudy 212 l; Shawn Parker 179 a, 194 a; Velveeta Fog 154 b. **Flying Dodo** 237 r. **Fotolia** Beboy 220–221; BesitosClaudis 152; David Kelly 245 acl; euregiophoto 100 b; gradt 245 bl; Jules Kitano 222; Richard Majlinder 118–119 a; sonne07 94 a; Spinetta 245 acr, 245 ccl; WoGi 245 ccr. **Founders Brewing Co.** 206 b. **Frango Bar** 204 r. © **2012 Frederik Ruis** 86 b. **Fullers** 52 ac.

Full Sail Brewing 166 c. **Gateway Brewing Co.** 235 l. **Getty Images** AFP 198; Altrendo Images 17 a, 31, 96 a, 240; Anabelle Breakey 244; Ariana Lindquist/Bloomberg 8 right; Beth Perkins 262–263; Buyenlarge 191; Cate Gillon 56 b; Christian Kober 225 r; Daily Herald Archive/SSPL 46–47; De Agostini 131; Guildhall Library and Art Gallery/Heritage Images 48–49; Hal Bergman 243 b; Hulton Archive 50; Huntstock 23; Imagno 147 a; Juan Mabromata 243 a; Justin Sullivan 29, 241; Kiyoshi Ota/Bloomberg 36; Kyle Monk 12; London Stereoscopic Company 49 ar; Matthias Trentsensky/Bridgeman Art Library 20; Michal Cizek/AFP 139; Peter Macdiarmid 257 l; Photolibrary Group 92, 153; Rachel Weill 32; RDImages/Epics 47 ar; Sean Gallup 136 a; Thomas Winz 256 l; Tom Williams/CQ Roll Call 30 a; Tony Briscoe/Dorling Kindersley 254; Tony Wheeler 231 b; William West/AFP 17 b; Yuriko Makao/Bloomberg 224. **Great American Beer Festival** Jason E. Kaplan 174 b. **Great Lakes® Brewing Co.** 177 r. **Greene King** 51 bl. **Greg Willis** 237 l. **GUINNESS** 51 br. **Guiseppe Cabras** 154 a, 156 b, 157 b. **Haand Bryggeriet** 114 br. **Hallertau Brewery** 219 ar, 238–239. **Hantverks Bryggeriet** 120 b. **Hcrslcv Bryghus** 117 l. **Hofbräu Munich** 93 b. **Hops and Barley**, Berlin 8. **Instituto da Cerveja** Alfredo Ferreira 205. Japan Beer Times 225 l. **Jed Soane** www.thebeerproject.com 219 bl. **Jester King Brewery** Josh Cockrell 188 bl, 188 br. **Jing-A Brewing Co.** 227 bl. **Joe Hedges** 196. **Jolly Pumpkin Brewing Co.** Irene Tomoko Sugiura 77 br. **Jose Ruiz** 200 l. **Julius Simonaitis** 115 ar, 115 b. **Kirin Brewery Company Limited** 224 b. **Lammin Sahti** 126. **Lietuvos Ryto Archive** Mindaugas Kulbys 115 al. **Lost Abbey** 168. **Mary Evans Picture Library** 44 l; INTERFOTO/Sammlung Rauch 90 b. **McMenamins** Liz Devine 173 a. **Mike McColl** 246–247, 248. **Mikkeller** 79 b. **Nogne Ø** 124 al, 124 ar. **Octopus Publishing Group** Adrian Pope 2. **Oedipus Brewing** 85, 86 cr. **Off Color Brewing** 164 r. **Olvisholt** 125. **Pilsner Urquell** 135 l. **Pohjala Brewery** Renee Altrov 128. **polskieminibrowary.pl** Michal 'docent' Maranda 114 bl. **Pravda Beer Theatre** Andriy Tomkov 149 a. **Primus** 202 l. **Rastal** 245 bcr. **Courtesy Renee De Luca** www.brewersdaughter.com 164 l. **REX**

Shutterstock Business Collection 82 b; Liba Taylor/Robert Harding World Imagery 199. **Rodenbach** www.palmbreweries.com 66 above. **RSN Spiegelau** 245 br. **Russian River Brewing Company** 184 c. **Schafly Brewery** Troika Brodsky 179 b. **Schlenkerla Rauchweizen** 94 bl, 94 br, 95 b. **Schlüssel GmbH & Co.** KG 99 c. **Shutterstock** Dimitry Naumov 48 below left; Mtsaride 48 below right; ngok tran 226; Olga Markova 250; Steve Heap 245 bcl; Yulia Plekhanova 148; Zoom Team 149 b. **Sierra Nevada Brewing Co.** 186 b, 187 r. **Sprecher Brewery** 177 cr. **St Bernardus** 76 b. **St. John Brewers** 189 ar. **Stone Brewing Co.** StudioSchulz.com 253 l. **SuperStock** Fine Art Images 249; Nordic Photos 141. **Svalbard Byggeri** © Bjørn Joachimsen 124 b. **Courtesy of Synebrychoff** 28. **Systembolaget AB** Magnus Skoglöf 120 a. **The Boston Beer Co Inc.** Weihenstephan 184 a, 184 bl. **The Brewers Association** 175 b. **The Brew Project** 169 br. **The Kernel Brewery** 51 ar. **The Spencer Brewery** 65 br. © **The Trustees of the British Museum.** All rights reserved. 51 br. **Thinkstock** George Doyle 245 al, llemera 74 cr, 74 r, 142–143, 202–203; Ingram Publishing 51 al, 174 a; iStockphoto 63 a, 74 l, 74 cl, 74 c, 80 l, 88, 173 b, 176,182 a, 190, 193, 228 al, 245 cr. **Thornbridge** 47 below left. **Tina Westphal Photography** 83. **Topfoto** RIA Novosti 132. **Trappistenbrouwerij De Kievit, Zundert** 84 a. **Traquair House Brewery** 52 b, 53. **Two Brothers Brewing Company** 99 l. **U Fleku** 138 b. **Úneticky Pivovar** 136 b. **Upright Brewing** Jeff Freeman Photography 172 b. **Urban Chestnut Brewing Co, Inc.** 177 l. **Vagabund Brauerei GmbH** 89 a. **Way Beer** 204 l. **Wells and Youngs** 52 ar. **Wendlandt** 6, 200 r. **Wojciech Szałach** 144 b. **Zip Brewhouse Ltd.** 146 b, 147 b. **Zmasjka Pivovara** Miran Kramar 161 a.

Octopus Publishing Group would like to thank all the breweries and their agents, credited on the page, who have so kindly supplied images for this book.

当社のプチ図書室　赤坂溜池交差点2軒目

東京へお越しの折にはぜひお立ち寄りくださいませ。
ガイアブックスの全ての出版物を閲覧いただけます。

WORLD ATLAS OF BEER
世界のビール図鑑

発　　　行　2018年1月20日
発　行　者　平野　陽三
発　行　所　(株)ガイアブックス

〒107-0052 東京都港区赤坂1丁目1番地　細川ビル2F
TEL.03 (3585) 2214　FAX.03 (3585) 1090
http://www.gaiajapan.co.jp

Copyright for the Japanese edition GAIABOOKS INC. JAPAN2018
IISBN978-4-88282-999-7 C0077
Printed in China

落丁本・乱丁本はお取替えいたします。本書のコピー、スキャン、デジタル化等の無断複製は著作権法上の例外を除き禁じられています。個人や家庭内での利用も一切認められていません。許諾を得ずに無断で複製した場合は、法的処置をとる場合もございます。